세계는 넓고 갈 곳은 많다 1

〈일러두기〉

1. 유럽이 아닌 터키와 북사이프러스는 유럽 국가들과 국경을 마주하고 있고, 문화와 예술 역시 연관성이 있으며, 이번 여행 코스와 함께하였으므로 이 책에 포함하였다.

2. 북유럽의 경우 러시아(블라디보스토크)를 포함하였으며, 발트 3국 외에도 베네룩스 국가(벨기에, 룩셈부르크)와 크림반도 주변 국가(벨라루스, 우크라이나, 몰도바)를 묶어서 배치하였다.

3. 각 국가의 개략적인 개요는 네이버 '지식백과'와 《두산세계대백과사전》, 《계몽사백과사전》'을 참조하였음을 밝힌다.

넓은 세상 가슴에 안고 떠난 박원용의 세계여행 '유럽편'

세계는 넓고 갈 곳은 많다 1

초판 1쇄 발행일   2021년 1월 18일
초판 2쇄 발행일   2021년 11월 30일

지은이   박원용
펴낸이   최길주

펴낸곳   도서출판 BG북갤러리
등록일자   2003년 11월 5일(제318-2003-000130호)
주소   서울시 영등포구 국회대로72길 6, 405호(여의도동, 아크로폴리스)
전화   02)761-7005(代)
팩스   02)761-7995
홈페이지   http://www.bookgallery.co.kr
E-mail   cgjpower@hanmail.net

ISBN 978-89-6495-204-7 04980
       978-89-6495-203-0 (세트)

넓은 세상 가슴에 안고 떠난 박원용의 세계여행

세계는 넓고
갈 곳은 많다

박원용 글 · 사진

BG 북갤러리

다른 유럽 여행서보다 생생한 여행정보로
큰 감동을 준 책!

여행은 '과거에서부터 현재 그리고 미래까지를 만나기 위해 가는 것'이라 했습니다.

저자는 30년 전부터 여행을 시작하여 2019년 말까지 유엔 가입국 193개국 중 내전 발생으로 대한민국 국민이 갈 수 없는 몇 개국을 제외한 지구상에 존재하는 모든 국가를 다녀온 분입니다. 특히 오지국가라고 불리는 아프리카와 중남미, 남태평양은 말할 것도 없거니와 유럽 전역을 한 나라도 빠짐없이 방문한 분이라 여행에 대한 취미와 열정이 남다릅니다.

'여행을 아는 자는 여행을 좋아하는 자에 미치지 못하고, 여행을 좋아하는 자는 여행을 즐기는 자에 미치지 못한다.'고 했습니다. 저자께서는 지구상에서 여행을 가장 즐기는 분입니다.

저자 박원용 선생님은 여행지의 계획이 서게 되면 다녀온 여행지와 중복은 되지 않는지, 중요한 명소가 빠져있지는 않았는지 여행 출발 전에 현지 정보를 꼼꼼하게 충분히 검토하여 자료를 정리하고 난 후 여행을 시작하는 것을 원칙으로 합니다.

그리고 일행들과 오지 여행을 하고 돌아오면서 방문하기 힘든 이웃 국가가 여행지에서 빠져있으면 위험을 무릅쓰고서라도 다녀옵니다. 아프리카 남태평양 등의 오지국가를, 그것도 한두 번이 아니고 여러 차례에 걸쳐 혼자 여행을 마치고 오는 분이라는 것을 오지전문여행사 대표인 제가 많이 봐왔습니다. 여행사를 운영하는 저희들도 상상하지도 못할 일입니다. 여행에 있어서 본받을 점이 헤아릴 수 없이 많아 저희들에게 귀감이 되는 저자는 한마디로 '진정한 여행마니아'라고 할 수 있습니다.

이번 유럽 여행서는 저자가 현지 여행에 밝은 현지인이나 유럽 현지에서 오랫동안 거주하고 있는 한국인을 찾아서 보다 많은 여행정보를 수집, 충분한 시간을 가지고 일반 여행자들이 필히 가봐야 할 유명 여행지 위주로 담았습니다. 유럽 각 개별국가 중 어느 하나의 국가라도 처음 방문하거나 유럽에 관심을 갖고 유럽 여행에 궁금한 점이 많은 여행자들에게는 여타의 유럽 여행서에 비해 다양하고 생생한 여행정보로 더 큰 감동을 드릴 것이라 확신합니다.

끝으로 박원용 선생님의 이번 '유럽편' 여행서 출간을 진심으로 축하드리며, 이어서 새롭게 선보이게 될 남·북아메리카, 아프리카, 아시아, 오세아니아 등 세계 모든 국가의 방문기가 벌써부터 기대가 됩니다.

오지전문여행사 〈산하여행사〉

대표이사 **임백규**

유럽 전 지역 국가들을 이 책 한 권에 모두 담았다

한 권의 분량으로 전 유럽 46개국에 대한 여행지와 역사에 대한 내용을 소개한다는 것은 매우 어려운 일이라 생각된다. 예를 들어 경북 경주시를 가서 고적을 두루 살펴보려면 일주일은 소요될 것이다. 그러나 불국사와 다보탑, 석가탑, 첨성대, 박물관 등 꼭 봐야 할 명소만 골라서 요약해 보면 1박 2일 정도면 충분할 것이다. 이러한 심정으로 유럽 전 지역 국가들을 하나도 빠짐없이 이 책 한 권에 모두 담았다.

유럽이 아닌 터키와 북사이프러스는 유럽 국가들과 국경을 마주하고 있고, 문화와 예술 역시 연관성이 있으며, 이번 여행 코스와 함께하였으므로 이 책에 포함하였다.

역사는 시간에 공간을 더한 기록물이라고도 한다. 너무 많은 양의 역사를 여행서에 보태면 역사책으로 변질될까 우려되는 마음에 역사를 음식의 양념 처럼 가미시켜 언제, 어디서나 집중적으로 흥미진진하게 읽을 수 있게끔 노력하였다.

한 시대를 살다간 수많은 사람들에 의해서 역사는 이루어지고 사라져간다. 그래서 각 나라마다 국가와 민족이 살아서 움직이고 있기에 문화와 예술도 만들어지고, 소화 흡수되어 없어지기도 한다. 나라마다 과거와 현재에 대한 역사를 올바르게 인식하고 여행을 해야만 여행자들의 삶의 질이 진정으로 향상되고 성숙되어 간다고 생각한다.

필자는 역사와 문화를 배우는 데 있어 가장 효율적인 방법이 여행이라고 믿어 의심치 않는다. 현장에 가서 직접 보고, 듣고, 느끼고, 감동을 받기 때문이다. 백문이 불여일견(百聞－不如一見)이라고 하지 않나. 백 번 듣는 것보다 한 번 보는 것이 더 낫다는 말이다. 이 말은 여행을 하고나서 표현하는 방법으로 전해오고 있다. 지중해에서 지는 석양을 바라보고, 파리 센강 (Seine River) 그리고 에펠탑의 야간 조명 아래서 유람선을 타보는 그 자체가 어찌 가슴 벅찬 감동이 아닐 수 있겠는가.

이 책은 독자들이 새가 되어 유럽 각 국가마다 상공을 날아가면서 여행하듯이 적나라하게 표현하였다. 사진이 부족하게 생각되더라도 양해를 구한다. 재산이 아무리 많은 부자보다도 만족을 하는 자를 일컬어 천부(天富), 즉 '하늘이 내린 부자'라고 했다. 그리고 여행을 진정으로 좋아하고 원하는 사람들과 시간이 없어 여행을 가지 못하는 이들, 건강이 좋지 않아서 여행을 하지 못하는 아픈 사람들, 여건이 허락되지 않아 여행을 하지 못하는 분들께 이 책이 조금이나마 도움이 되고 보탬이 되었으면 한다.

쉬는 날 휴가처에나 가정에서 이 책 한 권으로 전 유럽 여행을 기분 좋게 다녀오는 보람과 영광을 함께 갖기를 바라며 바쁘게 살아가는 와중에도 인생의 재충전을 위하여 바깥세상 구경을 한 번 해보라고 권하고 싶다. '보약 같은 친구'가 될 것이다.

끝으로 이 책이 세상에 나오게끔 지구상 오대양육대주의 어느 나라든 필자가 원하는, 가보지 않은 나라 여행을 위하여 적극 협조해 준 〈산하여행사〉 대표 임백규 사장님, 여행길을 등불처럼 밝혀준 박동희 이사님, 이 책을 쓰고 난 다음 기초 작업을 적극적으로 도와준 대구 중외출판사 오성영 실장님, 고객들이 바라는 출판 조건에 적극적으로 협조를 아끼지 않으시고 정직하고 성실하게 출판업을 하시는 도서출판 BG북갤러리 대표 최길주 사장님 그리고 삶을 함께하는 우리 가족들과 모두에게 깊은 감사를 드리며, 모두의 앞날에 신의 가호와 함께 무궁한 발전과 영광이 늘 함께 하기를 바란다.

2020년 12월

대구에서 박원용

차례 Contents

Part 1. 서유럽 West Europe

Part 2. 북유럽(러시아 포함) Northern Europe

Part 3. 동유럽 Eastern Europe

Part 4. 발칸반도 Balkan Peninsula

Part 5. 발트 3국 외 Baltic Countries

Part 6. 유럽 섬나라 Island Countries

Part 1.

서유럽

West Europe

영국 United Kingdom

2000년 8월 6일 처음으로 유럽 여행을 시작하면서 영국과 프랑스, 이탈리아, 스위스, 오스트리아, 독일을 다녀왔다. 그 당시 영국은 1박 2일로 런던 시내밖에 둘러보지 못하여 여행마니아로서 너무도 영국 여행에 목말라 하면서 지내왔었다.

그러던 가운데 2018년 6월 대망의 영국 일주에 나섰다. 연합왕국을 줄여서 UK라 하기도 한다. 'UK에 온 것을 환영합니다.'라는 문구도 간혹 볼 수 있었다.

잉글랜드 England

영국은 크게 잉글랜드와 스코틀랜드, 북아일랜드, 웨일스 등 네 지역을 합쳐서 대브리튼왕국(United Kingdom of Great Britain)이라고 한다.

우리 일행은 런던 히드로공항에 도착해서 공항과 가까운 체싱턴 사파리호텔에 여장을 풀고 호텔 주변을 살펴보고 있으니 조경과 동물들을 요소요소에 배치해서 마치 동물원에 온 것과 같은 착각을 불러일으킬 정도로 멋지게 꾸며져 있었다.

이튿날 우리는 '영국에서 가장 영국답다.'는 전원마을인 코츠월드(Cotswolds)로 이동했다. 코츠월드는 잉글랜드 남서부에 있는 구릉지대로 숲과 목초지대로 둘러싸여 있어 아기자기하고 영국스러운 마을과 전원풍경이 아름답게 펼쳐져 있는 곳이다. 작은 마을 백여 개를 통틀어 코츠월드라고 한다. 대표적인 마을로는 유네스코 세계유산에 빛나는 바이버리(Bibury), 버튼온더워터(Bourton on the Water), 스토우온더월드(Stow on the World)가 있으며, 그 중에서 버튼온더워터를 관광했다.

필자가 살아오면서 '시골을 보려면 영국 시골을 가보라.'는 말을 많이 들었던지라 영국의 도심 속의 농촌은 우리나라 풍경과는 또 다른 곳이었다.

우리는 학구적인 분위기가 물씬 풍기는 옥스포드로 가기 위해 버스에 올랐다.

런던 서북쪽 템즈강 상류에 위치한 옥스포드는 영국에서 가장 오래된 대학 도시이며, 전 세계적으로

옥스포드대학

잘 알려진 곳이기도 하다. 옥스포드란 명칭은 OX(소), FORD(개울)란 말이 합쳐진 것으로 '소들의 개울'이란 뜻이기도 하다. 과거 양털 집산지였던 옥스포드는 12세기부터 영국의 학구파들이 모여들기 시작해서 13세기에 최초의 칼리지가 창립되면서 오늘날의 대학도시로 발전했다고 한다.

그 많은 대학을 다 돌아볼 수는 없고, 그 중 크라이스트 처치 칼리지라는 세계에서 유일하게 성당이면서 동시에 대학인 곳을 둘러보기로 했다.

옥스포드의 대학들 가운데 규모가 가장 크고, 귀족적이며 또한 전통이 있는 곳으로 13명의 영국 총리를 배출한 이 대학은 예술가 윌리엄모리스와 비평가인 존러스킨, 환상적인 동화의 세계를 알려준《이상한 나라의 앨리스》의 저자인 루이스캐럴 등 다양한 인재를 배출한 명문대학이다.

학교를 둘러보고 시내로 나오자 대학의 도시라 그런지 어디까지가 대학이고, 어디까지가 도심인지 전혀 가늠할 수가 없을 정도로 감탄하면서 이곳을 뒤로 한 채 다음 장소로 이동했다.

가는 도중에 조그마한 시냇물이 흐르는데, 물이 얼마나 맑고 깨끗한지 새들이 고기를 잡느라 사람이 가까이 다가가도 도망갈 생각도 하지 않는다. 마을의 노인들은 벤치에 앉아 그 풍경을 보느라 정신이 없을 정도였다. 좀처럼 볼 수 없는 풍경이었다.

우리는 곧장 셰익스피어의 고향인 스트랫퍼드 어폰 에이번으로 향했다. 런던에서 북쪽으로 150km 떨어진 곳에 자리 잡고 있는 이곳은 에이번 강가에 있는 아름다운 소도시였다. 세계적인 문호 셰익스피어가 이곳에서 태어나지 않았더라면 지금처럼 영국에서 가장 유명한 곳 중의 한 곳으로 각광받지는

셰익스피어 생가(원 안은 셰익스피어)

못했을 것이다.

셰익스피어 생가는 헨리거리(Henry Street)에 위치하고 있으며 절반 이상
이 목재로 지어진 민가였는데(인도가 영국 식민지이던 시절 이곳이 바로 영
국이 인도와도 바꾸지 않는다고 자랑스러워한 세기의 문호 셰익스피어가 태
어난 곳), 1564년부터 셰익스피어가 유년과 청년 시절을 보내고 그의 동생이
태어나고 자란 곳이라고 한다. 부유한 상인의 집안답게 외관은 물론 내부도
잘 보존되어 있어 16세기 중산계급의 생활상을 짐작해 볼 수 있었다.

지금은 셰익스피어 유품과 책, 가구, 생활용품 등을 전시하는 박물관으로
사용하고 있다. 셰익스피어 작품에 등장하는 꽃과 나무를 구경하며 정원을
거닐다가 누워서 쉴 수 있는 의자도 있어 누워보기도 했다. 그리고 창문에는

이곳을 방문한 유명 인사들의 사인들이 있어 누가 왔다갔는지 찾아보는 것도 또 다른 재미가 있었다.

셰익스피어 초상화를 유심히 보고 있으니 이 초상화는 셰익스피어가 죽고 난 후 200년이 지나서 그려진 것이라고 현지가이드가 설명해 준다. 그리고 젊은 시절에는 처가살이를 했을 정도로 삶이 어려웠다고 한다. 조상들은 어느 정도 부유하게 살았다고 하나, 생가를 직접 보고 나서는 부모 대에 와서 삶의 굴곡이 심했다는 생각을 하면서 생가를 나섰다.

마지막으로 나오는 출구에 서점과 기념품을 파는 가게가 있어 사람들이 북적이는 틈에서 기념품을 사서 다음 여행지로 이동했다.

다음날 일행은 비틀스의 도시인 리버풀로 향했다.

리버풀은 잉글랜드 북서쪽, 머지강(River Mersey) 북동쪽에 자리 잡고 있는 항구 도시이다. 뛰어난 항만시설로 세계적인 명성을 얻었던 이곳은 아프리카와 인디아에서 데려온 노예무역의 중심지로, 2차 세계대전 중에는 미군이 전쟁물품을 나르는 관문 역할을 했다고 한다.

리버풀에 남아있는 몇몇 건축물은 잉글랜드에서 가장 뛰어나다고 평가받고 있는데, 가장 대표적인 것으로는 두 개의 성당과 대학, 풋볼 클럽 그리고 머지강 밑을 통과하는 터널을 들 수 있다.

1960년 영국 항구도시 리버풀에서 지금은 전설이 되어버린 밴드 비틀스가 탄생한다. 처음에는 10대 소년 5명으로 구성되었으나 훗날 존 레논, 폴 매카트니, 조지 해리슨, 링고 스타 등 4인조 체제로 갖추어졌다.

리버풀 최고의 관광명소로 인정받고 있는 이곳은 리버풀의 자랑 비틀스에

비틀스(The Beatles) 단원들

관한 수많은 전시물과 자료들을 소장하고 있어 전 세계 비틀스 팬들을 유혹한다. 애비로드스튜디오와 비틀스가 초창기 때 공연을 펼쳤던 캐번클럽, 스타클럽 등의 명소들을 재현해 놓았고, 비틀스가 출연했던 뮤직비디오 등의 영상자료를 비디오로 볼 수 있었다. 비틀스의 오리지널 무대의상과 존 레논이 연주했던 피아노, 그들이 출현했던 영화 등 다채로운 볼거리가 준비되어 있기도 했다. 앞서가는 예술적인 감각을 보여주는 그들의 커다란 앨범재킷 포스터도 아주 멋졌다. 비틀스와 관련된 다양한 상품을 판매하는 선물용품점도 좋은 볼거리를 선사해 주었다. 비틀스는 활동기간이 길지는 않았지만 아직까지도 사람들에게 가장 사랑받는 대중음악가로 기억되고 있다.

매튜스트리트는 비틀스가 매일 공연을 하던 곳이다. 비틀스가 처음으로 돈을 받고 공연을 했던 캐번클럽도 이 거리에 있고, 공연을 끝낸 후 맥주를 마시던 그레이프스(The Grapes)도 아직까지 건재하다. 매튜스트리트에 있는 존 레논 동상과 함께 사진을 찍어보기도 했다. 그리고 리버풀 중에도 이곳은 비틀스의 흔적들로 골목 상가들이 영업을 하는 분위기였다.

우리는 아쉬운 리버풀 일정을 마치고 다음 여행지인 윈더미어로 발길을 돌렸다. 빙하기가 낳은 자연의 예술품이며 호수지방(Lake District)인 윈더미어는 호수이지만 한눈에 관광지라는 것을 알 수 있었다. 잉글랜드 북서부에 위치한 영국 최대의 국립공원으로, 지형 변화가 없고 영국에서 빙하기 때 만들어진 수많은 호수와 늪, 산과 협곡 등 변화무쌍한 자연이 펼쳐지는 곳이기도 하다. 윈더미어는 호수지역에서 가장 큰 호수인데, 나지막한 언덕 위에 자리잡고 있는 아름다운 이 마을은 높은 산들에 둘러싸여 자연경관이 아름답기로 유명한 곳으로 알려져 있다.

호수 관광의 거점인 보네스(Bo'ness)에서 유람선 탑승을 하기 위해 선착장으로 자리를 옮겼다. 전체 길이 17km에 달하는 윈더미어호수의 중간 지점인 보네스에서 유람선에 탑승하고 윈더미어 호수를 감상하며 즐거운 시간을 보냈다.

스코틀랜드 Scotland

다음날 스코틀랜드 왕국의 수도인 에든버러(Edinburgh)로 향했다. 옛 스코틀랜드 왕국의 수도인 이곳은 수백 년 동안 만들어진 과거의 모습을 그대로 간직하고 있었다. 유네스코 세계문화유산으로 도시 전체가 등재되었으며, 중세의 모습을 간직하고 있는 역사적인 도시이다. 중세의 모습을 고스란이 간직한 올드타운과 현재의 뉴타운이 조화를 이루고 있는 것이 이를 잘 말해 준다.

우리는 제일 먼저 황량한 바위산 위에 세워진 고대의 요새인 에든버러성 (Edinburgh Castle)을 관람하기 위해 서둘렀다. 6세기에 지어졌다는 이 성은 캐슬 록이라는 바위산 위에 세워진 고대의 요새다. 스코틀랜드의 왕들이 머물렀던 곳이며, 왕궁, 군사용 요새나 감옥으로 사용되기도 한 유서 깊은 장소로 알려져 있다. 성 내에 있는 세인트 마가렛 예배당은 가장 오래된 건축물로 12세기 초에 지어졌고, 나머지는 대부분 16세기 이전에 지어진 것들이다. 현재 에든버러성은 영국군 사령부로서 군이 주둔하고 있으며, 내부에는 스코틀랜드 국립전쟁박물관 등 스코틀랜드와 관련된 다양한 박물관이 있다. 일요일을 제외한 매일 오후 1시에 대포를 쏘는 시간도 놓치지 말아야 할 구경거리이다.

에든버러성에서 홀리루드궁전으로 연결된, 에든버러에서 가장 오래된 자갈이 깔린 로얄마일은 유명한 건축물과 저택들이 즐비한데 성 자일스성당과 존 녹스의 저택, 트론커크(Tron Kirk), 글래드스톤랜드가 유명하다.

로얄마일은 에든버러의 역사를 말해 주는 건축물만 있는 것이 아니라 많은 상점과 레스토랑, 카페가 즐비한 에든버러 시내의 중심으로, 언제나 사람들로 가득한 과거와 현재가 공존하는 장소이다. 에든버러성에서 시작해 로얄마일을 따라 걸어보는 것도 추억을 남기기에 부족함이 없다.

하이스트리트(High Street) 맞은편에는 성 자일스성당(St. Giles' Cathedral)이 자리 잡고 있다. 864년부터 이곳에 터를 잡고 있었던 성당의 현재 건물은 15세기에 지어진 것으로 추정된다고 한다. 성 자일스성당은 그 이후 많은 전쟁과 민족 분쟁, 이데올로기 논쟁으로 대변되는 에든버러와 스코틀랜드 동란의 역사 한 가운데에 위치하고 있다. 현재의 건물은 1829년 건축가 윌리엄 번(William Burn)에 의해 만들어진 것이다.

성당 내부는 나무 장식이 아름답고 화려한 엉겅퀴(Thistle : 스코틀랜드의 국화) 예배당을 비롯해 정교한 솜씨를 뽐내는 스테인드글라스는 훌륭한 볼거리였다.

월터 스콧경의 죽음을 애도하기 위해 만들어진 스콧기념탑(Scott Monument)은 1832년 스코틀랜드의 위대한 문호인 월터 스콧경이 죽은 후 그의 죽음을 애도하는 분위기가 에든버러 사회 전역에 퍼지기 시작하면서 정부 차원에서 디자인 공모를 통해 공정한 심사를 거쳐 당선된 조지 마이클 켐프(George Miekle Kemp)의 작품과 조각가들의 노력으로 이 기념탑이 만들어졌다고 한다. 보통 기념탑은 별다른 장식이 없는 높이 솟은 탑형식인 것에 비해 이 스콧기념탑은 화려한 고딕양식으로 제작된 교회의 첨탑같이 아름다운 외형을 지니고 있다. 200피트가 넘는 높이의 스콧기념탑은 에든버러에서 가장 유명한 건축물이라 해도 과언이 아닌 것 같다.

동서남북으로 올려다보고 돌아설 때 뒤돌아보고, 또 돌아보고…….

헤어지는 작별인사가 아쉽다고나 할까? 이래서 '정들자 이별'이란 말이 생겼나 보다.

다음날 우리는 일찍 페리를 타고 북아일랜드로 가기로 했다. 너무 일찍 떠나는 일정이라 조식을 선내에서 해결하고, 육지와 육지를 오가는 선박들과 갈매기를 구경하다 보니 2시간 30분이 훌쩍 지나 케어라이언항구에 도착했다. 벨파스트를 거쳐 자이언트 코즈웨이로 이동했다.

거대한 주상절리가 아름다운 해변을 장식하고 있는 자이언트 코즈웨이는 우리나라의 제주도나 울산

자이언트 코즈웨이 해변의 주상절리

앞바다에서 볼 수 있는 주상절리가 늘어서 있는 해변이다.

사람 키의 다섯 배 또는 여섯 배가 넘는 높이에 벌어진 입이 다물어지지 않을 정도였다. 이 주상절리는 높이만 높을 뿐 아니라 상당히 긴 구간에 걸쳐 분포되어 있는데 섬 자체가 화산 폭발로 만들어진 섬이기 때문에 강력했던 화산 폭발의 증거가 이 주상절리로 남겨졌다고 한다. 6각 기둥의 각이 매우 선명하게 잡혀있어 마치 계단처럼 이어진 것도 이 자이언트 코즈웨이의 주상절리만의 특징이다. 드넓은 해변 뒤로는 아름다운 초원이 펼쳐져 있어 그 아

름다움이 보는 이들로 하여금 즐거움을 선사하고 있다.

필자가 보는 자이언트 코즈웨이는 지구상 어디에서도 볼 수 없는 거대한 크기의 주상절리이고, 모두 다 돌아보지 못하는 여행객들도 있었다. 다시는 볼 수 없을 자연이 준 거대한 선물에 가슴이 벅차오르기도 했다.

충분한 여유를 가지고 자연과 한 몸이 된 것 같아 이것이 여행의 즐거움이 아닌가 생각해 본다. 아쉬운 마음을 뒤로 한 채 우리는 북아일랜드의 수도 벨파스트로 이동했다.

북아일랜드의 수도인 벨파스트에는 북아일랜드 인구의 4분의 1이 여기에 살고 있다. 과거 분쟁의 유물들이 서부 벨파스트 지역의 풍경 속에 남아있다.

벨파스트는 파셋강(River Farset : 현재는 복개공사가 되어 도로 밑으로 흐르고 있다)을 가로지르는 여울을 지키기 위해 세워진 요새들이 모여 생겨난 도시라고 한다. 하지만 발전 속도가 늦어 1604년 제임스 1세에 의해 오늘날의 모습으로 정착되었다고 한다.

벨파스트성은 벨파스트호수와 시내가 내려다보이는 케이브힐 비탈에 자리 잡고 있었다. 이곳은 2차 세계대전 때 작전본부로 사용되기도 한 역사적인 곳이기도 하다. 전형적인 스코틀랜드 귀족풍의 건축양식을 보여주는 이곳은 처음 만들어진 것은 12세기 노르만인들에 의해서였고, 지금의 성은 1870년에 완성된 성이다.

벨파스트성의 주인이었던 섀프츠베리(Shaftesbury) 가문에서 1934년 성과 정원을 시에 기증하였다. 현재 이곳은 벨파스트 사람들이 결혼식을 올리고 싶어 하는 첫 번째 장소로 사랑을 받고 있다. 성 주변에는 아름다운 정원

벨파스트시청

과 멋진 전망으로 관광객의 발길이 끊이지 않고 있다.

　또한 벨파스트 시내 중심 도니골(Donegal)광장에 위치하고 있는 시청 건물은 1898년 착공하여 1906년에 완공되었다. 이곳은 아일랜드 섬에 위치한 영국 땅으로, 그 상징적인 의미가 큰 곳이라고 할 수 있다. 이곳 벨파스트가 바로 아일랜드 섬 안에 위치한 영국 땅인 북아일랜드 최대의 도시이기 때문이다. 건물이 고전 르네상스 스타일을 보여주는, 화려하고 아름다운 대리석으로 꾸며진 실내 인테리어가 인상적이었다. 현재는 대영제국의 북아일랜드 주정부 청사와 벨파스트시청으로 사용되고 있으며, 건물 외벽의 웅장함과 섬세한 조각 하나하나가 잘 어울려 궁전이나 왕궁이라 해도 손색이 없을 정도였다. 이런 배경을 두고 흔적을 남기지 않고 이동을 할 수 있겠는가?

아일랜드 Ireland

아일랜드는 영국의 서쪽에 위치한 또 다른 섬나라다.

2018년 영국을 두 번째 여행하면서 아일랜드도 들러서 오기로 했다. 아일랜드 섬 북쪽에는 북아일랜드라는 영국 땅이 있다. 북아일랜드의 면적은 1만 4,130km²이며, 전체 아일랜드 섬은 우리나라보다 조금 작고 북아일랜드는 강원도보다 조금 작다고 한다.

우리나라가 남북으로 나누어져 있어 분단의 아픔은 아일랜드 국민이나 우리나라 국민이나 같은 마음일 것 같다.

아일랜드는 예로부터 영국의 침략을 많이 받았다.

1542년 영국 국왕 헨리 8세에 의해서 완전히 정복되었다. 그 후 북아일랜드 지역에 영국 사람들을 온전히 정착시켰다.

영국인은 앵글로색슨족이 주축이 되어 개신교를 믿었고, 아일랜드 민족은 켈트족이 주축이 되어 가톨릭을 믿었다고 한다. 그러나 모두 EU에 가입이 되어 있어 분단된 우리나라와는 달리 아무 조건 없이 두 나라를 서로가 왕래하고 있다.

그런데 영국은 지난 2016년 국민투표로 EU를 탈퇴했는데 이러한 상황에 아일랜드와 북아일랜드 국민이 자유로운 왕래가 지속될지는 두고 볼 일이다. 현지가이드의 말을 빌리자면 1840년대에 감자 농사가 병충해와 한파로 망쳐 버려 100만여 명이 굶어 죽기도 했고, 캐나다나 미국으로 이민을 가기도 했다. 그러한 상황에서도 영국은 그들을 전혀 도와주지 않았다. 그 여파가 아직까지도 남아있어 국민들 사이에 보이지 않은 벽이 생겼다고 한다. 그로 인해 1차 세계대전이 한창이던 1916년에 전국은 대대적인 무장봉기가 일어났고, 독립운동은 극치에 다다라 끝내 2차 세계대전이 끝난 후 1949년에 절반의 독립을 하기에 이른다. 북아일랜드 땅을 제외한 아일랜드 섬 남쪽부분 국토면적 7만 283km^{2}만 독립을 하면서 우리나라와 같이 분단된 민족의 아픔을 지니고 있다.

다음날 우리는 영국이 아닌 또 하나의 섬나라 아일랜드로 떠나는 여행을 했다. 영국과 아일랜드는 모두 EU에 가입되어 있기 때문에 이미그레이션(Immigration, 출입국심사)과 검색대 없이 무사히 통과할 수 있었다.

아일랜드공화국의 수도이자 남북을 망라해 가장 국제적인 도시인 더블린은 빈부가 함께 공존하는 도시이다. 우아하고 부유해 보이는 조지왕 시대의 광장(Georgian Square) 옆으로는 아름다움이란 사라진지 오래인 듯한 궁색함이 맞닿아 있고, 더블린의 길고 번잡했던 역사에는 아직 현대적인 발전의 시기는 도래하지 않은 듯 보인다. 하지만 이런 분위기에도 불구하고 더블린은 흥미롭고 다양한 풍모를 가지고 있는 곳이다. 누구나 쉽게 좋아하게 되는 편한 도시이며 아일랜드 여행의 출발점이기도 하다.

우리는 먼저 아일랜드 최고 명문대학인 트리니티대학을 찾았다.

더블린 시내 중심부에 위치하고 있는 트리니티대학은 1592년 영국 여왕 엘리자베스 1세 때 설립된 역사 깊은 곳이다. 40에이커의 부지에 펼쳐져 있는 트리니티대학에는 아름다운 정원과 잔디, 17세기에서 18세기에 지어진 멋진 건축물들이 조화를 잘 이루고 있었다.

트리니티대학에서 도서관을 빼놓을 수 없는데 그 중에서도 가장 유명한 곳이 목조 아치형 천장의 롱룸(Long Room)으로 9세기에 만들어진 두 권의 《라틴어 복음서(Books of Kells)》를 필두로 20만 권의 장서가 소장되어 있다. 죠나단 스위프트와 토마스 모어, 올리버 등을 배출한 유명한 곳이기도 하다. 도서관 내에는 20만 권의 장서가 백화점 물건도 그렇게 잘 진열할 수 없을 정도로 잘 정리정돈 되어 보관된 것이 정말 감탄하지 않을 수 없다.

매년 3월 17일은 성 패트릭의 날(St. Patrick's Day)이라 부르는데, 이날

① 트리니티대학 전경
② 20만 권의 장서가 있는 롱룸 도서관
③ 조지 살몬 학장의 동상

은 아일랜드의 최고 명절로서 아일랜드에 기독교를 처음으로 전파한 선교사 성 패트릭(St. Patrick)의 사망일을 기리는 날이다. 성 패트릭은 영국 웨일스(Wales)의 한 성직자 집안에서 태어났다. 16세에 아일랜드 해적들의 습격을 받고 끌려간 그는 6년 동안 아일랜드 언트림의 슬레미시산의 비탈진 곳에서 양을 치면서 노예로 지냈다. 이교도의 땅에서 포로로 잡혀있는 동안 그는 그리스도교에 귀의하였다. 6년 후 그의 꿈속에 천사가 나타나 그를 이곳에서 탈출하여 집으로 갈 수 있도록 도와주었다. 후에 그는 집을 찾아 약 320km 이상의 길을 걸어갔다는 전설 같은 이야기가 있다.

갓 만들어진 아일랜드 대표맥주인 기네스를 시음할 수 있는 맥주 양조장에 들렀다. 이곳은 기네스 맥주를 만드는 공장이기도 하지만 내부는 박물관으로 조성하여 기네스의 역사 및 제작과정, 보관방법 등을 알 수 있게 조성되어 있다. 특히 꼭대기 층에서는 방문자에게 1인 1잔씩 무료로 기네스 1파인트(약 470㎖)를 주는데, 더블린시를 조망하며 마시는 기네스의 맛은 가히 환상적이었다. 두 잔째부터는 돈을 지불해야 하지만 그 맛이 너무 좋아 하루 종일 맥주를 마시며 이야기를 나누는 관광객들도 눈에 띄었다. 이 기네스양조장은 기네스 스토어하우스(Guinness Storehouse) 혹은 기네스 팩토리(Guinness Factory)라 부르기도 한다.

우리 일행은 한 사람도 빠지지 않고 맥주 저장고, 기념관 등을 관람하고 공짜 맥주시음도 하며 즐거운 시간을 보냈다. 필자는 공짜라는 언어에 부담이 되어 한 잔 더 마셔 공짜 부담을 덜어보기도 했다.

기네스 맥주 저장고

웨일스Wales 및 그 밖의 영국 여행

다음날 우리는 아일랜드를 뒤로 하고 페리를 타고 웨일스의 홀리헤드 (Holyhead)로 이동했다. 소요시간 약 3시간 30분 경과 후, 버스를 갈아타고 2시간에 걸쳐 체스터로 이동하는 일정이었다.

2000년의 역사를 가진 도시 체스터는 튜더양식이 잘 보존된 도시로 로마 시대 이후의 유적들이 많이 남아있는 도시이기도 하다. 특히 중세 성벽이 잘 보존되어 있어 더욱 유명하기도 하다. 성벽으로 둘러싸인 구시가지에는 11 세기 때 세워진 예배당을 비롯해 많은 역사적인 건축물들이 있다. 또한 도심 에는 헨리 7세부터 엘리자베스 1세까지 이르는 튜더 왕조(1485~1603년)에 유행했던 '튜더양식'의 아름다운 주택이 많이 산재되어 있어, 도심을 걸으면 중세를 걷는 듯한 착각이 들기도 한다. 직접 시내를 걸어보면 시간가는 줄 모른다.

또 예배당 안 고딕양식의 조각을 어찌나 섬세하게 만들었는지 누구나 영국을 여행할 때 빠뜨리지 말라고 권하고 싶은 곳이다. 상단의 파이프 오르간 역시 필자의 기억 속에 오래 간직되었다.

런던에서 서쪽으로 173km 떨어진 곳에 위치한 도시 바스는 영국에서 가장 오랜 역사를 지닌 도시 중의 하나로 조지안시대 스타일을 잘 보존하고 있다.

로마시대부터 미네랄 온천수로 유명했던 바스의 시내 중심에는 로마시대의 목욕시설 유적이 시내 중심에 자리 잡고 있는데, 이곳은 영국 어느 곳의 로마시대 목욕시설보다 가장 원형 시설을 잘 갖춘 채 보존되어 있었다. 18세기에 이곳의 온천수는 치료 능력을 가진 것으로 알려져 많은 이들이 찾아왔다고 한다. 이런 이유들로 바스는 도시 전체가 유네스코 세계문화유산 지역으로 지정, 보호받고 있다.

지금도 전 세계 호텔 목욕탕을 바스룸(Bath Room)이라고 부르는 것은 이곳 바스 목욕탕에서 유래하여 불리게 되었다.

바스에서 절대 빠뜨릴 수 없는 이곳 로만바스(Roman Bath)는 나병에 걸린 켈트족의 왕자 블라듀드(Bladud)가 요양차 이곳을 방문했는데 뜨거운 광천수 온천에서 지내던 어느 날 병이 나아진 걸 느끼고 뛸 듯이 기뻐했다는 이야기가 전해지고 있다. 그래서 이곳의 온천은 치유력을 가진 영험한 물로 여

원조 바스 목욕탕

겨진다.

AD 43년 로마인들이 휴양을 목적으로 이 먼 곳까지 와서 욕탕을 만들었다는 것이 전혀 이상할 것이 없게 느껴질 만큼 아름다운 곳이었다. 우아하고 웅장한 건물에 자리잡고 있는 커다란 욕조와 화려한 모자이크 세공 바닥, 공예품들을 전시한 박물관도 또 다른 볼거리였다. 지금도 물만 갈아서 목욕을 해도 될 정도로 보존이 잘 되어 있다.

바스의 랜드 마크인 중세 교회 건물인 바스수도원은 성공회교구 교회라고 한다. 고딕양식의 건물로서 19세기에 대대적인 복구공사를 한 이 수도원은 1499년 주교였던 올리버 킹(Oliver King)이 공사를 시작하였으나 1539년 헨리 8세(Henry VIII)시대에 수도원을 해산시키자 이 건물은 파괴되었다.

이어 1574년 엘리자베스 1세 여왕은 교회의 복구를 다시 시도하였고, 1860년대에 조지 길버트 스코드경의 지휘 아래 대대적으로 복구공사가 진행되었다. 이때 회중석 옆의 둥근 부채꼴모양의 아름다운 천장이 탄생되었고, 그 이후 파이프 오르간 설치 등의 공사가 이어져 지금의 모습을 이루고 있다.

세계문화유산으로 지정된 스톤헨지는 영국 월트셔주 솔즈베리 평원에 자리잡고 있는 석기시대 유적지로 영국인들은 물론 유럽, 북미 등 전 세계에서 신비한 거석 구조물을 보려는 이들이 찾는 곳이기도 하다. 어떤 이는 마법과 신비의 장소로, 또 다른 이는 신성한 장소라고 부르는 스톤헨지는 왜, 어떻게, 누구에 의해 만들어졌는지 정확하게 밝혀지지 않는 페루의 마추픽추와 비견할 수 있는 신비로운 고대 유적지이기도 하다.

BC 3500년경 솔즈베리 평원에서 거주하고 있던 유목민족이 만든 것을 시작으로 BC 1500년경에 완성되었다고 알려져 있다. 지금까지 수세기 동안 많은 과학자와 연구진들도 아직까지 스톤헨지가 어떻게 만들어졌는지 밝혀내지 못하고 있는 이 신비한 유적지는 더욱 필자에게 신비하게 다가왔다. 과거에는 돌과 돌 사이를 지나갈 수도 있었고, 만질 수도 있었다고 한다. 그러나 지금은 경계선을 두어 그 이상은 접근할 수 없고 경계선상에서 사진 촬영만 허용하고 있어 아쉬움이 남기도 했다.

런던 시내 중심 광장인 트라팔가광장은 지중해 트라팔가 해전에서 넬슨 제독이 프랑스 나폴레옹 군대에게 승리한 것을 기념하기 위해 만들어 놓은 곳이다. 그리고 2천년의 유구한 역사를 자랑하는 영국의 수도 런던은 1,600km^{2}의 면적에 인구 800만 명 이상이 거주하고 있는 유럽 최고의 도시

스톤헨지

이다. 과거와 현재가 조화롭게 공존하는 런던은 영국의 무역, 경제, 행정의 중심지인 동시에 유럽을 여행하는 이에게 빼놓을 수 없는 필수 관광지이기도 하다.

소호(Soho)지구를 중심으로 두 개의 시로 나뉘는데 동쪽은 이스트엔드로 서민적인 분위기를 접할 수 있으며, 서쪽은 웨스트엔드로 귀족적이고 화려한 분위기를 연출하고 있다. 대부분의 관광지가 이곳 웨스트엔드에 집중되어 있으며, 또한 1인당 녹지율이 세계 제일로 꼽힐 만큼 도시 곳곳이 울창한 나무 숲으로 이루어져 있다.

트라팔가 서남쪽에 위치해 있는 버킹엄궁전은 영국 입헌 군주 정치의 중심이면서, 영국 여왕의 런던 공식 주거지이다.

버킹엄궁전(Buckingham 宮殿)

당초 버킹엄궁전은 1702년 버킹엄 공작의 런던 사택으로 지어졌고, 1762
년 조지 3세가 사들여 왕족들이 거주하는 여러 저택 중의 하나로 지정되었
다. 조지 4세가 존내쉬(John Nash)를 고용해 구 저택 주위로 새로운 건물을
짓도록 명령했고, 내쉬는 대리석 아치 입구가 인상적인 건물을 완성시켰다.
나중에 이 대리석 아치는 하이드 파크로 옮겨졌다. 이 버킹엄궁전은 1993년
처음으로 대중에게 공개되었으며, 영국의 '왕은 군림하되 통치에 관여하지
않는다.'는 것은 세상 사람들이 다 아는 사실이기도 하다.

영국 런던의 상징인 타워브리지는 템즈강 하류에 자리 잡고 있는 빅토리아
스타일로 건축된 교각이다. 호레이스 존스경의 디자인으로 1887년에 착공하
여 8년간에 걸친 공사 끝에 1894년에 완공되었다. 100년이 넘는 동안 그 자

타워브리지(Tower Bridge)

리를 지키고 있는 타워브리지는 크고 작은 고딕풍의 첨탑이 있어 마치 동화
속에 나오는 중세의 성을 연상시키기도 한다.

교각 중앙이 개폐식으로 되어 있어 큰 배가 통과할 때는 90초에 걸쳐 무게
1,000톤의 다리가 수압을 이용해 열린다. 타워 내부에는 타워브리지와 관련
된 흥미로운 이야기들을 담고 있는 전시관과 빅토리아시대부터 있었던 증기
엔진실이 마련되어 있어 많은 이들의 사랑을 받고 있다고 한다.

시내 관광을 하고 있는데 '기회는 기다리면 온다.'더니 자유시간이 얼마나
고마운지 만사를 제쳐놓고 혼자서 타워브리지로 갔다. 안타깝게도 보수공사
중이었다. 하지만 처음이자 마지막이라 생각하고 혼자 걸어도 보고, 사진도
찍고, 런던 시민들과 어울려 강을 건너보니 오랜만에 느껴보는 뿌듯함에 너

무도 기분이 좋았다. 기억에 오래도록 남을 것 같다.

런던에는 유명한 건축물 중의 하나인 빅벤이 있다. 언제 봐도 멋있지만, 야간에는 국회의사당의 조명이 빅벤 위로 쏟아지는 아름다운 모습을 감상할 수 있다.

국회의사당의 서쪽 팔러먼트광장 남쪽에 위치하고 있는 웨스트민스터사원은 영국에서 가장 유명한 고딕 건축 사원으로 영국 역사에서 중요한 부분을 차지한다. 13세기 착공에 들어가 약 250년 동안 만들어져 16세기(1503년)에 완성되었다고 한다.

이 사원은 건축학적인 견지에서 세계 최고의 걸작으로 평가받고 있다. 영국에서 가장 높은 고딕양식의 중세 교회이기도 하다. 웨스트민스터는 사진에서 자주 볼 수 있는 곳이 바로 북쪽 입구인데, 실제 이곳을 통해 사원 안으로 들어가는 사람은 저절로 신에 대한 경외심에 고개를 숙일 정도이다. 그리고 이곳은 일 년 내내 예배가 이루어진다고 한다.

우리는 타워브리지와 런던탑 옆에 위치한 중세시대 콘셉트의 식당에서 중세시대 복장을 입은 웨이터의 서빙을 받으며 다양한 애피타이저와 로스트 치킨 등 여러 음식을 접하며 즐거운 시간을 보내기도 했다.

세계 3대 박물관 중 하나인 대영박물관은 런던 블룸즈베리 러셀광장 맞은편에 자리 잡고 있다. 세계적으로 규모가 큰 박물관이며, 제국주의(대영제국)시대에 약탈한 문화재는 물론 전성기 때의 그리스와 고대 이집트문화를 감상할 수 있다. 이곳은 언제나 관람객들로 붐비는 곳이기 때문에 조금 일찍 서두르는 것이 좋을 것 같다.

대영박물관은 내과 의사이던 한스슬론경이 모은 문화재 7만여 점을 국가에 기증한 것을 바탕으로 무적함대를 격파하고 지구상의 해상을 장악하던 시절 각국에서 약탈해온 예술품과 해외 예술품을 고가에 매입해서 지금은 800만 점 이상이 전시되어 있으며, 1년 관광객만 700만 명에 이르는 세계 최대 규모의 박물관이다.

파르테논신전 조각물, 이집트 상형문자 로제타돌, 수천 년 된 미라가 유독 기억에 남는다. 우리나라의 민속자료를 전시하는 한국관도 있다.

영국 여행의 마지막 코스로 템즈강 크루즈 투어를 하기 위해 선착장으로

① 파르테논 신전 조각물
② 수천년 된 미라
③ 이집트 상형문자 로제타돌

갔다. 이곳은 타워브리지와 웨스트민스터사원 등 런던의 현대 건축물들을 템즈강 한가운데서 관광할 수 있는 낭만적인 코스이기도 하다.

이곳을 마지막으로 우리 일행은 영국 여행 일주를 무사히 끝내는 대미를 장식했다. 하선할 때는 모두가 서로를 안아주면서 서로에게 박수를 아끼지 않았다.

프랑스 France

지금까지 총 4번의 프랑스 여행을 다녀왔다.

처음 프랑스 땅을 밟은 것은 2000년 8월 8일 서유럽 6개국을 여행할 때였다. 처음 유럽 여행으로, 역사나 내용면에는 별 관심이 없었다. 역사책이나 TV에서 보았던 것을 현장에서 직접 실물을 바라보느라 그저 즐겁고, 신기하고, 마음은 한껏 들떠 있어서 가이드의 설명에는 도통 관심이 없었던 때였다.

호텔에 들어가면, 역사가 100~200년이 된 호텔들이라 시설이 좋지 못하였다. 그러나 호텔이 좋고 나쁘고를 따지고 할 고객의 수준이 아니었다.

자고 나면 서양식 음식을 먹고, 관광을 하고, 이동하고, 먹고 자고, 하루하루가 얼마나 빨리 지나가는지 잠시라도 다른 곳에 정신을 둘 수가 없었다. 그리고 매번 프랑스에 가면 에펠탑, 베르사유궁전, 개선문, 샹젤리제거리, 루브르박물관, 노트르담사원, 몽마르뜨언덕, 성심성당, 콩코르드광장 등이 단골 메뉴다. 그래서 두 번째 프랑스 여행을 기준으로 여행스토리를 정했다.

프랑스를 두 번째 가게 된 동기는 처음 여행할 때 가보지 못했던 루브르박물관을 보기 위해서다. 가보지 않았더라면 평생을 후회할 정도로 유명한 관

루브르박물관

광명소이다. 그래서 부푼 기대감을 안고 2013년 8월 29일 13년을 기다린 끝에 또 하나의 프랑스를 보러 여행을 떠난 것이다.

우리가 제일 먼저 도착한 곳은 루브르박물관이다.

루브르박물관은 원래 파리 시내를 방어하기 위해 13세기에 세워진 군사요새였다. 이후 샤를 5세의 왕궁이 되었고 프랑수와 1세는 왕실 소유의 미술품을 전시하는 박물관으로 바꾸었다. 나폴레옹이 원정국에서 약탈해온 예술품과 해외 예술품을 대대적으로 매입해서 이곳을 채워나가 오늘날에 이르렀다고 한다.

원래는 궁전으로 중세부터 프랑스 역사상의 중요한 사건의 한 부분을 차지했으나, 지금은 국제적인 명성에 힘입어 궁전보다는 박물관으로 이름이 널리 알려져 있다. 우리에게 잘 알려진 루브르의 대표적인 작품을 몇 가지 선정하면, 다빈치의 '모나리자', 밀로의 '비너스', 사모토라케의 '니케', 들라크르의 '민중을 이끄는 자유의 여신', 다비드의 '나폴레옹 대관식' 등등 헤아릴 수 없는 유명한 예술품들이 소장되어 있다.

'모나리자'(출처 : 《계몽사백과사전》)

다른 곳은 그렇게 복잡하지는 않았지만 '모나리자' 작품 앞에는 사람이 인산인해를 이루고 있다.

작품을 도난당했다가 이탈리아에서 찾아왔다는데 도난 염려가 있어 벽에 유리를 감싸서 사람들이 접근을 못하게 하고 있다. 거리를 두고 사진을 찍는 것은 가능하다 하여 인파에 밀려서 겨우 사진을 찍고 떠밀리다 시피해서 다음 장소로 발길을 돌려야 했다.

다음으로 이동한 곳이 에투알 개선문이다.

개선문은 도시 중심 광장에 세워져 있어 누구나 파리 시내를 여행하면 여러 번 쉽게 볼 수 있는 곳이다. 도시 중심에 있고, 거기에 광장을 더해 오고가면서 흔히 볼 수 있는 곳이다.

양쪽 기둥면 상단으로 서로 올라갔다 내려올 수 있는 통로가 있어서 전망대에 오고가고 하는 사람들을 볼 수 있으며 필자는 세 차례나 갔어도 한 번도

개선문(출처 :《계몽사백과사전》)

올라가지 못했다. 개선문 일정이 모두 사진만 촬영하는 일정이었다. 누구나 기회가 되면 한 번 올라가보는 것도 권하고 싶다.

지름 240m의 원형 광장에 있는 높이 50m의 건축물로 프랑스 역사상 영광의 상징인 개선문은 샹젤리제거리의 끝 부분에 위치해 있다. 그 주위를 둘러싼 샤를르 드골광장은 파리에서 가장 유명한 장소라고 할 수 있다. 이 개선문은 1806년 전쟁의 승리를 기념하기 위해 나폴레옹의 명령으로 착공되었으나, 애석하게도 그는 개선문의 완공을 보지 못하고 사망했다.

전쟁에서 승리하고 온 국민의 환영을 받으며 개선문을 통해 들어오는 나폴레옹을 상상하면서 다음 여행지로 이동했다.

프랑스의 위대한 황제 나폴레옹은 1769년 8월 15일 지중해 코르시카섬 아작시오에서 태어났다. 9살이라는 유년시절에 브리엔트 사토 유년군 사학교에 입학했으며, 16세 때 파리 육군사관학교에 입학했다. 그리고 1년 뒤에 포병 소위로 임관한다. 그래서 나폴레옹 하면 전쟁이야기 말고는 할 말이 없다. 전쟁은 국가 대 국가의 싸움인데 평생에 자의든 타의든 전쟁에 나가서 40여 차례 승리를 하였다.

나폴레옹(출처 : 《계몽사백과사전》)

일찍이 나폴레옹은 1796년 이탈리아 원정군 사령관에 임명된다. 그의 나이 약관 26세였다. 그렇게 승승장구하여 1798년 국가 원수격인 프랑스통령의 자리에 오른다. 그의 나이 28살이라는 젊은 나이에 통수권자가 된 것이다.

나폴레옹이 전쟁과 권력을 얼마나 좋아했는지 살아생전 유명한 말을 기억해 보자. 가이드는 평소에 못 외우는지 메모지를 꺼내보기도 했다.

첫째, 권력은 나의 애인이다. 그토록 노력해서 얻은 애인은 어느 누구도 빼앗아 가지 못한다.

둘째, 적들의 세계 평화는 나의 몰락이고, 나의 평화는 적들의 무장해제일 뿐이다.

셋째, 전쟁은 모든 것을 정당화한다.

권력에 욕심이 많은 나폴레옹은 1804년 12월 2일에 프랑스제국의 황제로
등극했다.

유럽 여러 나라들은 나폴레옹의 전쟁 때문에 한시도 바람 잘 날이 없었을
것 같다. 그래서 1814년 오스트리아, 러시아, 프로이센의 동맹국들이 프랑
스 파리까지 진격하여 프랑스의 항복을 얻어내는 동시에 나폴레옹은 황제에
서 폐위되고 연합군에 붙잡혀 지중해 엘바섬에 유배되었다고 한다. 그날이
1814년 4월 11일이다.

나폴레옹은 엘바섬에 유배되면서부터 감독관을 기만하기 위해 바보와 거
지같은 행동을 했다고 한다. 다시는 전쟁이고 탈출이고 꿈에도 생각이 없음
을 감독관의 머리에 심어주었던 것
이다.

1년 후 어느 날 감독관이 외출인
지 휴가인지 가는 틈을 타서 1815
년 2월에 탈출을 하게 된다. 탈출
하여 프랑스에 도착하자마자 다
시 황제의 자리에 올랐다. 지구상
에 이보다 더 대단한 사람이 또 있
을까? '제 버릇 개 못준다.'고 또다
시 정복전쟁에 나선다. 그러나 그
의 용기에도 운명은 지는 해와 같

앵바리드돔(나폴레옹 무덤)

았다.

워털루전투에서 영국과 프로이센연합군에게 패하고 말았다. 또다시 유배의 길에 올랐고 동맹군들은 천하에 전쟁을 밥 먹듯이 하는 나폴레옹을 유럽으로는 다시 돌아오지 못하게 저 멀리 아프리카의 영국령이었던 세인트헬레나섬에 유배시켰다. 나폴레옹은 그곳에서 창살 없는 감옥살이를 6년이나 하고 거기에서 생을 마감했다. 그날이 1821년 5월 5일이다. 그의 유언에 따라 파리의 센(세느, Seine River) 강변 앵바리드돔 안에 고이 잠들어 있다.

몽마르뜨언덕의 성심성당은 정면으로 상당히 많은 계단을 올라가야만 볼 수 있는 곳이다. 입구에서 쳐다보면 성당 외관을 충분히 볼 수가 있다. 2000년 8월에 가본 경험이 있다. 가이드가 시간이 없으니 올라가서 한 번 둘러보고 성당 안에 들어가서 사진을 찍고 내려오라고 한다.

성심대성당

필자는 조금 올라가서 성당의 외관 사진만 찍고 내려와 입구 T자 내리막 골목에 기념품 파는 가게가 빼곡히 있어 이곳저곳 들어가서 구경만 하고 나오면서 기념품 하나를 사가지고 일행들과 합류해서 차량으로 이동했다.

에펠탑에 해가 지기 전에 도착하기 위해 서둘러 갔다. 에펠탑은 너무 가까이 가면 높이가 300m가 넘어서 사진 찍는 것이 불가능하다. 그래서 가까이서 외관을 충분히 구경하고 인근에 사진 찍기 좋은 전망대가 있어 그곳으로 옮겨갔다.

옛날(13년 전)에도 와본 적이 있다. 전망대에서 사진을 찍고 난 후 저녁식사 장소로 이동했다. 저녁을 먹고 어두워지면 센강에서 유람선을 타고 네온사인이 반짝이는 에펠탑을 구경하기로 약속이 되어 있었다. 유람선 승선과 동시에 어두운 밤하늘에 별빛과 에펠탑 조명이 어우러져 환상의 분위기를 자아내는 모습은 두고두고 기억에 남을 것 같다.

인생은 이런 맛에 살고 이런 맛에 여행을 한다. 에펠탑은 사건도 많고 사연도 많아 사건과 사연을 따로 소개해 본다.

가이드의 말을 빌리자면 에펠탑은 1886년 프랑스 정부가 프랑스혁명 100주년을 기념하는 1889년 파리만국박람회에 프랑스를 상징하는 기념물로 철탑을 공모, 응모작이 700점이 넘는 수많은 작품 중에 구스타브 에펠이 제시한 출품작을 선정해서 착공은 1887년 1월 28일에 했다고 한다. 기초공사만 길이가 15m, 폭이 6m, 두께가 6m의 콘크리트 공사 4곳을 하고 각각 그 위에 4개의 교각을 세워 철탑을 올리는 작업이었다.

본체에 들어가는 철골만 7,000톤 이상이 되고 철골구조물이 1만 3,000개 이상 들어갔으며, 그것을 조립하는 리벳이 105만 개 이상 들어갔다고 한다. 그리고 300명이 넘는 노동자들이 땀 흘려 일한 덕분에 착공 26개월 만인 1889년 3월 31일에 높이 324m 강철탑이 완성되었다. 정확한 사실인지는 모르겠지만 그 당시 세계에서 건축물로는 최고의 높이라고 한다.

에펠탑

에펠탑은 세 개 층으로 되어 있다. 설계도면에는 계단이었는데 1983년에 엘리베이터를 설치했다. 지상 57m 높이의 제1전망대는 에펠탑 역사와 시공과정을 보여주는 전시관, 제2전망대는 높이 112m의 레스토랑, 제3전망대는 높이 276m로 파리 시내를 한눈에 360도 돌아가면서 볼 수 있게 했으며, 노트르담사원과 루브르박물관, 개선문, 센강(Seine River), 몽마르뜨언덕, 샹젤리제거리, 오르세미술관 등 파리의 명소를 다 볼 수 있는 곳이다.

만국박람회가 끝나고 그냥 방치해 놓으니 흉물이라며 철거하자는 목소리가 많았다고 한다. 그런데 국방부에서 나중에 송신탑으로 쓸 수도 있으니 그냥 두자는 확정안을 내놓았다. 그 덕분에 지금은 프랑스에서 제일 상징적인 건물이며 파리 시민들의 자존심 같은 건물이 되었다. 에펠탑은 1년에 관광객이 700~800만 명이 찾는 곳이며 세계 최고의 명물이라 해도 손색이 없다. 프랑스 하면 제일 먼저 떠오르는 관광명소는 두 말할 것 없이 에펠탑이다.

이튿날 우리는 제일 먼저 콩코르드광장으로 향했다.

샹젤리제의 중심인 콩코르드광장은 파리에서 가장 아름다운 광장이라

할 수 있다. 원래 이름은 루이 15세광장이었고, 1792년에는 레볼뤼시옹광장이었다가 지금의 이름이 확정된 것은 1830년이다. 테뢰르 통치하에서는 84,000m²에 달하는 넓이의 이 광장이 교수형 장소로 이용되어, 루이 16세와 그의 부인 마리 앙투아네트를 포함한 1,119명의 사람들이 비참한 죽음을 맞이한 곳이기도 하다.

지금은 공포정치의 대상이던 단두대가 사라지고, 그 자리에 분수대가 설치되어 있으며, 중앙광장에는 이집트 룩소신전에 있던 오벨리스크가 있다. 루이 필립왕이 선물 받은 것으로 운송기간만 4년이 걸렸다는데 광장 중앙에 우뚝 서있다. 광장이라 볼거리가 별로 없어 짧은 시간에 투어를 끝내고 이웃에 있는 샹젤리제거리(Avenue des Champs-Elysee)로 갔다.

샹젤리제거리는 파리에서뿐만 아니라 세계적으로도 유명한 길이 2km의 대로이다. 개선문을 기준으로 뻗어있는 12개의 방사형 길 중에 정면으로 있는 가장 기다란 길이의 거리이다. 양쪽에 이름난 상점, 식당, 영화관, 여행사가 즐비하며 화려한 거리의 노상 카페가 아름다움을 더해 준다. 리도극장도 이곳에 위치하고 있다.

가이드가 너무 멀리 가지 말고 한 500m 정도 가서 다시 돌아오라고 해서 '학생은 선생님 말씀을 잘 들어야 하고, 여행자는 가이드님 말씀 잘 들어야 한다.'는 걸로 생각하고 가로수 사이로 이름난 상점과 식당, 영화관, 여행사 등의 앞을 걸어가며 이곳저곳 둘러보고 약 500m 정도 되는 지점에서 원위치로 돌아왔다. 그리고 마지막 코스인 노트르담대성당을 찾아갔다.

노트르담대성당은 성모 마리아를 위해 지어진 성당으로 빅토르 위고의 소설《노트르담의 곱추》로 유명하다.
파리의 발상지인 시테섬의 동쪽
끝에 있는 파리의 상징적인 건물
로 성당 내부에는 성경의 내용을
주제로 한 수많은 조각들이 있고,
남쪽과 북쪽에 있는 네가지 색깔
의 스테인드글라스인 장미창이 유
명하다. 나폴레옹 등 많은 국왕들
이 대관식을 올린 곳이기도 하다.

노트르담대성당

성당 내부를 둘러보고 사진 촬영
만 하고 돌아서서 다음 여행지로
떠났다. 2019년 4월 15일 노트르
담에 대형화재가 발생했다. 이 화재로 성당의 본관 지붕과 첨탑이 무너졌지
만 제일 중요한 예수님이 십자가에 못 박혔을 때 썼다는 가시면류관은 소방
관들의 피나는 노력 끝에 소실되지 않고 보존 상태 그대로 구해냈다고 한다.

가시면류관은 루이 9세가 이스라엘에 있는 것을 그 당시 성당 세 개를 짓
는 비용을 지불하고 콘스탄티노플을 거쳐서 파리까지 들여왔다고 한다.

베르사유궁전은 2000년 8월에 한 번 다녀간 적이 있었다.

지금부터 16년 전이니까 기억을 더듬어 보면 웅장한 건물에 들어가는 입
구에는 우리나라의 큰 절이나 사원 정도 되는 건물이 있어 현지가이드에게
저곳은 무엇 하는 곳이냐고 물어보니 말을 먹이고 잠재우고 하는 마구간이라

고 했다.

이 말을 듣는 순간 필자는 "규모가 우리나라 경복궁보다 더 크겠구나." 하고 생각한 기억이 지금도 생생하다. 그로부터 16년이 지난 지금은 2016년 6월 16일이다. 계절은 같은 여름인데 모든 것이 새롭다.

제일 중요한 '거울의 방'까지는 일행들과 같이 관람을 하고나서 필자는 현지가이드에게 후원에 있는 정원을 가느냐고 물어 보니 일정에 없다고 한다. 그래서 필자는 남은 시간동안 정원 구경을 좀 하고 싶었다. 16년 전에 왔을 때 정원을 보지 못했다. 일행들이 일정을 소화하는 동안 필자는 대열에서 이탈하여 혼자서 정원을 구경하고 오겠다고 현지가이드에게 건의를 했다. 현지가이드가 몇 시까지 어디로 오라고 신신당부를 한다. 그래서 약속을 어기지

베르사유정원

않겠다고 하고 나서 물어 물어서 정원으로 향했다.

　한국에서 출발할 때부터 '베르사유정원은 꼭 보고 와야지.' 하는 생각을 하고 출발했었다. 정말 현장에 도착하니 입이 쩍 벌어질 정도의 규모와 조경에 감탄하지 않을 수 없었다. 정원 총 면적이 66만 m^2(약 20만 평)나 된다고 한다. 궁전에서 내리막으로 서서히 내려가다가 나중에는 양옆으로 숲을 이루는데 끝이 없어 보인다. 그 넓은 정원이 지형 때문에 한눈에 들어온다. 지형을 이용해 한눈에 보일 수 있게 조경을 해놓은 것 같다. 정원에 심취되어 시간가는 줄 모르고 보이는 대로 사진을 찍었다. 여기도 찍어보고, 저기도 찍어보고 현지 여행객에게 필자의 인증사진도 찍어달라고 하는 순간 시계를 보아하니 시간이 10분도 안 남았다. 그래서 '걸음아 날 살려라.' 하며 모이는 장소로 뛰고 걷고 해서 도착했다. 가이드가 필자를 쳐다보며 빙그레 웃으며 미소를 지어 보인다. 필자 역시 가슴이 흐뭇했다.

　현지가이드의 말을 빌리자면 베르사유궁전은 1662년 루이 14세(태양왕)에 의해 공사가 진행됐다. 궁전을 짓게 된 동기를 들어보면 10번을 들어도 지겹지가 않다.

　루이 14세(태양왕)는 "짐은 곧 국가다."라고 선언한 사람이다.

　루이 14세는 아버지 루이 13세와 어머니 안도트리슈 왕비의 아들로, 후사가 없어 걱정하던 차에 늦둥이로 태어났다. 좋은 일인지 나쁜 일인지 네 살에 왕위에 올라서 77세에 생을 마감한다.

　72년간 왕위에서 영광을 누린 사람이다. 왕이 21세 때 그 당시 재무장관이던 니콜라푸케는 3년에 걸쳐 자기 권세와 형편에 맞는 저택을 지었다. 그 이름도 유명한 보르비콩드 저택이다. 정원만 33만 m²(약 10만 평)나 된다고 한다.

푸케는 1661년 8월에 루이 14세를 비롯해서 5,000명 이상 되는 내빈을 초대했다고 한다. 당대의 최고 건축가와 화가, 조경사들을 불러 저택을 지었으니 얼마나 화려한 저택이었겠는가. 일명 집들이지만 왕을 초대해 성대히 연회를 베풀었다고 한다. 왕은 웅장한 건물과 화려한 정원에, 불꽃놀이까지 구경하고 나서 루이 14세 자신이 살고 있는 퐁텐블로궁보다 더 화려하여 매우 기분이 언짢아했다는 기록이 있다고 한다. 푸케가 하루 저녁 주무시고 가시라고 권하였는데도 거절하고 자기 궁으로 돌아갔다고 한다.

그로부터 20여 일 뒤 푸케는 왕실 경호원들에 의해 체포되었고, 죄목은 재무장관으로 재직하면서 공금을 횡령해서 재산을 취득했다는 혐의란다. 푸케는 횡령을 하지 않았다고 주장하며 3년간 재판을 했지만 대법원 판결에서 푸케에게 국외 추방이라는 유죄를 선고했다고 한다. 그러나 루이 14세는 그것도 모자라 판결을 왕권으로 뒤집고 무기종신 징역을 선고했다. 그래서 푸케는 19년간 감옥살이를 하다가 생을 마감했다. 집들이치고는 지구상에서 제일 재수 없는 사람이라고 필자는 생각해 본다.

군주국가에서는 법 위에 국왕이 군림한다는 것을 여실히 보여주는 사건이다. 그로부터 얼마 후 루이 14세는 보르비콩드 저택을 지은 건축가와 화가, 조경사 등 3명을 불러 자기가 사는 집과 자기 권력에는 누구도 도전하지 못할 세기의 궁전을 지으라고 명한다. 그래서 그 유명한 베르사유궁전이 탄생했다고 한다.

궁전 공사를 하는 데만 인력이 3만 2천명 이상, 말이 6,300마리 이상 동원되었다고 한다. 너무 화려하게 잘 지으려하다가 그 방대한 궁전에 화장실을 적재적소에 마련해 놓지 못해 불편했다는 일화도 있다. 베르사유궁전을 관광할 때는 꼭 용무를 보고 가라고 권하고 싶다.

베르사유궁전을 여행할 때 꼭 권하고 싶은 곳은 '거울의 방'이다. 길이 75m, 폭 10.5m, 높이 12m인 이 방에서 미국독립조약식과 1차 세계대전 평화조약이 이루어졌다고 한다. 그리고 궁전 뒤로 66만 m²(약 20만 평) 이상 되는 세기의 정원 두 곳을 꼭 다녀오기 바란다. 길이길이 기억에 남는 곳이다.

그러나 베르사유궁전의 그 찬란했던 영광은 그리 오래 가지 못하고 주인을 잃은 신세가 된다.

루이 15세의 아들 루이 16세가 1774년 왕위에 올랐다. 왕위에 오르자마자 국가재정이 위기에 빠지게 된다. 이유는 영국과 전쟁을 너무 오래했기 때문이다. 귀족과 성직자들에게 세금을 더 요구했지만 성과가 없었다. 그래서 힘없는 '백성들에게 세금을 올리면 되겠지.' 하는 생각에 성직자, 귀족, 평민 삼부회의를 열었는데 일이 잘 풀리지 않아 무력을 앞세웠다. 불에 기름을 붓는 격이었다. 성난 평민들의 국민회의가 들고 일어나 바스티유감옥을 습격하여 전국적으로 혁명의 불씨를 당겼다. 급기야 프랑스 대혁명이 터졌다.

혁명은 승리로 끝났고, 절대군주의 권력은 추풍낙엽처럼 사라지게 되는 비운을 맞이하게 되었다.

그래서 루이 16세는 1793년 단두대에 올라 형장의 이슬로 사라지게 된다. 그리고 9개월 후 그의 왕비 마리 앙투아네트 역시 똑같은 신세가 된다. 그 장소가 파리 여행에서 한 번씩 들르는 콩코르드광장이다.

부부가 결혼한 때는 1770년이었다. 나이는 루이 16세는 16세, 마리 앙투아네트는 14세였고, 프랑스 왕자와 독일 황제 프란치스코와 오스트리아 여황제 마리아 테레지아의 11번째 막내딸로 브르봉 왕가와 합스부르크 왕가의 정략결혼에 의해 맺어진 사연이다. 결혼 당시에는 유럽이 떠들썩할 정도로 세기의 결혼식이었으나 비운의 황제 루이 16세와 비운의 왕비 마리 앙투아네트가 될 줄을 누가 알았겠는가. 그러나 주인을 잃은 베르사유궁전은 230년 세월을 꿋꿋이 견디면서 역사박물관으로 잘 보존되어 전 세계 관광객을 매년 500~600만 명을 맞이하는 관광명소로 거듭나고 있다. 현지가이드의 해박한 역사지식에 다시 한 번 존경하며 감사하다고 했다. 대학에서 전공이 세계사였다고 한다.

다음으로 이동한 곳이 개선문을 거쳐 루브르박물관을 보는 일정이다. 그런데 과거 유럽 여행을 올 때 기내 옆 좌석에 앉은 고등학교 미술선생님과 많은 이야기를 하면서 시간을 보냈던 기억이 있다. 그 여선생님이 "박 선생님, 프랑스 가서 미술을 보고 싶거든 파리의 오르세미술관을 꼭 한 번 가보세요. 보시고 나면 제 말을 꼭 할 겁니다."라고 했다. 그래서 이번 여행에 꼭 오르세미술관을 가보고 싶었다. 그래서 인솔자에게 루브르박물관은 지난번에 와서 본 적이 있으니 이번에는 오르세미술관을 좀 가고 싶은데 어떻게 할 수 없느냐고 물어보았다. 그리고 인솔자에게 "오르세미술관을 구경한 적이 있느냐?"고 물어보니 "유럽 여행 인솔자를 30년 했는데도 가보지 못했다."고 한다. 그래서 같이 가보자고 제의를 했다.

오르세미술관

　현지가이드와 상의해보고 연락 주겠다는 긍정적인 답이 왔다.

　우리는 개선문에서 관광을 하기 위해 모두 내렸다. 현지가이드가 하는 말이 두 분은 일행들을 이탈해서 오르세미술관을 보고 오라고 한다. 그리고 신신당부를 한다. "다른 일행들이 알면 큰일 난다. 내가 직장에서 쫓겨날 수가 있다."고 한다. "만약 일행들이 알고 어디 갔다 왔느냐?"고 물으면 "몸이 좋지 않아서 인솔자와 둘이 병원에 갔다 왔다."고 이야기하라고 알려준다. 그리고 "두 분은 ○시 ○분까지 ○○쇼핑센터로 오라." 하고 시간 약속을 꼭 지키라고 당부한다.

　그래서 우리는 일행과 헤어져 필자가 두 사람 비용을 전적으로 다 부담하기로 하고 택시를 타고 오르세미술관으로 향했다.

밀레의 '만종'

입장권을 사서 들어가 보니 규모가 생각했던 것보다 컸다. 그리고 근대 유명한 화가들의 그림이 오르세미술관에 거의가 다 걸려 있지 않은가? 예전에 비행기에서 만난 그 미술선생님 생각이 난다.

고흐의 '자화상'을 비롯해 밀레의 '이삭줍기' 등 유명인사들의 그림이 수도 없이 많다. 정말로 잘 왔다는 생각이 저절로 난다. 미술관 내에서 우리는 서로가 보고 싶은 것이 다르니까 시간 약속을 하고 각자 따로 미술관 작품들을 관람했다.

제한시간이 있어 2층으로 오르락내리락 하면서 열심히 관람을 하고 감상도 했다. 그러다보니 어느덧 시간이 다 되어서 약속장소로 가야만 했다. 정해진 시간이어서 한 작품이라도 더 보려고 사진을 찍지 못했다. 아쉬움을 뒤로

밀레의 '이삭줍기'

하고 밖으로 나오려고 하는 순간 눈에 띄는 것이 밀레의 '만종'과 '이삭줍기'가 눈에 띈다. 교과서에서도 많이 본 그림이 아닌가. 이렇게 원본을 앞에 두고 보고, 느끼고, 사진을 찍으니 감개가 무량한 것 같다. 그림의 크기와 거리가 있어 사진을 찍기는 좀 어려움이 따랐다. 그래도 최선을 다해 2점의 그림을 찍고서 돌아섰다(지금도 확대해서 보관하고 있다).

인솔자가 벌써 약속장소에 나와 있다. 다가서니 "선생님 덕분에 구경 잘했어요." 하면서 방긋이 웃는다. 그 길로 미술관을 나왔다. 센강 건너편에는 조금 전에 일행들과 헤어진 곳이 한눈에 들어온다. 다리를 건너서 왔기 때문에 시간이 꽤 걸렸지 강이 없고 직선거리라면 시간만 있으면 걸어서 와도 되는 거리이다. 그러나 우리는 시간관계상 또 택시를 타고 헤어지기 전 가이드가 오라고 하는 쇼핑센터로 향했다. 쇼핑센터에 도착하니 가이드가 우리를 본체만체한다. 아! 헤어질 때 하는 말이 생각이 나서 우리도 아무 말도 하지 않고 일행들과 합류해서 일정을 진행했다. 그런데 아무도 어디 갔다 왔는지 관심도 없다. 모두가 구경하고 쇼핑하느라 정신이 없다. 필자에게는 평생 잊지 못할 추억이라 파리 하면 오르세미술관을 잊을 수 없다.

그러고 난 후 얼마 지나지 않아 신문광고에 오르세미술관 관람 일정이 신문에 실렸다. 아마 인솔자가 파리 여행에 오르세미술관을 넣어야 될 것 같다고 생각했던 모양이다.

이제까지 패키지여행에 없던 일정을 자기네 여행사가 제일 먼저 광고를 해야 고객이 모일 것이라는 정보를 소속 여행사에 준 것으로 보인다.

그리고 에펠탑 3층에 올라가 파리 시내를 구경하고 나서 일정을 마무리하고, 독일의 쾰른으로 가기 위해 버스에 올랐다.

그 후 2018년 10월 8일 프랑스의 네 번째 여행길에 올랐다.

프랑스를 네 번이나 여행하게 된 동기는 유럽 소국 모나코를 가기 위한 여행이었다.

모나코는 지중해 연안 프랑스 영토 안의 항구도시로, 프랑스 영토 산비탈에서 내려다보면 한눈에 다 볼 수 있는 나라다.

모나코는 우리가 잘 아는 지중해 남프랑스에 있다. 우리가 제일 먼저 도착한 곳은 정상에서 바다를 바라보면 우측에 팽이처럼 산봉우리가 볼록한 에즈 중세마을이란 곳이다. 길은 시계방향으로 나선형으로 돌아서 정상에 오르게 되어 있다. 골목길 좌우로는 옷가게, 기념품 가게 등이 있는데 그저

13.2m²(4평), 16.5m²(5평) 남짓한 상가들이다. 정상에 오르면 선인장이 여러 종류가 식재되어 있으며 인체조각 작품도 눈여겨볼 만한 것이 다수 전시되어 있다. 지중해를 다방면으로 바라보고 사진 몇 장만 찍고, 빠르게 내려와야 했다.

어둠이 깔리기 전에 모나코에 입국해서 관광을 하고 지중해 중 해변이 제일 아름답다는 니스에서 숙박하기로 일정이 짜여있기 때문이다.

모나코 Monaco

모나코는 유엔 가입국 193개국 중에서 제일 작은 나라다.

면적이 1.9km²이며, 알프스산 지류가 지중해에 닿아 있는 비탈면에 자리 잡고 있다. 인구는 현재 3만 7천명이라고 한다. 나라가 작아 공항이 없는 관계로 프랑스의 니스공항을 이용한다. 모나코는 해안선을 따라 거리가 3km, 해안선에서 알프스 산위로 약 500m 정도의 넓이를 가지고 있으며 프랑스의 보호 아래에 있는 나라다. 국가재정은 국영 도박장의 수입에 의존하고 있다고 봐도 과언이 아니다.

알프스 산허리 도로를 중심으로 밑으로는 모나코, 위로는 프랑스다. 지중해 북쪽에 위치한 이곳은 겨울에도 봄날같이 따스한 바람이 부는 곳, 한 폭의 그림처럼 아름다운 세계에서 두 번째로 작은 나라다. 모나코는 지중해의 아름다운 풍경과 따뜻한 기후로 많은 사람들이 찾는 관광대국이며, 몬테카를로

모나코왕궁에 밤이 찾아오고 있다.

의 카지노, 세계 부호들의 요트, F1경기 등으로 유명하다.

우리는 제일 먼저 전망대 위치에서 지중해를 보고 기념사진을 몇 번 찍고 나서 왕궁으로 향했다. 도착하니 벌써 어둠이 짙어졌고 네온불이 밝혀졌다. 우리는 접근할 수 있는 만큼 가까이 가서 사진을 찍을 수 있는 장소라고 생각되면 여러 방면으로 궁전 사진을 찍었다. 모나코는 그레이스 켈리 왕비의 이미지와 유명세 때문에 세계인들의 기억 속에 더 많이 남아있다.

다음 장소는 카지노 전속건물들이 모여 있는 상가지역으로 구경하며 사진만 찍고 실내는 들어가지 못했다. 돌아서는 발길에 어둠이 짙게 깔렸다.

세계적인 해양박물관이 있는데 너무 늦어서 관람을 할 수가 없어 오늘의 숙소가 있는 남프랑스 지중해에 있는 아름다운 해변의 도시 니스로 가기 위

전용카지노 전속건물

해 가는 길을 서둘러야 했다.

우리는 늦은 시간 숙소가 있는 니스에 도착했다.

니스 해변은 유럽에서 아름다운 해변으로 손꼽히는 곳이다.

아침에 일찍 니스해변으로 가서 지중해 바다 공기를 마음껏 마시며 여러 장의 기념사진으로 니스해변 여행을 마무리했다. 니스에서는 수많은 예술가들이 사랑했던 생 폴 드방스의 작은 갤러리와 공방, 레스토랑들이 줄지어 있는 아기자기한 골목길 산책과 샤갈(Chagall)이 잠들어 있는 무덤을 관광하고 샤갈의 자취를 찾아보는 여정이다.

생 폴 드방스는 바다가 한눈에 내려다보이는 전경을 감상할 수 있는 높이에 위치한 아기자기한 요새 도시이다. 프랑스에서 가장 아름다운 마을 가운

니스해변

데 하나로 손꼽히는 곳이면서, 14세기의 모습을 그대로 간직하고 있어 국가유적지로 지정되어 보호받고 있다. 1시간이면 충분히 돌아볼 수 있을 만큼 작은 마을이지만 화가와 예술가들의 갤러리와 작업실이 70여 개나 되어 '예술가의 마을'이란 칭호의 진가를 확인할 수 있었다. 좁은 돌집과 앙증맞은 돌길, 분수들로 프랑스 생 폴 드방스의 작은 시골마을의 아늑한 분위기를 남김없이 전해 주는 곳이다.

샤갈의 말년 그림에 자주 등장하는 이 마을은 샤갈이 둘째부인과 재혼해서 노년을 보내며 마지막 작품 활동을 한 곳으로, 이곳에 샤갈과 그의 부인들의 무덤이 있어 무덤 앞에서 사진을 몇 장 남기고 갔던 길을 되돌아 왔다.

영화와 레드카펫의 도시 칸으로 이동했다. 프랑스 남동쪽 프로방스알프코

트다쥐르주 알프마리팀 데파르트망(Department)에 있는 관광도시인 칸은 우리에게는 '칸 영화제'로 친숙한 곳이다. 기차역 플랫폼에 늘어선 각종 영화 포스터와 영화의 시조인 뤼미에르 형제의 대형 사진은 이곳이 영화제의 도시임을 알려주었다.

영화제의 상징인 종려나무가 늘어선 그루아제트거리는 아름답고 이국적인 운치가 물씬 풍겨지기도 했다. 해변 끝에 위치한 국제회의장에는 레드카펫이 깔려 있어 스타가 된 듯한 기분을 맛볼 수 있었고, 유명스타들의 핸드프린팅을 찾는 것 또한 칸을 즐기는 색다른 재미를 느끼게 해 주었다. 그리고 칸의 해변을 걸어보는 시간도 가졌다.

프랑스인들이 가장 살고싶어 하는 도시로 꼽히는 엑상프로방스로 이동

영화제가 열리는 칸을 즐기는 사람들을 배경으로……

했다.

제너럴 드골광장과 미라보거리 등 도시 곳곳에 있는 분수, 세잔이 가장 사랑했던 풍경인 생 빅투아르산을 조망하고, 세잔이 작품 활동을 했던 흔적이 고스란히 남아있는 세잔의 아틀리에는 볼 것이 너무 많았다.

세잔의 고향인 엑상프로방스의 작고 매력적인 길을 따라 가면 그 풍경의 아름다움이 결코 잊을 수 없는 감동을 주고 있었다. 정감어린 마을들과 예술성이 풍부하고, 음식을 사랑하며, 특별한 장인정신 그리고 문화를 아끼고 사랑하는 적극적인 이들의 감성은 세잔의 여정과 성, 예배당들과 더불어 훌륭한 코스로 이어지고 있다.

세잔의 발자취를 따라 세잔이 태어난 집과 아버지의 모자가게, 자주 다니

세잔의 화실

던 카페 및 학교 등을 돌아보고 1860년에 세워진 거대한 로똥드분수가 있는 아름다운 미라보에서 산책을 즐길 수 있었다. 우리 일행은 세잔의 화실에서 시간을 제일 많이 보냈다.

세잔 동상과 함께

프로방스의 옛 수도인 엑상프로방스의 구시가지를 둘러보면서 12세기부터 프로방스의 문화와 경제, 지식의 중심지였던 이 중세도시의 정서를 온몸으로 느껴보았다고 할 수 있다.

다음날 우리는 호텔 조식 후 고흐가 사랑했던 마을인 아를로 출발했다. 그가 걸었던 강변, 해질 녘의 카페거리 등을 걸으며 호젓하게 둘러볼 수 있었다. 그의 호흡이 닿았던 대부분의 공간들은 캔버스 위에 담겨 있었다. 밤의 카페 테라스의 배경이 된 카페는 아를에 대한 추억과 휴식이 서려 있었다. '반 고흐'라는 이름의 카페는 노란색으로 치장된 채 여전히 성업 중이었고, 카페 골목은 해가 이슥하고, 가로등 조명이 아련할 때 찾으면 작품 속 장면처럼 더욱 운치가 있을 것 같다. 카페와 술집이 술렁이는 골목을 벗어나면 론강으로 연결되는데 고흐가 '아를의 별이 빛나는 밤'을 그려낸 낭만적인 공간이었다고 한다.

기념품 가게에는 모두 그림으로 가득하고 고흐와 연관된 그림을 구경하고 한 점 사는 것도 여행하는 데 효과적이라고 느껴진다.

그리고 우리 일행은 남프랑스 성채도시로 향했다. 지금도 중세의 성채가 완벽하게 보존이 잘 되어 1997년 유네스코에 등재된 도시 카르카손으로 이동해서 성채를 관람하고 다음 여행지인 안도라공화국으로 향했다.

이탈리아 Italy

이탈리아는 2000년 8월에 여행을 한 적이 있었지만 다시 찾게 된 것은 그 당시 가보지 못한 나폴리, 폼페이, 소렌토, 카프리섬, 피사의 사탑을 보기 위해서다. 모두가 한 번은 봐야 하는 중요한 관광명소이다. 그래서 2013년 8월 30일 두 번째 이탈리아 여행을 하게 되었다. 제일 먼저 도착한 곳이 밀라노. 밀라노 하면 '패션의 도시'로 널리 알려져 있는 곳이다.

해발 122m의 이탈리아 롬바르디아주의 주도인 밀라노는 예로부터 경제의 중심지이고, 현재도 19세기 후반에 발전하기 시작한 근대공업으로 북이탈리아 공업지대의 중심도시이자 문화의 중심지로 발전하고 있다. 우리에게 패션쇼로 잘 알려진 밀라노는 패션뿐만 아니라 음식, 오페라, 세계에서 네 번째로 큰 두오모성당과 유럽 오페라의 중심인 스칼라극장 그리고 레오나르도 다빈치의 '피에타'로 유명하다. 밀라노의 중심가에 있는 두오모광장은 세계에서 가장 아름다운 쇼핑 거리로 유명한 비토리오 엠마누엘레 2세갤러리아(Galleria Vittorio Emanuele II)와 연결되어 있다.

그런데 두오모광장에서 일어난, 필자에게는 평생 잊지 못할 기억이 있다.

피사의 사탑

생면부지의 청년이 필자에게 과자를 주면서 받으라고 하는 것이다. 문득 도착하자마자 가이드가 '가방 주의, 소매치기 조심'을 부탁하던 생각이 나서 지갑과 여권이 들어있는 가방을 쳐다보니 지갑과 여권이 들어있는 가방이 열려져 있는 게 아닌가. 필자는 그제야 정신이 바짝 들었다. 과자를 받았다면 여권과 지갑은 내 것이 아니었다. 여행자로서는 얼마나 아찔한 순간이었던가. 그 후로부터는 여권과 지갑을 더 소중히 간직하게 되었다. 열 번을 외쳐도 과하지 않다고 생각한다.

우리는 이탈리아 중부에 있는 토스카나 지방의 피사로 향했다. 피사에는 본당과 세례당도 있지만 더욱더 유명한 것은 '피사의 사탑' 종탑이다. 사탑은 1174년에서 1350년까지 세워진 탑이라고 한다. 탑의 높이는 약 55m, 탑을 세우는 도중에 탑이 기울기 시작했다. 지금까지 수직에서 5m가 기울어져 있다.

기울어져도 공사를 계속해서 여행자들 사이에는 7대 불가사의라고 하는 사람도 있다. 몇 년 전에 사탑 밑에 콘크리트 보강공사를 해서 더 이상 기울어지지 않는다고 한다.

조금 떨어진 곳에서 손으로 탑이 넘어지는 쪽을 받치는 장면을 연출해서 사진을 찍는데 줄을 서서 서로 먼저 찍으려고 하는 관광객들을 보니 웃음이 절로 나온다. 필자도 일행에게 사진 촬영을 부탁해서 인화를 했다. 원근감이 부족해서 직접 탑이 손에 닿는 느낌은 부족한 것 같다.

이탈리아 남부지방에 베수비오 화산 남동쪽 10km 지점에 있는 폼페이로 이동했다.

서기 79년 8월 24일에 베수비오 화산이 폭발하여 도시 전체가 잿더미에 묻혔다고 한다. 이후 1748년 우연한 기회에 유적이 발굴되었다. 2000년 전이라고 생각하며 발굴된 현장에 가면 상하수도가 있고, 하수도에 맨홀이 되어 있고, 지금과 같이 도로면으로 상가들이 줄지어 있고, 목욕탕이 있던 자리라고 확신하는 시설도 확연하게 드러나 있다. '그 옛날 어떻게 이런 시설을 하고 인류가 살고 있었을까.'라는 의문이 사라지지 않는다. 도시 전체가 건물이고, 사람이고, 짐승이고 일시에 잿더미로 덮였으니 악 소리도 한 번 못 지르고……. 그 다음은 상상 속으로만 생각해 볼 따름이다. 비운의 폼페이를 뒤로 하고 다음 여행지인 소렌토로 자리를 옮겼다.

지중해 연안의 절벽이 아름답기 그지없는 도시 소렌토다. 특별한 유적지는 없지만 나폴리, 폼페이, 소렌토는 흔히 말하는 여행지 '나폼소'다.

바다와 절벽이 만나 잘 어우러져 있는 소렌토를 우리는 사진으로 간직하고 다음 여행지 카프리섬으로 갔다. 카프리섬은 나폴리, 폼페이, 소렌토의 세 개 도시가 합쳐 하나의 항구를 이루고 있는데 소렌토 쪽으로 많이 가깝게 위치해 있다.

카프리섬 정상

소렌토 절벽과 해안 도시

섬 정상을 오르려면 걸어가는 것과 케이블카 이용 등 두 가지 방법이 있어 우리 일행은 케이블카로 정상에 올랐다. 높지는 않지만 나폴리항구, 폼페이, 소렌토가 한눈에 들어온다. 즐거움을 만끽하고 세계 3대 미항 중의 하나인 나폴리항구에서 오늘의 마지막 일정을 마무리하기로 했다. 소문난 그대로 나폴리항구는 풍수지리학상으로 흠잡을 수 없을 만큼 산과 바다가 어우러져 산이 바다를 안고 있

나폴리항구(출처 : 《계몽사백과사전》)

는 것과 같이 너무나 잘 생겼다. 대형 크루즈 선박도 쉬어 가는지 정박을 해놓았고 항구로서는 다 좋은데 도시 전체의 건물이라든지 도로 같은 것은 우리가 기대한 나폴리는 아니었다.

오랜 세월과 전쟁터에 시달렸는지 건물 외벽에 총상의 흔적이 아직까지 남아있고 재개발이 되지 않아 상당히 오래된 도시환경 속에 주민들이 살아가고 있었다. 한 바퀴 돌아보고 바닷가로 나가서 유유히 떠다니는 배들을 배경으로 사진촬영을 하고 저녁식사를 하는 숙소로 발걸음을 재촉했다.

바티칸 Vatican

이튿날 일찍 우리는 바티칸으로 향했다. 바티칸은 세계에서 제일 작은 나라다. 유엔 가입국은 아니지만 세계가 하나의 국가로 인정하는 나라다.

"국가 원수가 누구지요?" 하면 대답은 "교황님!"이라고 한다. 성 베드로성당 하면 어느 누구도 모른다는 사람이 없을 것이다. 바로 이곳에 있다. 바티칸박물관도 여기에 있다. 2000년 처음 이곳을 여행했을 때는 로마에서 바로 바티칸으로 들어갔는데, 지금은 남의 나라 들어가는 것처럼 여권 검사를 하고 짐 검사도 한다. '하나의 국가이구나.' 하고 실감이 난다.

교황님이 미사를 집전하는 제단 뒤에는 미켈란젤로가 그린 '최후의 심판'

바티칸의 성 베드로성당(출처 : 《계몽사백과사전》)

'천지창조'(출처 : 《계몽사백과사전》)

그림이 있고, 바티칸박물관 천장에는 역시 미켈란젤로의 그림 '천지창조'가 그려져 있다.

이 그림을 보려고 모이는 사람들이 인산인해를 이루고 있다. 사람이 너무 많아서 걷지 못하고 떠밀려, 그것도 일방통행으로 떠밀려 나간다. 재주가 있어도 사진을 찍을 수가 없다. 두 그림 모두 정교한 사진을 찍고 싶지만 마음뿐이다.

'최후의 심판'(출처 : 《계몽사백과사전》)

교황님이 거처하는 곳은 창문으로만 바라볼 수 있다. 창문을 열고 보고 왔으니 '그나마 다행'이라 생각한다.

성 베드로대성당을 나와 광장 옆길로 돌아가면 바티칸박물관이다. 14세기 아비뇽 유폐를 마치고 교황청이 바티칸으로 되돌아온 이래 교황의 거주지가 된 이곳의 대부분은 20개에 달하는 박물관, 미술관, 도서관 등으로 이루어져 있다. 이곳의 소장품은 역대 교황이 모은 것을 중심으로 고대 그리스 미술과 미술사적으로 다양한 시대의 진귀한 작품들이 소장되어 있다. 바티칸박물관의 소장품 중 아주 중요한 대표작만 골라 보는데도 2시간이 걸린다. 미술관 및 박물관 개장시간은 09:00~14:00(하절기 17:00)까지이고, 사진 촬영은 가능하지만 플래시 사용은 금지되어 있다. 내부에서는 혼란을 막기 위해 피냐정원에서 가이드의 설명을 듣고, 박물관 내부에서는 직원의 지시에 따라 일방통행을 해야 하는 것을 잊지 말아야 한다.

박물관 천장에 미켈란젤로가 그린 '천지창조' 같은 것은 직접 보아야만 하지, 그냥 말로만 들어서는 얼마나 잘 그렸는지 알 수가 없다. '지구상에서 제일 비싼 그림이지.' 생각하고 관람객에 떠밀려 나와 콜로세움으로 이동했다.

콜로세움은 서기 80년에 완성된 로마의 원형경기장이다. 2번에 걸쳐 다녀갔지만 외관 사진만 찍고 안에 들어가지 못했다.

튀니지에 가면 이와 비슷한 로마 원형경기장이 있다. 그곳을 한나절 정도 구경한 적이 있다. 아쉽지만 '아프리카편'에서 상세히 언급해야 할 것 같다.

콜로세움은 총 4층으로 지어져 있다. 1층은 도리아양식, 2층은 이오니아양식, 3층은 코린트양식, 4층은 관객석이 아닌 태양을 가리는 거푸집이다. 그

콜로세움(출처 : 《계몽사백과사전》)

리스 · 로마양식을 총동원한 셈이다.

로마는 지상 최대의 도시와 도로를 건설하기 위해 로마 국민들에게 일만 시키니 백성들이 살아가는 재미가 없었다. 그로 인해 백성들의 원성이 대단했다. 그래서 국가에서 생각해낸 것이 원형경기장이다. 국민들에게 즐거움을 주고 흥분의 도가니로 만들기 위해 사람과 소와 싸움을 붙여, 어느 한쪽이 죽을 때까지 싸움을 시켜 관객들로부터 기쁨과 희열을 맛볼 수 있게 했던 것이다. 로마 이야기로 지금도 유명한 "로마에 가면은 로마의 법을 따라야 하고, 모든 길은 로마로 통한다."는 말이 있다.

개요 설명은 그만하고 트레비분수로 가보자. 동전을 던져 사랑을 점친다는 트레비분수(Fontana di Trevi)는 로마시대에서 볼 수 있는 바로크양식의 마

트레비분수

지막 걸작이라고 할 수 있다. 분수 중앙에서 해마가 끌어올린 커다란 조개 위에 있는 넵튠신과 트리톤신의 대리석 조각들은 브라치의 작품이다. 이 분수의 물은 '처녀의 샘'이라고 불리는데, 이는 전쟁에서 돌아온 목마른 병사에게 한 처녀가 샘이 있는 곳을 알려주었다는 전설을 가지고 있는 샘을 수원지로 사용하고 있기 때문이다. 또한 이 분수에 동전을 던지면 다시 로마로 돌아올 수 있게 된다는 전설을 갖고 있어 많은 사람들이 로마로 돌아오길 소원하며 동전을 던지는 모습을 쉽게 볼 수 있다.

로마 폴리대공의 궁전 정면에 있는 이 분수는 1953년에 제작된 영화인 '로마의 휴일'(주연 오드리 햅번, 그레고리 팩)로 더욱 유명해졌다.

해상의 도시 베네치아로 갔다. 베네치아는 122개의 섬으로 이루어져 있고 400여 개의 다리를 이용하여 이 동네 저 동네를 오고 갈 수 있다. 그리고 교통수단으로 최고 많이 이용되는 것은 수상버스. 일명 곤돌라라고 불리는데 베네치아 여행자라면 안 타본 사람이 없을 것이다.

처음 베네치아에 왔을 때는 곤돌라 선장과 아코디언을 연주하는 가수가 함께 타서 계속 노래를 불러주었는데, 이번에는 곤돌라 선장뿐이어서 즐거움이 반으로 줄었다. 그리고 세계에서 가장 아름다운 응접실이라는 산마르크광장에는 광장 반, 비둘기 반이라 할 정도로 수많은 비둘기가 관광객을 맞아주었다.

이곳을 "세계에서 가장 아름다운 응접실"이라고 한 사람은 프랑스 황제 나폴레옹이다. 그리고 높이가 99m인 산마르크 종탑이 분위기를 장악한다. 베네치아에서 매력적인

산마르크광장의 종탑(원 안은 이탈리아를 통일한 가리발디 = 출처 : 《계몽사백과사전》)

부속 섬을 하나 소개하자면 무라노섬을 권하고 싶다. 유리공예로 유명한 섬인데 한 번 가볼 만하다. 수상버스를 이용해야만 가볼 수 있다.

이탈리아의 세 번째 여행은 유럽 소국 산마리노를 가기 위해서 2018년 10월 6일 알프스산맥으로 둘러싸여 아름다운 경관을 자랑하는 '호반의 도시' 코모호수부터 시작을 했다.

이탈리아에서 세 번째로 큰 코모호수는 라리오호수라고도 불리는데 스위스와 북이탈리아의 국경 쪽에 위치한 Y자 형태의 호수로 유럽의 호수들 중에서 수심이 가장 깊은 호수이다. 평화로운 호수와 어우러져 주변 경치가 좋아 부유층과 유명인의 개인 별장들도 많고 휴양지로도 유명한 곳이다. 코모

호수를 중심으로 도시가 퍼져있는 구조라 상점과 카페 등을 찾는 관광객들이 모이는 곳은 호수 바로 옆이다. 호수를 등지고 골목으로 들어서면 고풍스러우며 운치가 느껴지는 구시가의 모습이 펼쳐진다.

그 길로 계속 올라가면 마을 정상이 자리잡고 있고 정상에서 호수를 내려다보면 한눈에 '물 좋고, 공기가 좋은 곳으로 사람이 살 만한 곳이구나!'가 절로 느껴진다. 그래도 갈 길이 천리라 베로나로 가기 위해 버스에 몸을 실었다.

베로나 하면 제일 먼저 떠오르는 것이 그 유명한 셰익스피어의 명작《로미오와 줄리엣》의 배경이 된 마을이다.

줄리엣의 집 테라스

애틋한 사랑이야기로 가득 찬 이탈리아의 북부도시 베로나는 셰익스피어의 소설 그리고 영화로 잘 알려진 '로미오와 줄리엣'의 배경이 되었던 도시이다. 이곳은 세계적인 오페라 축제가 열리는 곳이기도 하며, 로마와는 또 다른 느낌의 원형경기장 등 곳곳에 숨은 관광 포인트가 많은 곳이다. 최근까지도 다양한 영화와 소설의 배경지로 선정될 정도로 아름다운 '베로나에서 아름다운 추

줄리엣 동상

억을 하나 만들어볼까.' 하는 생각도 해본다.

정작 셰익스피어는 베로나는 고사하고 줄리엣의 집에 와본 적도 없다고 한
다. 사건의 본질은 교황파 가문과 황제파 가문간의 권력투쟁 속에 앙숙관계
로 살아가는 것을 비극적인 사랑이야기로 엮은 것이다.

줄리엣의 집은 베로나 정부가 관광 차원에서 만들어 재현했다고 한다. 들
어가는 입구부터 창문이라든지 로미오가 타고 넘었을 테라스까지 완벽에 가
깝게 재현해 놓았다. 필자는 집안에 들어가지는 않았다. 관광객 한 여성이 발
코니에 나와서 줄리엣인 척하고 관광객을 쳐다보며 미소를 짓는다. 마당 안
쪽에는 노란색 치마로 장식한 줄리엣의 동상이 있다. 모두들 그 앞에 나란히
줄을 서 있다. 가슴에 손을 대고 사랑의 맹세를 하고 오른쪽 가슴을 만지면

사랑의 소원이 이루어진다고 한다. 왼쪽 가슴에는 줄리엣 자신이 손을 얹고 있다.

가슴에 손때가 묻어서 반질반질하게 윤이 난다. 만지고, 맹세하고, 소원을 빌고, 사진을 찍고 한 사람당 시간이 꽤 오래 걸린다. 성질 급한 사람은 줄을 서지 않는 것이 좋겠다싶다.

필자도 이곳을 지나치고 싶지 않아서 줄을 서 보았다. 그리고 또 하나 집 대문 입구에는 사랑의 낙서 쪽지들이 다닥다닥 붙어서 남의 것을 떼지 않으면 붙일 곳이 없다. 얼마나 많이 붙어 있는지…….

열네 살 어린 소녀 줄리엣이 5일간 불같은 사랑을 하고 죽음으로 그 사랑이 불멸하게 만들었다고나 할까. 성벽 밖 프란체스코수도원에는 빈 대리석관

팻말만 남아있는 로미오의 집

베로나에 아레나극장으로 사용하는 옛 원형경기장

이 있다고 한다. "내 무덤이 바로 내 신방이 될 거야." 줄리엣의 마지막 대사 장면이 생각난다. 필자는 시간관계상 거기까지는 가지 못했다.

　그리고 로미오집을 찾아갔다. 신축건물이 들어서 있고 자취라고는 없어졌다. 건물 옆에 'Casa di Cagnolo Nogarola Detto Romeo'라고 적힌 기둥 위에 네모난 팻말만이 우리를 기다리고 있었다. 그리고 시내 중심 광장에는 유럽에서 세 번째로 큰 원형경기장이 보인다. 지금은 아레나극장으로 사용하고 있다고 한다. 일정에 외관만 보기로 되어 있어 원형경기장이 아닌 원형극장을 배경으로 사진으로만 만족하고 다음 장소로 이동했다.

산마리노공화국 San Marino

이탈리아 여행을 세 번째 하는 이유는 산마리노공화국을 가기 위해서다. 산마리노는 이탈리아에 사면으로 둘러싸여 있는 미니 공화국이다.

이탈리아반도 동쪽 아드리아해 가까이에 있는 리미니의 남서쪽 18km에 위치한 티타노산 해발 739m 꼭대기에 걸쳐있다. 면적이 61km²이며, 크기로는 우리나라의 1개 도시만도 못한 중세풍의 성채 도시이다. 주민들은 대다수가 이탈

산마리노의 맨 마지막 성채

리아 사람들이며, 종교는 가톨릭이다.

직접선거로 선출되는 국회의원이 12명이다. 이 12명이 2명의 집정관을 선출한다. 1년 중 4월과 10월에 2명이 서로 돌아가면서 6개월간 대통령 직을 수행한다. 생소하기만 한 행정시스템인 것 같다.

그러나 산마리노는 세계에서 가장 오래된 공화국이다. 건국자의 이름도 나라 이름과 같은 산마리노스이다. 그는 크로아티아 사람이고, 석공이자 조각가였다.

역사는 1700년 가까이 되고 인구는 약 3만 5천명이라고 한다. 정상으로 올라가면서 성채 세 개가 있는데 국토 전체가 워낙 가파르기 때문에 마지막 성채까지 모두 다 둘러보기에는 단체 관광으로는 어렵다고 한다.

우리는 두 개의 성채까지만 둘러보고 내려오기로 했다. 등산을 한다고 보면 된다. 왜 장구한 세월 동안 이탈리아에 합병하지 않았는지 물어보니, 산마리노공화국은 가파른 산꼭대기라 접수해 보았자 공격하는 수고에 비해 별 가치가 없어 말썽만 부리지 않으면 대대로 그냥 놔두기로 했다고 한다.

유엔 가입국 중에 세계에서 두 번째로 작은 나라인 만큼 산마리노는 크게 볼 것은 없으나, 지금은 박물관으로 사용하고 있는 프란체스코성당과 리베르따광장에 있는 공화국 궁전 등이 있다. 미니 국가답게 아담하고 소박하다. 그리고 비좁은 골목에는 기념품 가게가 주류를 이루고 있는데 눈여겨볼 만한 곳도 다수 있다. 이탈리아를 여유 있게 여행하는 사람이라면 꼭 한 번 가보라고 권하고 싶다.

산마리노에서 1박을 하고 난 후 오전 관광을 하고 다음 여행지로 떠났다.

천년 비잔틴문화의 중심지이며, 환상적인 모자이크의 도시인 라벤나로 이동했다.

라벤나시는 5세기에 비잔틴제국의 수도이기 때문에 찬란하고 역사적인 유산이 있다. 이 도시에는 세계에서 보기 드문 대리석 모자이크 벽면을 가진 두 개의 사원을 포함해 수많은 역사적인 유산을 갖고 있다. 특히 고대 기독교와 비잔틴시대의 종교건축물들의 내부에는 현란한 색상의 모자이크가 천장과 벽을 화려하게 수놓고 있다. 라벤나시의 모자이크 작품들은 천년이 넘었지만

성당 내의 모자이크, 왼쪽에서 두 번째가 동로마제국의 황제 유스티아누스의 왕비

완벽하게 보호되고 보존되어 있다. 그 아름다움을 간직할 수 있는 비결은 예술과 문화재를 생명만큼 소중히 여길 줄 아는 이곳 사람들의 전통 보존 의식이 강해서 그렇다고 한다.

5세기 비잔틴제국의 수도였던 라벤나는 고대 기독교와 비잔틴양식이 어우러진 예술적인 건축물이 가득하다. 산비탈레성당을 시작으로 8개의 건축물이 세계문화유산으로 지정되었으며, 특히 종교 건축물의 천장과 벽을 화려하게 수놓은 모자이크는 라벤나의 상징이라 할 수 있다. 대문호 단테는 산 비탈레성당과 클라세의 산타폴리나레성당의 모자이크를 보고 라벤나를 '지상낙원', 라벤나의 모자이크를 '색채의 교향악'이라고 찬사를 보내기도 했다. 유구한 세월에도 완벽한 보존상태를 자랑하는 라벤나의 모자이크는 화려하고 매

력적인 비잔틴문화를 대변하기도
한다.

1321년 성 프란체스코성당에서
단테의 장례식을 치렀으며, 성당
안에는 '단테의 묘'가 있다.

아침식사 후 라스페치아역으로
가서 열차에 탑승하여 친퀘테레로
이동했다. 친퀘테레는 이탈리아말
로 다섯 개의 땅(마을)이다. 해안선
을 따라 절벽으로 다섯 군데 마을
이 있어 마을과 마을 사이에는 절
벽 해안이 이루어져 있어 서로가

단테의 묘

통하지 못하고 고립된 마을이다. 바라볼 수는 있어도 가지는 못해서 이름을
'다섯 개 마을' 친퀘테레라고 한다.

친퀘테레는 말이 필요 없는 이탈리아 최고의 경치를 자랑하는 도시 리구리
아주 라스페치아 지방의 해안에 위치한 다섯 개의 중세시대 해안마을을 지칭
하는데, 몬테로소 알 마레(Monterosso al Mare), 베르나차(Vernazza), 코르
닐리아(Corniglia), 마나롤라(Manarola)와 리오마조레(Riomaggiore)마을
로 이루어진다. 철도와 도보용 도로로 연결된 다섯 마을은 오랫동안 고립되
었기 때문에 자연이 훼손되지 않고 잘 보존되어 있다. 특히 리구리아해에 면
한 급경사의 절벽 위에 집을 지었으며, 바다와 어우러진 멋진 경관을 자랑한

친퀘테레의 절벽도시

다. 해마다 전 세계의 관광객들이 친퀘테레의 다섯 마을을 보기 위해 이곳을 방문하고 있다.

우리 일행들은 다섯 개 마을 중 두 개의 마을을 관광하고 아쉽지만 이탈리아 일정을 마무리했다.

스위스 Switzerland

스위스 하면 아름다운 고도와 꽃으로 둘러싸인 알프스의 나라로 알려져 있다.

나라 전체가 꽃으로 둘러싸인 스위스는 아름다운 자연환경뿐만 아니라 중세의 아름다움을 그대로 간직한 나라이기도 하다. 도시 곳곳을 장식한 발코니의 꽃들과 알프스에서 볼 수 있는 고산지대의 꽃들, 만년설이 뒤덮인 유럽의 지붕, 융프라우와 필라투스, 티틀리스, 리기와 같은 많은 산들과 전 세계적으로 유명한 시계공예 등 스위스는 그 이름만으로도 매력이 가득한 곳이다. 눈부시도록 푸른 호수와 만년설의 알프스를 가진 아름다운 나라 스위스는 평온하고 장대한 자연의 신비로움을 선사한다고 해도 손색이 없다. 곳곳에서 느끼는 편안함과 여유 있는 웃음으로 더더욱 여행 후에도 기억에 남는 나라가 스위스이다.

처음 스위스 여행 시작은 2000년 8월 1일 도시 루체른이었다. 루체른 호수에서 로이스강이 흘러나오는 양쪽 강변에 자리 잡고 있으며 꼭 가봐야 한다는 다리 카펠교는 로이스강에 있는, 길이 204m의 지붕이 딸린 나무로 만

카펠교 : 유럽에서 가장 오래되고 가장 긴 목조다리(원 안은 팔각형 수상탑)

든 다리다. 가이드의 설명에 의하면 원래는 도시를 방어하기 위한 수단으로 세워졌다고 한다.

다리 천장에 그려진 111개의 수호 성인 판화로도 유명하다. 다리를 걸어보는 것도 좋았지만 그림 한 점 한 점을 구경하는 것도 재미를 느끼게 한다. '스위스는 다리에도 그림을 전시하는구나.' 하는 생각이 들었다. 그리고 카펠교는 유럽에서는 목조다리로 가장 오래된 다리이기도 하다.

다리를 지나다보면 13세기에 지어졌다는 요새화된 팔각형 수상탑이 한눈에 들어온다. 원래는 전망을 보기 위해 만들어졌다고 하는데, 나중에는 고문실이나 감옥, 보물실과 기록보관실로 사용되다가 지금은 기념품 가게로 바뀌었다고 한다. 카펠교와 더불어 관광명소를 아름답고 신기하게 조성하

빈사의 사자상

고 있다.

  우리는 루체른 시내에 있는 빈사의 사자상 앞에 섰다.

  덴마크의 조각가 베라텔토르 발센이 설계하고 루카스 아호른이 조각을 했다고 한다. 배가 고파 죽어가는 사자를 연상해서 만든 조각품이다. 그 당시 스위스의 가난하고도 슬픈 역사를 담은 조각이다. 모두가 고개를 숙이지 않을 수가 없다. 그 당시 스위스에는 용병제도가 있었다. 알프스 산악지대로 가난하기 때문에 돈을 받고 다른 나라에 가서 전쟁을 대신해 주는 제도다. 프랑스 대혁명 당시 1792년 8월 10일 튈르리궁전을 사수하는 의무를 스위스 용병들이 담당했다. 조국과 민족의 신의를 지키기 위해 끝까지 싸우다가 스위스 용병들이 그곳에서 전멸 당했다.

스위스 국민들에게는 슬픈 역사의 사연이다. 그래서 용병들의 혼을 달래고 온 국민들이 그날을 잊지 않기 위해 시내 한복판에 자리를 마련했다고 한다.

우리나라의 월남 파병을 이야기하면 이해가 빠르겠다. 파병이나 용병이나……. 우리나라도 월남 파병을 해서 그 대가로 받은 돈으로 경부고속도로를 처음 건설하여 국가사업의 원동력이 된 사례가 있지 않은가!

'가난이 죄는 아닌데.' 하는 생각을 가지고 루체른호수 근처의 호텔 쪽으로 이동했다.

그날 저녁 호텔에서 잊지 못할 사건이 있었다.

보통 호텔에 가면 침대 옆 화장대 옆에 전화기가 필수로 자리잡고 있다. 그런데 전화기를 아무리 찾아도 보이지 않는다. 그래서 프런트에 가서 "룸에 왜 전화기가 없느냐?"고 물어보니 풍채를 보아서는 사장님 같은 직원이 하는 말이 "스위스의 알프스 산속 물 좋고 공기 좋은 호수에 왔으면 그냥 만사를 잊고 푹 쉬었다 가야지, 여기까지 와서 집에서처럼 전화기를 왜 찾습니까. 그럴 것 같으면 여행을 왜 왔어요. 전화 같은 것은 생각도 하지 말고 오직 힐링만 하라."는 말에 '아차!' 하는 생각이 들었다.

주변 환경은 좋지만 호텔 부대시설은 상당히 오래된 것 같고 열악해 보이는데 재정이 부족해서 전화기를 못 갖추어 놓았다고는 하지 않고 도리어 혼을 내니 할 말을 잊었다. 룸으로 돌아와 생각하니 어쩌면 그 직원의 말이 일리는 있다고 생각되었다. 문명의 이기 전화기를 잠시 멀리하는 것이 '육체적이나 정신건강에 도움이 되지 않겠느냐.'로 마음을 바꾸었다. 그로부터 수많은 여행을 하면서 본국에서 전화가 오면 거의 받지 않았다. 그리고 집에 돌아와서 무슨 일로 전화를 했느냐고 물어보고 정리를 한다.

20년이 지난 지금도 마찬가지다. 그 직원을 다시 만날 수만 있다면 푸짐한 안주에 소주잔을 기울이며 그날의 추억들을 새겨보고 싶은 마음이 간절하다.

'나에게 착함을 말해 주면 나의 적이고, 나의 그릇됨을 충고해 주면 나의 스승'이라는 고사성어가 있지 않은가?

이튿날 아침 일찍 호수가로 나갔다.

잔잔한 호수의 물, 주변에 가득 드리운 울창한 숲, 말로써 표현하기 힘들 정도로 아름다운 경관에 넋을 놓을 지경이었다.

그 아름다운 배경으로 사진 촬영을 한 후 아침식사를 하고 우리 일행은 루체른 정상에 올라간다.

정상을 오르는 방법은 산악열차를 타고 간다고 한다. 열차는 평지를 달린다고 알고 있는데 필자가 촌놈인지 과학이 발달된 건지 알 수가 없다.

산악열차의 **톱니바퀴** 레일

일단 열차를 한 번 타보면 알 수 있겠지. 가이드의 인솔 하에 열차 정거장으로 이동하고 나서 기차가 산으로 올라간다는 의문이 금방 풀렸다. 어떻게 미끄러지지 않고 산을 올라갈 수 있는지 그 정거장 안전 설비가 충분한 설명을 해주고도 남는다.

철도 레일 두 개 사이에 톱니바퀴 같은 레일이 있지 않는가. 시계태엽처럼 톱니바퀴가 굴러서 올라가 오히려 미끄러지는 것이 이상하다고나 할까? 알프스산 정상에는 눈이 있다는데 루체른 정상에는 눈이 없다. 알프스산 정상도 정상 나름이겠지, 다른 곳보다 해발이 낮겠지? 그리고 지금은 8월 13일 한여름이 아닌가. 그리고 정상에는 크게 부대시설이라고는 없고 사람들이 안전하게 다닐 수 있게 통나무로 만든 가이드라인을 설치해 놓은 것이 전부이다. 우리는 그래도 알프스산 루체른 정상에 올라왔다는 감회와 기쁨으로 주어진 시간을 마음껏 즐기며, 사진 촬영도 하며 즐겁고 행복한 시간을 보내다가 다음 여행 일정을 위해 산악열차를 타고 하산했다.

스위스 하면 영세중립국으로 출발해서 전 세계적으로 유명한 시계공예 제품으로 오늘날 경제성장을 했다고 해도 모자라지는 않을 것 같다. 그래서 시계백화점에 들렀다. 우리나라 지방 백화점 크기의 규모지만 입구에는 저가의 시계가 진열되어 있고, 안으로 들어갈수록 몇 백에서 몇 천만 원까지 고가의 시계가 전시되어 있었다.

필자는 딸에게 줄 선물(100달러 정도, 한화로는 12만 원 상당)을 샀고, 이것을 마지막으로 아쉽지만 스위스와 작별 인사를 했다.

두 번째 스위스 여행은 2013년 8월 30일 두 번째 서유럽을 여행하면서 인

터라켄을 거쳐 융프라우요흐(Jung-
fraujoch)로 가는 일정이었다.

알프스를 오르기 위한 관문인
인터라켄은 '호수와 호수 사이'라
는 뜻이다.

아름다운 호수의 도시, 인터라
켄(Interlaken)은 이름에서 알 수
있듯이 툰(Thun)호수와 브리엔즈
(Brienz)호수 사이에 자리잡고 있
다. 이곳은 스위스 최고의 관광
지이자 알프스의 3봉인 아이거
(Eiger), 묀히(Monch), 융프라우

융프라우요흐 정상(3,454m)

(Jungfrau)가 나란히 있는 베르너고지(Berner Oberland)로 올라가는 관문으
로, 고도는 569m이다.

유럽의 지붕인 융프라우 정상은 융프라우요흐(Jungfraujoch)라 부르며 처
녀를 뜻하는 Jungfrau와 봉우리를 뜻하는 Joch의 합성어라고 한다. 이름에
서 느낄 수 있듯이 처녀봉인 융프라우요흐는 높이 3,454m에 이르며 눈으로
덮인 산봉우리와 그림 같은 호수가 몹시도 아름다운 곳이다. 융프라우요흐를
오르는 톱니바퀴 기차는 14년에 걸쳐 아이거와 묀히를 관통하는 터널 작업
으로 완성되었다. 특히 전망대 스핑크스 테라스로 나서면 쌓여있는 눈에 반
사되는 눈부신 빛 속에서 웅장한 그 자태를 드러내는 융프라우 영봉과 크고

얼음궁전

작은 빙하를 볼 수 있다.

융프라우요흐에서 놓치지 말아야 할 것은 얼음궁전이다. 얼음궁전은 빙하 30미터 아래에 위치하고 있다. 거대한 얼음의 강에 굴을 뚫어 만든 얼음궁전에는 다양한 얼음 조각들이 전시되어 있어 스위스 여행의 필수코스로 지정되어 있을 정도로 유명하다.

얼음궁전을 관람하고 돌아서면 알프스의 영봉들이 줄을 지어 서듯이 수없이 많은 봉우리들, 그것들을 몽블랑이라 한다.

몽은 '산'이고, 블랑은 '하얗다'는 뜻이다. 그래서 '하얀 눈 덮인 산'이란 뜻이다.

관광객들은 장비 없이는 몽블랑에 오를 수가 없다. 그래서 눈으로 보는 것으로 만족하고 사진에 담아두는 것이 전부다. 그리고 융프라우요흐로 오르내리는 빨간 산악열차를 몽블랑을 배경으로 사진에 담는 것도 하나의 큰 추억거리가 된다.

알프스 최고봉 몽블랑은 높이 4,807m이며, 스위스와 이탈리아, 프랑스 사이에 위치하고 있다. 그리고 스위스의 '철도왕' 아돌프구에르첼러가 융프라

증명서

융프라우요흐의 백점은 이로써 본
어른이 소지자가 유럽 최고 고도에
있는 철도 역 방문을 인증 함

유럽의 정상 -
융프라우요흐

3454m

온라인
방문 증명서
만들기

우요흐에 열차가 올라올 수 있게 한 생각, 연구, 설계와 시공까지 기록한 역사 내역서와 유럽의 최고 높은 철도역인 융프라우요흐역 방문을 확인하는 방문증명서를 만드는 것도 이곳을 여행하는 사람들의 자존심을 한층 더 높이고 있다.

① 빨간산악열차
② 몽블랑(출처 :《계몽사백과사전》)
③ 융프라우요흐역 방문 증명서

기회는 자주 있는 것이 아니다. 필자도 기꺼이 참여해서 받은 방문증명서를 지금까지 잘 보관하고 있다. 그렇지 않고서는 어찌 지나간 일들을 다 기억에 담을 수 있을까. '지나간 과거의 잘못된 것은 경험으로 삼고, 즐겁고 행복했던 것은 추억으로 남기라.'고 꼭 이야기해 주고 싶다.

스위스의 세 번째 여행은 2018년 10월 5일 유럽 소국 리히텐슈타인을 가기 위해 인천에서 스위스의 제1도시 취리히로 출발했다

스위스에서 취리히는 여행의 시작과 끝을 책임지는 도시이다. 여행객을 환영해 주기도 하며 또 다른 도시로 손쉽게 이동할 수 있기에 여행의 중심지라고 불리는 취리히는 스위스 제1도시답게 현대적인 감각과 세련미가 넘치고 길가 곳곳에서 찾아볼 수 있는 수많은 은행들로 국제 금융의 도시임을 느낄 수 있다. 도시 한가운데를 가로지르는 리마트강과 아름다운 취리히호수는 관광객의 이목을 붙잡기에 충분했다.

리마트 강변에서 사진을 찍고 재래시장으로 자리를 옮겼다. 그런데 보통 어느 도시라도 재래시장을 들르면 옷가게, 식당 등이 주를 이루는 것이 보통인데 여기는 대부분 꽃가게였다.

색깔도 다양하고 모양도 다양하다. 먹고, 입고, 자는 것이 사람이 사는 것인데, 여기는 거기에다 꽃이 하나 더 들어가는 것이 아닌가 생각해 본다.

취리히에서 한 번 들러볼 만한 곳은 취리히호수다.

알프스산들로 둘러싸여 있지만 항구에 와있다는 생각이 들 정도로 배들이 많이 정박해 있었다. 골목길을 거슬러 올라가 전망대에서 취리히호수와 시내를 바라보는 것은 마치 한 폭의 그림을 보는 것 같다. 그 그림 속에 필자가 있

다는 착각이 들 정도다.

  간단하게 취리히 일정을 모두 마치고 필자가 꼭 가보고 싶었던 리히텐슈타인으로 향했다.

리히텐슈타인 Liechtenstein

  리히텐슈타인은 스위스와 오스트리아 사이에 있는 입헌군주국이다. 유엔에 가입되어 있고 면적은 $157km^2$, 인구는 3만 4천명 정도이다. 공용어는 독일어이고, 화폐단위는 스위스 프랑을 쓴다.

①	②
③	④

① 현재 왕의
   증조할아버지
② 현재 왕의
   할아버지
③ 현재 왕의 아버지
④ 현재 왕

우표박물관 리히텐슈타인의 발행 우표

리히텐슈타인은 1815년 독일연방에 남아 있다가 1866년 독립을 하여 영세중립국으로 남아있다. 특이한 것은 납세의무, 병역의 의무가 없다.

스위스와 조약을 맺어 관세, 통화, 우편, 외교 등에서 스위스의 보호를 받고 있다. 바티칸 시국과 산마리노, 모나코 등과 함께 소국에 속하는 또 하나의 작은 나라 리히텐슈타인은 세계에서 가장 아름다운 우표를 발행하는 나라이기도 하여 '미소국(美小國)'이라는 타이틀과 참 잘 어울리는 나라다.

세계에서 6번째로 작고, 스위스와 오스트리아 사이 알프스산맥 고원지대에 위치하고 있어 아름다운 경치를 자랑하는 리히텐슈타인은 조용하고 한적한 나라다. 깨끗하게 잘 정돈되어 있는 길을 걸으며 틈틈이 볼 수 있는 예술적인 우표들을 구경하는 것도 재미가 있다.

원래 조상이 이 나라 '초대 왕'이다. 시조로부터 4대째 내려왔는데 증조할아버지가 오스트리아 왕에게 영지를 받은 후작이다. 왕이 대신들에게 영지를 하사할 때 서열을 작위로 결정한다. 가장 높은 작위가 공작, 그 다음이 후작, 그 다음이 백작, 또 그 다음이 자작, 남작으로 봉해진다. 그러나 영지(영토) 넓이와는 관계가 적다고 한다. 얼마나 위치가 좋으냐, 나쁘냐가 중요하다.

요즘으로 생각하면 시내 중심이냐, 변두리냐로 비교하면 이해가 빠르겠다. 그래서 전 국토가 군주의 재산이라고 한다. 지금 왕(군주)의 1인 재산이 86조 달러나 된다고 한다. 그리고 국가재정의 3분의 1이 우표수입으로 얻어진다.

수도 파두츠 시내에서 정상 쪽으로 계속 올라가면 파두츠성이 있다. 안으로 들어가 볼 수는 없으며, 외관의 사진 촬영만 허용된다고 한다. 사진 촬영

리히텐슈타인의 파두츠성채

과 눈으로만 만족하고 내려왔다.

그리고 곧장 전 세계 우표를 전시하고 있는 우표박물관으로 갔다. 그래도 제일 관광객들의 눈길을 끄는 곳은 우표박물관이다. 어마어마한 양의 우표에 놀라기도 했지만 역대 왕들의 사진도 나란히 있고, 기념품 가게도 심심하지 않게 옹기종기 모여 있다.

인증사진 촬영소도 있고, 거리에는 조각전시작품도 있고, 레일이 없는 자동차 관광열차도 도로에서 여행자의 눈길을 끌고 있다.

세계에서 제일 많은 우표를 전시해 놓은 곳은 이곳 우표박물관이라고 보아야 하고, 이 우표박물관이 리히텐슈타인의 제일 관광명소라고 할 수밖에 없다.

우표박물관 입구

    필자는 평소 우표에 큰 관심이 없어 눈으로만 만족하고 나오는데, 같이 간 일행들은 우표를 몇 장씩 사들고 나오기도 했다. '이 나라의 재정 수입에 일조를 하는구나.' 생각하며 다음 여행지로 이동하기 위해 버스에 올랐다. 버스 차창 밖을 내다보며 '이제 유럽 여행을 완주하는 것도 몇 나라 남지 않았구나.'라고 생각해 본다.

    다음 여행지는 '스위스의 이탈리아'로 불리는 중세도시 벨린초나로 이동했다.

    벨린초나에는 세계문화유산으로 등재되어 있는 세 개의 고성이 있다. 그중에서 가장 오랜 역사와 최대 규모를 자랑하는 그란테성을 직접 둘러보고 두 개의 성은 이동하면서 차창 밖으로 관람하기로 했다. 두 개의 성을 미리 설명하면 하나는 우리가 말하는 두물머리로, 두 개의 강이 합쳐진 지점의 윗부분이다. 높이가 상당히 높아 나이든 사람은 올라가기가 힘이 들 정도로 꼭대기에 세워져 있다. 또 다른 하나는 계곡과 계곡 사이의 내리막이며 역시 두물머리에 세워진 성이다. 이 모두가 적의 침략을 방어하기 위해 공격하기는 어렵고 수비하기는 앞이 탁 트여있어 지리적 이용가치를 충분히 이용한 곳으로 보인다.

벨린초나는 따뜻한 남쪽 기후와 아열대성 식물들 그리고 이탈리아의 문화가 공존하고 있는 스위스 속의 작은 이탈리아로 불리지만 그 중에서도 특히 도시의 중심에 우뚝 솟아있는 세 개의 성은 벨린초나를 대표하는 상징으로 중세시대의 번영을 보여주는 역사적인 건축물이다.

보통 가장 많은 방문객들이 찾는 그란데성(Castle Grande)은 엘리베이터를 이용하여 쉽게 오르내릴 수 있고 벨린초나 전경을 조망할 수 있다. 다른 두 개의 성에는 관람객이 보이지 않지만, 그란데성에는 우리 일행 외에도 많은 사람들이 있어 관광지라고 인정할 만큼 분위기가 조성되어 있다. 안으로 들어가 보아도 밖에서 보는 것보다는 상당히 넓고, 건물 자체도 보존

벨린초나의 그란데성

이 잘 되어 있다.

옛날 사람들의 무기는 활과 창 또는 칼이 전부이다. 그 당시 여건을 고려해 보면 적을 방어하고 공격하는 데 훌륭한 요새 중의 요새라고 인정하고 싶다.

구시가지를 산책하며 돌마르길광장, 아치형 화랑, 아름다운 교회 등을 둘러보면 지금도 중세의 분위기가 곳곳에 남아있어 여행하는 재미를 한층 더 느끼게 해주고 있다.

이것으로 스위스 여행을 마무리하고 차창으로 보이는 두 개의 성을 관람하면서 마음속으로 스위스와 작별인사를 한다.

오스트리아 Austria

2000년 8월 11일 오스트리아의 첫 여행지는 독일과 이탈리아 사이에 자리 잡고 있는 최대의 겨울 휴양지 인스부르크다.

인스부르크는 오스트리아의 알프스인 티롤 지방의 중심도시로서 표고 574m 고원에 자리 잡은 도시이다. 인스브루크란 '인(INN)에 걸린 다리'라는 뜻으로, 이름 그대로 시내 한복판에는 인강이 멀리 노르트케테의 영봉을 바라보며 유유히 흐르고 있다. 우리는 제일 먼저 지붕이 황금으로 장식되었다고 하는 황금지붕(Goldenes Roof)으로 이동했다.

황금지붕은 헤리초크 프리드리히거리의 막다른 곳에서 인스브루크의 상징인 양 금빛 찬란하게 빛나고 있는 지붕이다. 16세기에 황제 막시밀리안 1세가 아래 광장에서 개최되는 행사를 구경하기 위해 만든 발코니 위에 설치한 것으로, 궁전 건물의 5층에서 내민 이 지붕은 금박을 입힌 동판 2,657개로 덮여 있다. 발코니에는 여덟 영지의 문장과 황제·왕비상 등이 부조되어 있으며, 벽은 프레스코화로 장식되어 있다. 역사가 500년 가까이 된 건물이다. 그런데도 퇴색되지 않고 황금지붕이라고 인정할 만큼 금박 두께가 상당히 두

오스트리아의 황금지붕(원 안)

꺼운 것을 동판에 입혀놓은 모양이다.

해가 저물어서 신속하게 마리아테레지아거리와 시청사 등을 간단히 둘러보고 숙소로 향했다. 호텔에서 잠들기 전에 생각해봐도 그 당시 황제의 말이 좋은 일이든 나쁜 일이든 법은 법인 모양이다. 지붕에 금박을 붙이라 지시한다고 금을 붙여 놓았다. 이 세상 어디에 또 지붕에 금을 발라놓은 곳이 있을까? 내부 벽이라면 몰라도. 좋게 생각해 보자. '먼 훗날 필자 같은 사람에게 보여주려고 그 당시 시공을 했겠지.'라고 혼자 생각을 하면서 잠을 청해 본다.

두 번째 오스트리아 여행은 2005년 8월 21일 잘츠부르크에서 시작했다. 잘츠부르크와 잘츠감머구트 하면 우리에게 익숙한 '사운드 오브 뮤직' 영화의 배경이 된 도시이다. 영화에서 제일 먼저 정원을 배경으로 제공했던 미라벨

영화 '사운드 오브 뮤직'의 배경으로 유명한 미라벨정원(원 안은 모차르트 = 출처 : 《계몽사백과사전》)

정원으로 갔다. 푸른 잔디위에 분홍색 꽃을 심어서 식탁보에 수를 놓은 그림 같은 정원에서 사진도 찍고, 걸어도 보고, 꽃도 만져보고, 영화에서는 지나가는 바람처럼 보았는데 실물 배경을 보아하니 세계적인 영화 탄생을 미루어 짐작하고도 남는다.

그리고 모차르트 생가를 방문했다. 그런데 문이 꼭 잠겨 있어 내부는 볼 수 없고, 벽에 '모차르트 생가'라는 표시판을 사이에 두고 사진 촬영만 하고 돌아서야 했다. 그리고 호헨잘츠부르크성 외관과 모차르트가 세례를 받았다는 성당 외관 그리고 짤츠부르크 구시가지를 둘러보고 일정상 잘츠감머구트로 이동했다.

오늘은 아침부터 비가 왔다. 우산을 쓰지 않으면 안 될 정도로 많은 양의 비가 내린다. 비가 온다고 일정을 진행하지 않을 수는 없다. 우리는 우산을 쓰고 관광을 하기로 했다. 옛말에 '비가 온다고 하던 전쟁을 하지 않을 수 없다.'가 생각이 난다.

'사운드 오브 뮤직'의 배경인 대령의 집으로 갔다. 여기도 건물만 보고 사진 촬영만 할 뿐이지 내부 관람은 허용하지 않는다. 그리고 호수를 찾아 영화 장면들을 상상해 본다. 비 내리는 호수가 어떻게 생각하면 서글프게 생각되지만 우리 일행 모두가 우산 하나씩 받쳐 들고 호숫가를 거니는 모습은 영화의 한 장면 같기도 하다.

비 오는 잘츠감머구트를 뒤로 하고 우리는 다음 여행지 비엔나를 찾아 갔다.

대령의 집(원 안은 슈베르트 = 출처 : 《계몽사백과사전》)

오늘은 비가 오지 않고 화창하게 갠 날이었다. 비엔나에서는 이것 하나만 보고 와도 오스트리아 구경은 다했다고 할 정도로 세계적으로 아름다운 쇤브룬궁전이 있다. 이 궁전을 세운 주인공은 남성이 아니라 여성이다. 이 여성에 대한 역사적인 대업을 알면 오스트리아 역대 황제들의 역사를 모두 아는 것보다 오스트리아 역사를 더 많이 안다고 해도 과언이 아니다.

그녀는 그 유명한 마리아 테레지아다. 그녀의 동상만 보아도 얼마나 그녀가 오스트리아 역사에서 주목받는 인물인가를 알 수 있다. 역대 황제들은 동상이 궁전 뜰이나 공원에 자리잡고 있으나, 그녀의 동상은 유일하게 비엔나 링슈트라세(제일 화려한 거리의 광장)광장 한복판에 우뚝 서 있다.

주변에는 영웅광장과 미술박물관, 자연사박물관 등에서 수많은 여행객들

쇤브룬궁전

이 줄줄이 헤아릴 수 없이 나오는 곳이다. 마리아 테레지아를 만나는 곳이기도 하다. 현지가이드의 설명을 빌리자면 원래 마리아 테레지아는 1717년 신성 로마제국의 황제이자 합스부르크 왕가의 수장인 카를 6세의 1남 3녀 중 장녀로 태어났다. 그런데 하나뿐인 아들이 일찍 세상을 떠나고 딸만 3명이 남았다. 그 당시 게르만국가는, 딸은 황제 아버지의 국가나 재산을 승계할 자격이 없었다. 그래서 카를 6세는 주변 국가들로부터 양해를 구하여 여성도 국가와 재산을 상속받을 수 있게 국법을 수정했다. 그 후 1740년 카를 6세가 사망하자 장녀였던 마리아 테레지아는 합스부르크 왕가의 신성 로마제국 왕위와 영토를 물려받았다. 아버지가 살아있을 때 개정된 국법을 인정하던 이웃국가들은 아버지가 죽고 난 후 마음이 변해 마리아 테레지아의 합스부르크 왕가 상속권을 인정하지 않겠다고 한다. 그래서 오스트리아의 그 유명한 왕위계승 전쟁(1740~1748년)이 시작되었다.

이웃 프로이센의 프리드리히 2세는 슐레지엔을 자기에게 넘기라고 했다. 슐레지엔을 넘겨주면 모든 걸 인정하고 문제삼지 않겠다고 약속했다. 하지만 그녀는 일언지하에 거절했다. 그래서 프로이센의 공격을 받아 결국 슐레지엔을 프로이센에 빼앗겼다. 그 당시 오스트리아는 프랑스, 오스만제국과의 100년 가까운 전쟁으로 자원이 고갈되고 병력도 많이 약해져 있었다. 그러나 그녀는 타고난 재원, 탁월한 지모(智謀)와 전략으로 적들과 맞서 싸웠다. 슐레지엔을 결국 찾지는 못했지만 상당히 많은 영토들과 제국을 지키는 데 성공했다.

여자라는 약점을 이용해 이웃국가들의 공격을 수없이 받았으나 마리아 테레지아는 남편이나 신하들의 극구 만류에도 자존심을 헌신짝처럼 버리고 프랑스와도 동맹을 맺고 영국과도 동맹을 맺음으로 전세를 역전시켰다. 1748년 아헨 조약을 맺고 왕위 상속권을 모든 국가에서 인정받았다. 그리고 오스트리아 마리아 테레지아는 남편 프란츠 슈테판을 황제로 세우고, 실제로는 모든 국정을 담당했다. 정치도 너무나 잘 했지만 슬하에 자식도 아들 5명과 딸 11명을 낳았다고 한다. 그녀는 사랑하는 아들과 딸들 10명을 정략 결혼시켜 유럽 국가들의 황제나 황후가 되었다. 유명한 프랑스 루이 16세의 왕후 마리 앙투아네트도 그녀의 11명의 딸 중 막내딸이었다.

그녀가 신성로마제국 오스트리아를 통치하던 기간은 오스트리아 역사상 최고의 태평성대였다. 그래서 여유 만만하게 베르사유궁전을 모델로 자기의 현실과 가치에 맞는 세계 최고의 아름다운 쇤브룬궁전을 지었다. 궁전에 가서 보면 알겠지만 베르사유궁전처럼 거대하고 크지는 않지만, 아담하고 단아한 노란색 궁전 외관, 초록색 잔디와 숲, 후원의 만발한 꽃들은 환상의 조화를 이루는 것 같다.

궁전 내부에는 로코코양식으로 화려함과 동시에 그녀가 이곳에서 이런 부장품과 같이 생활하다가 갔다는 것을 생각하면 '인생은 짧지만 예술은 길다.'고 하는 말이 이곳을 두고 하는 말이라는 생각이 절로 난다. 지금도 침실에 고스란히 놓여있는 금박을 입힌 금침대가 길이길이 기억에서 지워지지 않을 거라 확신하다. 그리고 베르사유궁전 정원은 궁전에서 내려가는 정원인 반면, 쇤브룬궁전은 궁전에서 올라가는 정원으로 서로가 이색적이라고 할까? 지반 탓이겠지만 넓고 넓은 정원에 공중에서 내려다보면 초록 바탕에 다양한

쇤브룬궁전 후원

꽃들이 수를 놓았다고나 할까? 한 폭의 그림이라고나 할까? 궁전을 보러 가면 후원을 꼭 가서 보라고 적극 추천하고 싶다. 원래 궁전이든 집이든 사람의 생활공간은 건물 뒤편이 높은 것이 좋다고 한다. 그 용어도 '배산임수'라고 한다.

필자는 풍수지리를 한 10여 년간 공부한 경력이 있다. 어디서나 터를 보는 데는 자신이 있다. 그래서 베르사유궁전은 루이 14~16세 때에 건물의 주인을 잃고 만다. 동양이나 서양이나 풍수지리를 절대 무시하면 화를 자초한다는 풍수지리 이론을 한 번 더 새겨보면서 우리는 다음 장소로 이동했다.

독일 Germany

　독일은 다섯 차례나 여행한 국가이지만 대부분이 경유지 거쳐가는 여행이라고 할 수 있다. 두 번째 동유럽을 갈 때 독일의 심장부를 봤다. 필자의 여행기록을 살펴보면 하이델베르크, 프랑크푸르트, 베를린, 함부르크, 뮌헨, 쾰른, 아헨 순서로 여행을 한 기록이 남아 있다.

　하이델베르크는 대학촌과 고성이 관광지의 전부라고 할 수 있다. 하이델베르크대학은 독일 최초의 대학이며, 1421년에 설립되었다고 한다. 고성을 둘러보다가 뒤돌아보면 대학촌인 하이델베르크 시내가 한눈에 들어온다. 하이델베르크대학은 노벨상 수상자를 7명이나 배출했다.

　하이델베르크 여행 중 인솔자의 안내로 아주 오래된 찻집에 도착했다. 안으로 들어서니 아주 오래됐다는 말을 하지 않아도 유구한 역사를 지닌 곳으로 느껴졌다. 탁자나 의자만 보아도 짐작을 하는데 쇼팽이 즐겨 찾던 찻집이라고 한다. 그 말을 듣고 난 후 커피가 훨씬 더 부드럽게 넘어간다. 그리고 시원한 맥주를 한잔 하고 싶었다. 맥주 하면 세계적으로 알아주는 독일 맥주가 생각이 난다. 안내받은 곳은 주점이 아니고 맥주창고나 저장고라 해야 할

것 같다. 나무로 만든 통인데 크기
가 아파트 방만하다. 이렇게 큰 맥
주 통은 난생 처음 보았다. 간단히
맥주를 한 잔씩 마시고 우리는 프
랑크푸르트로 이동했다.

프랑크푸르트에서 제일 먼저 도
로면을 접하고 있는 괴테의 집을
찾아갔다. 집에 들어가는 계단이
도로를 점유하고 있다. 그러나 우
리는 집안에 들어가지 못하고 정문

괴테(출처 : 《계몽사백과사전》)

앞에서 사진만 찍고 이동해서 시청사, 뢰머광장 등을 둘러보고 맥주공장으로
갔다. 이렇게 가는 곳마다 맥주가 메뉴라서 '독일 맥주가 최고라는 소리를 하
는구나.' 싶다. 주변 사람들이 필자에게 어디 맥주가 제일 맛이 있냐고 물으
면 서슴없이 독일 맥주라고 대답한다.

두 번째 여행은 2005년 8월 처음 도착한 곳이 베를린이다. 제일 먼저 동서
분단의 상징인 베를린 장벽으로 이동했다.

베를린 장벽은 원래 40km이다. 1945년 2차 세계대전에서 패한 독일을 동
부는 소련이 점령하고, 서북부는 프랑스가, 중앙부는 영국이, 남부는 미국이
점령하여 관리하기로 연합군끼리 합의를 보았다.

이듬해 소련과 미국은 냉전시대에 돌입, 소련이 관할하는 동베를린과 미
국, 영국, 프랑스가 관할하는 서베를린을 우리나라 38선처럼 갈라놓았다고

한다. 그래서 동독과 서독이 탄생했다. 우리나라와 같이 두 개의 국가가 탄생한 것이다.

우리나라는 철조망으로 경계를 만들었는데 동독과 서독은 아예 콘크리트 벽으로 사람이 서로 오가지 못하게 쌓아놓았다. 이것이 베를린 장벽이다.

통일이 된 지금은 거의가 다 허물어 없애버리고 일부분만 과거의 아픈 상처를 잊지 않고 역사적으로 남기기 위해 지금까지 잘 보존하고 있다.

그냥 방치된 베를린 장벽은 시멘트벽이라 흉물로 변해서 정부에서 세계 각국의 화가들로부터 벽에다 그림을 그리게 하여 관광에 시너지효과를 더하고 있다. 대한민국 화가도 참여해서 그림을 그려놓았다. 분단된 국가인 대한민국의 한 사람으로 감회가 깊었다.

베를린 장벽

장벽을 배경으로 사진을 여러 번 찍어도 속이 시원하지 않다. 통일된 독일, 분단된 대한민국, 시작은 같다. 현실은 그렇지 않은 상황에 대해서 곰곰이 생각해 본다. 원래 베를린 장벽이 들어서게 된 결정적인 동기는 동독 사람들이 경제적으로 생활수준이 높은 서독으로 많이 넘어가고 젊은 노동자가 서독으로 빠져나가는 숫자가 많아져서 동독으로서는 고민에 빠질 수밖에 없었다. 그래서 동독 정부는 베를린 동·서독 경계 사이에 40km 정도의 콘크리트 벽을 세워 서독으로 빠져나가는 유동인구를 차단했다고 한다. 그 이후로는 허가받은 사람만 브란덴부르크 문을 통해서 왕래할 수 있었다. 그러나 1973년 9월 국제연합(UN)에 동·서독이 동시에 가입을 했다. 동독이 UN의 회원국이 되면서 시민들의 거주 이전의 자유를 인정해야 하기 때문에 동독 사람들이 서독으로 더 많이 넘어가게 되었다.

이것을 제지하려는 동독 정부에 시민들은 항의를 하게 되고, 시위대는 점점 늘어나서 1989년 11월에는 시위대가 100만 명에 육박하여 극렬하게 투쟁을 한 덕분에 1989년 11월 9일 밤 장벽이 무너졌으며, 전 세계 신문과 방송에 대서특필되었다. 그로 인하여 통일의 불씨는 당겨졌고, 동서독의 정상회담이 이루어졌다. 서독 정부는 소련에 2억 마르크 이상의 경제적인 지원을 하고, 소련 병력 30만 명 이상을 소련으로 복귀하는 데 드는 비용 일체를 부담했다. 이 모든 과정을 거친 후 1990년 8월 31일 동독과 서독 사이의 통일 조약이 맺어지고 그해 10월 3일 통일 독일이 선포되었다. 그 당시 동독 총리는 한스 모드였고, 서독 총리는 헬무트 콜이었다. 전쟁 없이 피 한 방울 흘리지 않고 독일 통일을 이끌어내고, 시대와 역사 앞에 주역이 되어 민족의 염원

브란덴부르크 문

을 완수한 서독의 헬무트 콜 총리는 지금도 독일 국민들의 존경과 사랑을 한 몸에 받고 있다고 한다.

베를린 장벽 설치부터 통일까지 짚어본 것은 우리에게도 분단된 조국이 있고, 지도자나 국민 모두가 정쟁에 휘말리지 않고 성숙된 독일 지도자와 국민들처럼 노력해서 하루라도 통일을 앞당기는 계기가 되었으면 하는 마음에서다.

다음으로 브란덴부르크 문으로 자리를 옮겼다. 브란덴부르크는 우리나라로 말할 것 같으면 판문점 역할을 한 동·서독을 왕래할 수 있었던 관문이다. 지금은 독일 국민이나 관광객이 자연스럽게 왕래하고 있으며 우리 일행들도 들어갔다가 나와서 기념사진을 찍고 우리나라와 비교해 가면서 주어진 시간

독일 국회의사당

을 보냈다.

다음은 독일 국회의사당과 베를린시청을 방문했는데, 내부는 들어가지 못하고 입구 정원에서 사진을 찍는 것으로 만족해야 했다.

그리고 독일의 북부 항구도시 함부르크로 이동했다. 함부르크는 유럽에서 두 번째로 큰 항구도시이다. 필자가 제일 마음에 드는 것은 함부르크시청사였다. 대리석 건물

함부르크시청

베를린시청

에 조각이며, 청색지붕이며 누가 설계했는지 필자가 주인이 되어 들어가 살 았으면 하는 생각이 들 정도다. 그러나 아쉽게도 들어가지 못했다. 외관만 보 고 너무 좋게 평가한 것이 아닌지 모르겠다.

그리고 우리는 항구로 갔다. 항구에는 자전거가 많았지만 배들도 많았다. 우리는 배를 타고 북해 쪽으로 나갔다가 되돌아오는 코스의 배를 탔다. 배는 버스 3대 이상의 길이나 되는 중형 배였다. 조금 가다가 필자는 선장에게 다 가가서 "내가 한 번 운전하면 어떻겠냐?"고 물었다. 선장은 필자를 아래위로 쳐다보더니 면허증이 있느냐고 묻는다. 이 말에 필자는 그냥 고개만 끄덕끄 덕했다. 그랬더니 선장이 자리를 양보하는 게 아닌가.

참고로 필자는 여행 도중 배를 운전해 본 적이 서너 번 있었다. 해보면 자동차 운전이나 비슷하다. 그러나 이렇게 큰 배는 처음이었다.

계속 직진하면 아주 멀리 아이슬란드에 도착한다고 한다.

선장은 멀리 떠나지는 않고 필자 옆에 앉아서 운전하는 것을 물끄러미 보고만 있었다. 필자는 신이 났고 기분도 좋았다. 가만히 앉아 바다 구경만 하는 것보다 이렇게 멀리 이국땅에 와서 배를 운전해볼 수 있어 감개가 무량하다.

항구에서 상당히 멀리 떨어졌을 때 선장이 손으로 돌아가자는 신호를 준다. 그래서 핸들을 많이 감아쥐고 회전을 하여 항구로 돌아왔다. 항구에 도달하니 선장은 자동차는 주차지만, 배는 선착이라고 알려주었다. 선착은 본인이 하겠다고 한다. 그리하여 선장에게 핸들을 넘겨주고 객실로 돌아왔다. 우리 일행들은 필자에게 기립박수를 치고 엄지를 치켜세우며 멋진 남자라고 찬사를 보내주었다. 외국인들은 영문을 아는지 모르는지 싱글벙글 웃으면서 덩달아 박수를 친다.

필자에게는 잊지 못할 영원한 추억이라 생각하며 다음 장소로 이동했다.

인솔자에게 어디로 가느냐고 물으니 필자의 기분을 아는지 맥주를 생산하는 공장(식당)으로 간다고 한다. 식당에 들어서니 규모가 어마어마하다. 함부르크 시내에서 제일 큰 곳이라고 한다.

개업한지 400년이 되었고, 좌석은 1,000개나 된다고 한다. 식사 겸 술판이 벌어져 난리가 났다. 모두가 얼마나 즐겁고 흥이 났는지 한 사람만 건너면 상대방의 목소리가 들리지 않을 정도로 시끌벅적하다. 그 난리 속에서도 서로 말은 통하지 않지만 외국인들과 함께 어깨동무를 하고 원 샷을 하면서 즐

개업한지 400년, 좌석이 1,000개나 되는 주점에서 일행들과 함께

거운 시간을 보냈다.

시간이 얼마나 되었는지, 술값은 얼마나 나왔는지 안중에도 없다. 내가 술이 취했는지, 상대방이 취했는지도 알 수가 없다. 모두가 걸음걸이는 갈지자로 걷는다. 오늘 독일 여행의 마지막 일정을 잊지 못할 추억으로 장식하고 호텔로 가는 차에 몸을 실었다.

세 번째 독일 여행은 발칸 9개국이었다.

2010년 5월 한국으로 귀국하는 길에 뮌헨에서 시간이 있어 시내관광을 하는데 쇼핑으로 관광을 끝냈다. 필자는 코털 깎기와 가위를 샀다. 철재는 독일이 최고라 해서 샀는데 가위가 좋기는 좋은데 무거워서 사용하기에 불편하고 코털 깎기는 털이 너무 많이 잘려나가 콧구멍이 커지는 게 흠이었다. 털이 좀

퀼른대성당

있어야 미세먼지를 걸러낼 수 있는데 그렇지 못해서 둘 다 지금도 사용하지 않고 보관만 하고 있다.

2013년 9월 네 번째 독일 여행은 첫 번째 서유럽 여행인 2000년 8월에 갔을 때와 똑같은 일정으로 하이델베르크와 프랑크푸르트를 경유해 귀국길에 오르는 일정이었다. 이 책 한 권에 유럽 46개국 전부를 실어야 하기 때문에 지면 관계상 여기서 줄여야겠다.

다섯 번째 독일 여행은 벨기에와 네덜란드, 룩셈부르크를 가기 위해 먼저 독일의 서쪽 내륙도시 퀼른에 도착했다. 이곳은 지형상으로는 벨기에와 가까우며 독일의 젖줄인 라인강을 끼고 있다. 우리가 제일 먼저 도착한 곳은 독일이 자랑하는 퀼른대성당. 유럽 최고의 고딕식 위용을 자랑하는 퀼른성당은 높이가 157m, 폭이 86m, 길이가 144m나 된다. 처음 보는 순간 입이 딱 벌어질 정도로 중압감이 몰려온다. 직접 보지 않고서는 느끼지 못할 것이다. 가까이서는 제대로 사진 촬영도 할 수 없었다. 외관을 촬영한 후 성당 안으로 들어갔다. 유럽 여행을 하면 대부분의 나라가 성당이 빠지지 않는다.

독일 여행에서 퀼른이 자주 등장하는 장소는 아니다. 하지만 오지 않고,

보지 않았다면 크게 아쉬움이 남겠다. 여행을 떠나기 전 지인이 "형님, 요번에 여행 어디갑니까?"라고 해서 독일 쾰른성당에 간다니까 아주 열성 가톨릭 신자인 그가 "형님, 십자가 하나 사다주소." 하지 않겠나. 그래서 한쪽에 기념품 가게가 있어 십자가가 달린 목걸이가 있어 구입해 전달하기도 했다.

쾰른성당은 1955년에 유네스코에 등재되었다고 한다. 고대 로마시대에는 이곳을 식민지 중심도시로 삼았고, 중세 때는 기독교 선교의 중심지였다. 지금은 주변에 거의 공장들이 많이 산재해 있다. 현재는 독일의 핵심 공업도시라고 한다.

그리고 우리는 옛 프랑코왕국의 수도이던 아헨을 1시간에 걸쳐서 이동했다. 아헨 역시 관광일정은 시청사와 아헨성당이었다. 시청사의 외관을 둘러보고 아헨성당으로 갔다. 쾰른성당을 봐서 별다른 느낌이 없어 대충 둘러보고 나왔다.

아헨은 서로마제국이 멸망하고 프랑스 영토가 되었다가 독일 영토로 바뀌었다. 아헨에서는 오래된 건축물로 아헨대성당과 시청사가 제일 유명하다.

Part 2.

북유럽(러시아 포함)

Northern Europe

러시아 Russia

러시아를 여행하면서 제일 먼저 도착한 곳은 모스크바 붉은광장이다. 붉은광장은 크렘린 성벽 북동쪽에 접해 있으며, 너비는 100m, 길이는 500m 이다.

모스크바 붉은광장, 스탈린(원 안의 작은 사진)

왼쪽 위부터 시계방향으로 크렘린궁전, 레닌 동상, 스탈린(원 안), 레닌 묘

붉은광장은 국립 역사박물관과 굼백화점 그리고 양파머리 모양의 바실리 성당에 둘러싸여 있으며, 전에는 시내 중심부에 있던 시장이었다. 끄라스나 야 쁠로샤지(Красная площадь), 즉 현재는 '붉은'으로 해석되는 이 광장의 명칭은 고대 러시아어로 '아름다운, 예쁜'이라는 뜻이기 때문에 원래 의미는

'아름다운 광장'이었으나 많은 이들이 메이데이와 혁명 기념일에 붉은색의 현수막이 국립 역사박물관과 굼백화점의 벽에 걸리고, 사람들도 붉은 깃발을 손에 들고 있어서 광장이 온통 붉은색이 되었다는 데서 그 명칭의 유래를 찾기도 한다. 붉은광장 주변에는 아직도 살았을 때의 모습 그대로 누워있는 레닌의 묘, 불균형 속에 조화를 이루고 있는 성 바실리성당, 국립 역사박물관, 모스크바 최대의 굼백화점 등이 있다.

광장에서 크렘린 쪽으로 계단을 조금 내려가면 무명용사의 무덤이 있고, 그 앞에는 꺼지지 않는 불이 있다. 미국에 갔을 때 존 에프 케네디 묘소 앞에 꺼지지 않는 불을 보고는 처음인 것 같다.

크렘린은 우리나라 청와대와 같은 곳이라 들어갈 수는 없고 외관 사진 촬영으로 대신하는 일정이다. 사진을 찍으면서도 공산당 메인 하우스이기에 기분이 좀 이상했다.

크렘린은 모스크바의 심장부로 러시아의 역사를 엿볼 수 있는 곳이다. 러시아어로 요새를 의미하는 크렘린 안에는 15세기의 장대한 교회에서부터 현대적인 의회까지 다양한 건물이 있다. 또한 레닌, 스탈린, 흐루시초프, 브레즈네프와 고르바초프가 여기서 서기장으로 활동을 했다. 대 크렘린궁전을 비롯하여 성벽이 2,235m에 이르는 크렘린의 망루, 1961년에 완성된 대회궁전, 표트르 대제 때 만들어진 바로크양식의 궁전 병기고, 원로원, 이반 대제의 종루, 현재 박물관으로 사용되고 있는 12사도사원, 우스펜스키사원, 세계에서 가장 큰 종인 황제의 종, 황제의 개인 예배 사원이었던 블라고베시첸스크사원, 아르항게리스키사원 등 셀 수 없이 많은 건물들과 보물들이 보는 이들의 감탄을 자아내는 러시아 문화의 정수가 모여 있는 곳이다.

그런데 다행히 주변에 있는 레닌묘는 우리가 직접 들어가서 볼 수 있다고 한다. 우리 일행들은 차례로 들어갔다. 묘는 중앙부에 자리잡고 관람객들은 나선형처럼 돌아가면서 보게 되어 있다. 거리가 좀 떨어져 있어 만지거나 접촉할 수는 없다. 주기적으로 방부처리를 해서 비용이 많이 들어간다고 한다. 완전히 산사람이 반듯하게 누워 잠자

바실리성당(원 안은 톨스토이 = 출처 : 《계몽사백과사전》

는 것 같이 보였다. 그리고 검정 양복에 흰 장갑을 끼고 키는 별로 크지 않고 영락없이 누워서 잠자는 사람이다.

유리관도 아니고 실내에 노출되어 있으니 생동감이 느껴진다. 앞서거니 뒤서거니 들어가서 순서대로 관람하고 나와야 한다. 누구 하나 지체할 수도 없다. 지구상에 이와 같은 묘가 중국과 북한에도 있다는 소리를 들었지만 직접 눈으로 확인하고 보는 것은 처음이다.

그리고 다음은 이웃에 있는 바실리성당으로 갔다. 바실리성당은 잔혹했던 이반 4세가 카잔의 타타르칸 정벌을 기념하기 위해서 1555~1561년 그 당시 최고의 건축가 포스트니크 야코블레프를 시켜 건축했다고 한다. 상단에는

보석을 박아 양파 모양을 하고 있어 건축물이라기보다 예술품이라 해야 격에 맞을 것 같다. 단일 대지 위에 아홉 채의 독립된 예배당 모두가 중앙탑을 둘러싸고 있다. 완공하고 나서 이반 4세가 동서남북으로 쳐다보고 너무나 아름다워서 기절할 뻔했다고 한다. 그래서 다시는 이보다 더 예쁜 건축물이 들어서지 못하게 건축가 야코블레프의 두 눈을 실명시켰다. 그로 인해 잔혹한 황제라고 후세에 전해진다. 모스크바에 가면 꼭 가봐야 하는 곳으로 추천하고 싶다. 죽기 전에 말이다.

다음으로 들렀던 러시아 국영백화점 굼백화점은 붉은광장 이웃에 있다. 원래는 1890년에 신축하였으며 1953년에 대수선 리모델링을 하여 지금에 이르렀다. 이곳은 총 3층으로 이루어져 있는데, 우리는 시간관계상 1, 2층만 둘러보고 나왔다. 그리고 지하철을 타보았다.

그런데 지하철 깊이가 얼마나 깊은지 단일 에스컬레이터치고 이렇게 깊은 것은 처음 타보는 것 같다. 문득 든 생각에 유사시 방공호로 사용하기 위해 설계되지 않았나 생각하면서 우리는 모스크바대학으로 향했다. 학교 정문에는 노점상이 즐비하게 늘어서 시장을 형성하고 있다. 그래서 우리는 대학교 정면을 보고 노점상을 배경으로 사진을 촬영하고, 학교에 들어가 보기로 했다. 대학은 대학이지 하며 모두가 다음 여행지로 가자고 한다.

그래서 볼쇼이극장으로 향했다. 원래 정식 명칭은 국립아카데미대극장이다. 에카테리나 2세의 명으로 1776년 신축하였지만 1805년 화재로 전소되었다고 한다. 1825년 현 위치에 더 훌륭하게 재건축하였다. 가는 날이 장날이다. 휴관이라 우리는 정문을 배경으로 사진만 찍고 모스크바에서 북서쪽으로 715km 떨어진 러시아 옛 수도 상트페테르부르크로 가기 위해 철도역으로 향했다. 열차 내 숙박으로 밤새도록 열차를 타고 가는 일정이다.

열차 내의 숙박은 생전 처음이다. 일정에 있는 숙박으로 아무 말 없이 열차 내 숙박을 하지만 얼마나 많은 사람들이 거쳐 갔는지 알 수 없는 일이다. 어두컴컴한 열차 내에 이불이라고 군용담요가 있는데 세탁은커녕 털기라도 했을까 의구심이 난다. 군에서 많이 덮어본 군용담요는 햇볕에서 병사 2명이 마주 잡고 털어보기는 했다.

먼지가 날까 싶어 살며시 펴서 잠을 청해 본다. 새벽녘에 일찍 눈을 떠서 열차와 열차 사이 빈 공간으로 나가보았다. 시베리아 영토는 어떠한 풍경을 하고 있는지가 가장 궁금해서다. 양손을 벌리고 장시간 쳐다보았다. 눈에 보이는 것은 이름도 성도 모르는 잡초다. 잡초의 키는 내려서면 배꼽 이상은 오겠다. 가도 가도 끝이 없고 위치만 다르다뿐이지 끝없는 벌판의 형태나 색깔은 비슷하다, 이래서 러시아 땅은 세계에서 가장 넓지만 쓸모없는 땅이라서 '동토의 나라'라고 불린다.

열차는 다음날 일찍 어김없이 상트페테르부르크역에 도착했다. 식사를 마치고 바다 건너편에 핀란드가 있는 발트해변으로 갔다. 시원한 바닷바람과 함께 주변에 산재해 있는 관광코스를 둘러보고 러시아 상트페테르부르크에서 빠질 수 없는 관광명소인 표트르 대제의 여름궁전으로 이동했다. 현지가이드는 계속 "피터 대제 여름궁전"이라고 발음을 한다. '피터 대제'는 '표트르 대제'의 영어식 발음이다. 그리고 상트페테르부르크를 우리는 학교 다닐 적에 레닌그라드라고 배웠다. 원래 지명은 상트페테르부르크였지만 레닌이 죽

Петродворец

표트르 대제의 여름궁전(출처 : 러시아 엽서)

고 나서 그가 공산당 추종자이니 레닌을 기념하기 위해 지명을 레닌그라드라고 불렀다. 그 후 소련이 해체되고 공화국이 들어섰다. 원래 지명인 상트페테르부르크라고 부르기로 했다. 여름궁전은 표트르 대제가 1709년 스웨덴과 폴바다전투의 승리를 기념하기 위하여 여름 별장궁전을 지었다고 전해진다. 가이드 설명으로는 대지가 $10,000m^2$에 방이 55개, 길이가 306m인데 황제들의 여름 별장으로 건립한 것이라고 한다.

여름궁전에서 전 세계 여행자들의 이목을 집중시키는 것은 당연히 분수다. 7개의 작은 공원들 사이에 144개의 분수가 있다. 물을 뿜어내는 수도관 역시 엄청난 수압으로 무려 20m의 높이까지 물을 뿜어 올린다. 거기에다가 사이사이에 260개 조각상을 심어놓았다. 우리 일행들은 설명을 대충 듣고 여기저기에서 사진 찍는 데 정신이 팔려 시간가는 줄 모른다. 어디를 서도 사진 찍을 배경이다. 아무리 화려한 공간이라도 시간의 도를 넘을 수 없는 법. 약속 시각이 되니 하나둘씩 아쉬움을 뒤로하고 모여든다. 그렇게 하여 여름궁전 일정을 끝내고 내일 일정을 위하여 숙소로 향했다.

호텔을 배정받아서 방에 들어가 짐을 풀기도 전에 우리 일행 중 서울에서 왔다는 여성회원 두 분이 필자 방으로 찾아왔다. 무슨 일이냐고 물어보았다. "선생님, 우리가 서울에서 계약한 호텔이 이 호텔이 아닙니다." 그래서 오는 길에 보니까 우리가 계약한 호텔이 있다는 것이 아닌가? 호텔 간판을 보았다고 한다. "그러면 두 분이 그 호텔에 가서 오늘 저녁에 숙박하러 올 테니 미리 방을 좀 보여 달라고 해서 방의 상태를 보고 오지 않겠느냐?"고 했다. 결과는 여기가 더 좋으면 이야기할 것도 없고, 더 나쁘면 이야기를 하자고 했다. 그 두 분이 갔다 오더니 계약한 호텔이 더 좋다는 것이 아닌가? 그래서 그 두 분을 자기 방으로 보내고 가이드를 필자의 방으로 불렀다. 가이드에게 "우리가 여행사와 계약한 호텔이 이 호텔이 아니지요?"라고 물어보았다. 가이드는 "아닙니다. 저번에도 계속 여기서 숙박했습니다."라고 한다. 필자는 "다름이 아니고, 서울에 계신다는 여성 두 분이 계약한 호텔이 아니고 다른 호텔이라 기분이 나빠서 내일부터는 여행을 중단하고 서울로 돌아간다고 방금 나에게 이야기하고 자신들의 방으로 돌아갔어요."라고 말했다. 가이드는 심각해지더니 "선생님, 어쩌면 좋아요." 하고 되묻는다. 필자는 "내가 어떻게 하겠느냐. 가이드가 해결해야지."라고 했다. 가이드가 한참 생각하더니 "선생님, 이왕 이렇게 된 거 제가 덴마크에 가면 고궁이 하나 있는데 볼 것이 많아요. 일정에 없는데 제가 시간과 경비를 다 조달해서 일행들 다 구경 시켜드릴게요. 선생님 좀 도와주세요."라고 이야기한다. 가이드를 돌려보내고 여성 회원 두 명을 다시 방으로 불렀다. "우리는 돈 쓰러 왔고, 저 가이드 아가씨는 돈벌려고 왔는데 가이드가 이런 제안을 하고 갔어요. 좋은 게 좋다고 서로가 불편하면 여행하는데 지장 있어요. 될 수 있으면 이것으로 풀고 내일부터 여행이나 즐겁게 합시다."라고 말하자, 그분들이 "선생님이 하자는 대로 할게요." 하여 마무리되었다.

다음날 우리가 제일 먼저 도착한 곳은 성 이삭대성당. 성 이삭대성당은 프랑스 건축가 몽페랑이 1818~1858년 동안 공사 기간을 40년에 걸쳐 완공한 성당이다. 그 당시 바티칸의 성 베드로성당을 모델로 했다고 한다. 동

성 이삭성당(출처 : 러시아 엽서)

원된 인원만 50만 명에 이르고, 맨 위 황금 돔에 금이 100kg 이상 들어갔다고 한다. 외관도 우아하고 웅장하지만, 내부에 들어서면 입이 쩍 벌어질 정도다.

한 가지 애석하게 들리는 것은 성 이삭대성당이 완공되고 얼마 지나지 않아 건축가 몽페랑이 운명을 달리했다. 그리고 성 이삭대성당 자리에는 그 옛날 세 번이나 성당이 들어섰다가 사라지고 했으며, 지금 이 성당이 네 번째 성당이라고 한다. 건축가가 완공 후 운명을 조기에 마감한 건 공사기간이 40

① 피의 성당(출처 : 러시아 엽서)
② 알렉산드르 2세(출처 : 《계몽사백과사전》)

표트르 대제의 청동기마상

년이나 되어서 인간 수명의 한계 때문이라고 생각된다.

다음으로 이동한 곳이 피의 성당이다. 유럽 여행을 가면 성당에서 성당으로 끝이 난다는 말이 있는데 여기도 마찬가지인 것 같다. 그 옛날 표트르 대제가 상트페테르부르크 도시를 건설할 때 발트해를 관문으로 만들어 러시아를 아시아가 아닌 유럽의 일원으로 성장시키려고 이곳에 도시를 건설하고 수도를 옮겼다고 한다. 그 세월이 200년 정도 흘러 수도를 모스크바로 원위치한 것이다.

피의 성당은 1881년 알렉산드르 2세가 반당이었던 그리네비츠키에 의해 암살되어 이곳에서 피를 흘리며 죽었다고 하여 알렉산드르 3세가 알렉산드르 2세를 기리기 위하여 세워진 성당이다. 그 당시 모스크바에 있는 바실리 성당을 모델로 해서 세웠기 때문에 얼핏 보면 모양과 색깔이 거의 비슷하다. 우리는 내부에 들어가지 못하고 성당 앞에서 사진 촬영만 하고 돌아서야 했다. 현지가이드가 "상트페테르부르크 관광을 하려고 하면 늦어도 5월은 지나야 된다."고 한다. 겨울이 길고 여름이 짧은 것이 이유다.

표트르 대제 청동기마상은 기념촬영만 하고, 카잔성당은 외관을 조망하는 것으로 일정이 되어 있다. 정말 차창 밖을 통해 눈으로만 쳐다보고 스몰리성

스몰리성당(출처 : 러시아 엽서)

당으로 자리를 옮겼다. 흰색과 청색으로 배색을 얼마나 잘했는지 외관이 화려하고 아주 예쁘다. 일행들 모두가 내려서 사진 촬영할 기회는 준다. 여기도 내부 관광 일정이 아니라고 한다. 패키지 관광은 이런 것이 마음에 들었다 안 들었다 한다.

바다에 정박하고 있는 오로라 순양함으로 이동했다. 배 안에 들어가서 관람하는 일정이다. 우리 모두 정박해 있는 배에 올랐다. 설명부터 들으라고 한다. 이 배가 대한민국에 갔다 왔다고 한다. 러일전쟁 때 우리나라를 가는 목적이 아니고 태평양에서 일본군과 싸우기 위해서다. 그 당시 대서양을 거쳐 수에즈운하로 빠져나가서 태평양을 가려고 했다. 그런데 그 당시 수에즈운하를 이집트가 관리하는 것이 아니라 영국이 이집트의 국가재정난을 이유로 상

오로라 순양함(출처 : 러시아 엽서)

당한 금액으로 인수해서 독점 경영하던 때였다. 영국이 '노!'하는 바람에 아프리카 최남단 희망봉과 케이프타운을 거쳐 대한해협까지 와서 일본과 치열한 전쟁이 끝난 후 본국으로 돌아와 해군사관학교 앞바다에 지금까지 정박 중이라고 한다. 제원으로는 길이가 126.8m, 폭이 16.8m, 적재함 6,731톤이다. 무기로는 6인치 함포가 12문, 3인치 대공포가 6문, 어뢰발사관이 3문이 탑재되어 있다. 지금 선내는 러시아 해군역사관의 자료를 전시해놓고 관광자원으로 이용하고 있다. 우리는 선내를 차례대로 둘러보고 러시아의 마지막 여행지인 겨울궁전으로 향했다.

겨울궁전은 18세기 표트르 대제의 딸 엘리자베타의 명으로 1754~1762년에 지어졌으며, 러시아 마지막 6 황제가 살다간 곳이다. 정작 엘리자베타 여

겨울궁전(출처 : 러시아 엽서)

제는 완공을 보지 못하고 눈을 감았다. 그 후 1837년 12월 화재가 나 불에

타서 2년에 걸쳐 복원공사를 한 끝에 지금에 이르렀다고 한다.

현재 겨울궁전과 에르미타주미술관은 크게 6개의 동으로 분리해서 통로로

연결돼 있다. 방이 모두 1,050개나 되며, 창문이 1,800여 개나 된다. 그리고

길이가 자그마치 230m이며, 400개의 전시관에 300만 점의 작품이 전시되

어 있다고 한다. 전체를 그냥 둘러보는 데 7~10일 정도가 걸린다고 한다.

시작은 궁전으로 해서 박물관, 미술관으로 바뀌면서 일반인들에게는 겨울

궁전으로 많이 알려져 있다. 세계적인 미술관이 되기까지는 에카테리나 2세

라는 여제에 의해서 이루어졌다. 궁전이 완공되고 제일 먼저 입주한 사람은

에카테리나 1세다. 그런데 제정러시아시절 상트페테르부르크가 수도였을 당

시에 이 두 대제를 알아야만 상트페테르부르크 여행의 재미나 역사를 알고 즐길 수 있다.

표트르 대제는 로마노프왕조 제4대 황제이다. 재위 기간은 1682~1725년이며, 상트페테르부르크가 수도가 될 만큼 성장된 도시를 만들어서 유럽과 제일 가까운 위치에 수도를 정착시켰다. 토목공사 규모만 해도 네바강을 중심으로 65개의 강이 연결되는 다리와 100개가 넘는 섬과 섬을 연결하는 다리가 365개라고 한다.

황제에 오르기 전 표트르 대제는 자기 신분을 속여 여러 대신들과 함께 영국, 프랑스, 네덜란드 등 여러 나라를 여행했다. 말이 여행이지 기술과 해외 문물을 익히기 위해 직접 현장에서 사물의 본질과 기술을 연마했던 것이다. 황제에 오른 후 그는 탁월한 안목과 능력으로 유럽에 많이 뒤처져있는 러시아의 경제와 군사력을 유럽의 열강들과 어깨를 나란히 하게끔 국가의 초석을 다지고 성장시켰다. 오죽하면 그 당시 재무장관이던 칸크린 백작은 러시아 영토는 표트르 대제의 땅이라고 말을 했을 정도다. 국가 발전에 얼마나 많은 영향력을 끼쳤기에 이렇게까지 말을 했을까 싶다. 그래서 그의 이름 뒤에는 아무나 쓸 수 없는 '대제'라는 존칭어가 붙기 시작했다고 한다.

다음으로 에카테리나 2세는 독일 왕가의 여성으로 표트르 3세와 결혼을 했으나, 표트르 3세가 재위 1년 만에 사망을 한다. 그래서 에카테리나에 의해 독살되었다는 설도 있다. 그 뒤 황제 자리를 이어받았다. 재위 기간은 1762~1796년이다.

표트르 대제가 러시아를 제국다운 위상으로 성장시켰다면 에카테리나 2세는 거기에서 2배 이상으로 성장, 발전시켰다고 한다. 그래서 그녀의 이름 뒤에도 여황제지만 '여대제'라는 존칭이 표트르 대제처럼 붙기 시작했다. 그러나 그녀는 남성 편력이 심했다. 심지어 정부가 20명이 넘는다고 한다. 정부의 자격은 자기와 뜻이 같고 정책을 같이 구상하는 사람, 그 다음이 자기 성적 욕구를 만족시켜줄 사람 등이 정부와 신하를 동시에 갖추고 있는 사람이라고 한다. 게다가 자기 정부에게 폴란드 왕위를 주었다는 설도 있다고 한다. 가이드의 설명이 진짜인지 가짜인지는 확인할 길이 없어 농담 반 진담 반으로 받아들이고 싶다.

미술관 이름도 프랑스어로 그녀가 지었다고 하며, 예술품도 처음부터 유럽 각국에서 그녀가 사서 모아 그녀의 재임 기간에 에르미타주미술관을 모두 채

황금어차와 미켈란젤로가 그린 성모 마리아상(원 안은 표트르 대제 = 출처 : 《계몽사백과사전》)

웠다고 한다.

누구나 에르미타주미술관을 관람하다 보면 거의 필수코스인 황금나무와 공작새 시계를 보게 되는데, 그것은 영국에서 제작된 것으로 에카테리나의 정부이자 유명한 장군인 포템킨 장군이 선물한 것이라고 한다.

너무 많은 예술품이 전시되어 있어 패키지여행으로 모두를 관람한다는 것은 쉽지 않은 일이다. 황금나무와 공작새 시계, 황제가 타는 황금어차, 미켈란젤로가 그린 성모 마리아상 등 어마어마하다. 필자가 관람했던 곳 중에 방 전체가 호박으로 된 호박방이 있는데 영원히 기억에서 지워지지 않을 것 같다.

얄타 Yalta

2017년 10월 21일 얄타를 방문하기 위해 심페로폴에 도착했다.

제일 먼저 흑해함대 사령부 외관과 파노라마박물관을 관람했다. 그리고 일정대로 다음날 얄타를 가기 위해 일찍 서둘렀다. 먼저 19세기 중엽에 영국인 건축설계사가 설계를 하고 러시아 부호가 건축한 브론초프궁전과 제비성을 둘러보았다. 1945년 얄타회담 당시 처칠 수상을 비롯해 영국 대표단이 묵었던 곳이다. 그리고는 1945년 2월 루스벨트, 처칠, 스탈린이 얄타회담을 했던 리바디아궁전(Livadia Palace)으로 향했다. 흰색 건물에 정원도 아담하게 설계되어 있다.

영국인이 설계한 브론초프궁전
(얄타회담 시 영국 처칠 수상이 묵었던 곳)

얄타회담 장소인 리바디아궁전
(미국 루스벨트 대통령이 묵었던 곳)

궁전 내부에는 니콜라이 2세의 집무실이 그대로 재현되어 있었고 니콜라이 2세의 모습도 밀랍으로 재현되어 있다. 입구에는 톨스토이가 의자에 앉아있는 사진이 걸려있고, 처칠과 루스벨트, 스탈린이 뒷편에 수행부하들을 대동하고 나란히 앉아서 찍은 사진이 있다. 또 내부에는 밀랍으로 만든 처칠, 루스벨트, 스탈린 인형이 나란히 앉아 있다. 그리고 그 안쪽

톨스토이

니콜라이 2세

룸에는 얄타회담 당시의 테이블과 의자가 그 현장 그대로 남아있다. 가이드가 여기는 처칠, 저기는 루스벨트, 여기는 스탈린이 앉은 자리라고 한다. 사이사이에는 비서관이나 통역이 앉아 있었을 것이다.

그리고 그 옆방에는 실무진들이 있는데 우리나라가 해방되고 난 후 연합군의 승리로 해방이 되었으니 북쪽은 소련이 통치하고, 남쪽은 미국이 통치하는 데까지 합의를 하고, 또 어디를 경계로 삼느냐를 놓고 실무진들이 도면을 보며 38도선을 점하기까지의 과정을 사진으로 보여주고 있다. 그리고 38도선으로 확정지었다고 보도한 일간지 신문이 전시되어 있다. 참으로 기가 막히는 일이고 치욕적인 사건이다. 만약에 필자가 현장에 있었고 수류탄을 가지고 있었다면 회담 장소에서 그들 모두와 유명을 달리했을 것이다. 때는 늦

① 처칠, 루스벨트, 스탈린
② 대한민국 38도선 군사분계선을 확정짓는 실무자들과 우리나라 지도
③ 얄타회담을 한 방

었지만, 국민의 한 사람으로서 피가 거꾸로 솟는 것 같고 울분과 통탄을 금할 수가 없었다. '약자는 강자의 먹이사슬에 불과하다.'는 말이 절로 나온다.

현지가이드의 말을 빌리자면 "스탈린이 러시아의 휴양지 얄타에서 처칠과 루스벨트를 모셔놓고 전쟁에서 잃은 상처를 보상 정리하면서 러시아에 유리한 회담이 성사되니까 그날 저녁 잠자리도 처칠은 영국인이 설계한 브론초프 궁전으로 모시고, 루스벨트 형님은 연로하시고 하니 이곳 회담 장소 리바디아궁전에서 주무십시오." 하면서 대접을 했다고 한다.

그러나 루스벨트는 회담을 마치고 미국으로 돌아간 후 얼마 되지 않아 사망을 했다고 역사에 기록되어 있다. 필자는 '우리나라를 두 나라로 분리시켜 그렇게 된 것이 아닌가.'라고 생각해 본다.

그리고 스탈린은 처칠이 영국으로 돌아갈 때 와인을 처칠이 평생 먹을 만큼 항공기에 실어 보내면서 "이 정도면 형님이 평생 동안 와인 걱정은 안 해도 될 것입니다."라고 작별 인사를 했다고 한다.

대한민국 국민으로서 하늘 아래 다시는 이런 일이 있어서는 안 되는 사건에 대해 간단하게나마 정리해보았다.

바이칼호수 Lake Baikal

필자는 2018년 8월 6일 바이칼호수를 여행했다.

우리가 이르쿠츠크에 도착해서 제일 먼저 찾아간 곳이 즈나멘스키수도원

이다. 이 수도원은 이르쿠츠크의
대표적인 건물인데 18세기 후반
목조를 석조로 재건축한 건물이다.
수도원 후원에는 알래스카를 최초
발견한 사람 셸리호프의 무덤이
있고 데카브리스트혁명에 참여했
던 가족 묘지들과 예카테리나 묘
지도 있다.

발콘스키 동상

　그리고 데카브리스트박물관으
로 자리를 옮겼다. 데카브리스트
박물관은 원래 발콘스키의 집이
다. 발콘스키는 제정러시아시절
데카브리스트혁명 지도자 중 한 명이다. 혁명에 실패해서 시베리아에서 노
역생활을 마치고 이르쿠츠크에 정착한 그는 톨스토이 친척으로, 《전쟁과 평
화》에 등장하는 주인공이다.

　먼저 발콘스키 동상을 둘러보고 데카브리스트박물관을 찾아갔다. 건물설
계도 발콘스키가 직접 했다고 한다. 거기서 제일 눈여겨볼 만한 것은 대부분
일상생활 가구들이나 사진인데 세계적으로 희귀한 피라미드 피아노가 있다
는 점이다. 가이드가 이 부분을 상당히 강조했다.

　혁명에 실패한 동지들이 모두 시베리아 노역장으로 보내지는데 예카테리
나를 중심으로 11명의 부인들이 남편을 따라 시베리아 노역장으로 동행했다

피라미드 피아노

고 한다. 그래서 예카테리나 사진도 건물 내에서 볼 수가 있었다.

그리고 우리는 영원히 꺼지지 않는 불꽃을 찾아갔다. 2차 세계대전에서 희생된 참전용사를 추모하는 기념물이다. 당시 이르쿠츠크에서 5만 명의 병사가 사망했다고 한다.

기념물 가운데는 꺼지지 않는 불꽃이 타오르고 있다. 그 뒤편에는 주 정부 청사가 보인다. 주 정부 청사를 배경으로 사진을 찍고 알렉산드르 3세 동상을 둘러보고 나무집

마을 130번가로 이동했다. 화재로 모두 소실된 후 카페, 쇼핑센터, 산책로 등으로 복원되어서 한 번 둘러보고 유일하게 바이칼호수에서 흘러내리는 앙가라강을 찾아갔다. 시원한 강변 바인더에는 모양도 색색인 열쇠고리가 즐비하게 걸려 있다.

다음날 우리는 바이칼호수로 향했다.

바이칼호수 면적은 3만 2,000km²이고, 길이는 636km, 너비는 25~79km이며, 담수호이다. 깊이는 세계에서 가장 깊은 1,742m나 된다. 이것 때문에 모두가 거금을 들여서 바이칼호수를 찾는다고 보면 된다. 그리고 바이칼을 찾으면 놓치지 말아야 할 곳이 있다. 알혼섬이다. 섬에 들어가면 영혼의 메

알혼섬

카 부르한바위(불칸바위)가 있다. 여기가 세계에서 기(氣)가 제일 세다고 한
다. 그래서 원뿔 기둥에 형형색색으로 천을 둘러서 여행자들의 시선을 집중

시키는 신주들이 있다. 믿거나 말거
나 '전설 따라 삼천리'라고 했다. 일
행 모두가 웃음을 금치 못한다.

그리고 탈치민속박물관으로 갔는
데 우리나라 방갈로처럼 목조 통나
무 건물을 여러 동 지어놓고 현지 주
민들의 일상 생활상과 어린아이들의
놀이터 시설 등도 갖추어 놓았다. 이

바이칼호수

곳저곳 관람과 체험을 해보고, 바이칼호수의 유람선도 타보고, 마지막으로 체르스키 전망대에 올라가서 저 멀리 시원한 바이칼호수를 조망하면서 여행을 마무리하고 귀국길에 올랐다.

블라디보스토크 Vladivostok

블라디보스토크에는 2019년 7월 20일에 도착했다. 처음 여행을 시작한 곳은 동해에 접해있고 북한이 보인다는 조그마한 루스키섬으로 이동했다. 날씨가 흐려 북한은 보이지 않고 우리 일행들은 사진 촬영만 남기고 항구해양공원으로 가서 자유시간을 잠시 가졌다.

혁명광장

그리고는 혁명광장으로 자리를 옮겼다. 광장에는 1917~1922년 극동지역에서 소련을 위해 싸운 병사들을 위한 기념물이 있고 좌우로 두 개의 자유를 상징하는 동상과 정치를 비판하는 동상이 있다. 바닥에는 수많은 비둘기들이 여행자들을 기다리고 있다. 혁명광장을 둘러보고 우리는 러시아 횡단열차를 완성한 니콜라이 2세의 개선문을 통과해서 2차 세계대전 때 사용한 소련의 태평양함대 잠수함 C56을 보기 위해 해변으로 이동했다.

가는 도중 솔제니친 동상이 있어 기념으로 사진을 남기고 잠수함으로 곧장 이동했다. 잠수함의 길이가 80m나 된다. 생전 처음 잠수함 내부를 들어가 보았다. 마치 박물관같이 꾸며놓았다. 학생들이 단체 관람을 하고 있어 역사의 현장학습교육을 시키는 것으로 여겨진다. 내부 기관실까지도 개방을 하고

소련 태평양함대 잠수함 C56

있다. 잠수함을 육지로 옮길 때는 덩치가 너무 커 절단을 해서 옮기고 용접을
해서 현재까지 보존하고 있다.

정면 바다를 바라보니 러시아 극동해군기지가 아닌가 싶다. 항구에는 여객
선보다 요소요소에 여러 개의 군함들이 정박하고 있다.

잠수함 내외를 꼼꼼하게 관람하고 우리는 연해주의 독립운동 발자취를 느
낄 수 있는 신한촌 기념비를 참배하고, 러시아 정교회를 찾아가 내 · 외부를
관람한 후 블라디보스토크 역사(驛舍)로 이동했다.

맨 먼저 눈에 띄는 곳이 시베리아 횡단열차의 출발점과 종착점이라는 표시
물이다. 가이드가 일러주지 않았으면 보아도 모를 정도의 표시물이 있었다.

모스크바와 블라디보스토크를 잇는 총 길이는 9,334km로 지구 둘레의 4분
의 1에 해당된다. 1891년에 착공하
여 1916년 전 구간이 개통되었다.
건설기간만 25년이 걸렸다. 역사가
아담하고 예쁘다. 역사 내에는 역사
기록물도 전시해 놓았다.

그리고 우리는 다음날 맨 먼저
독수리 전망대에 걸어서 올라갔다.
탁 트인 동해바다와 블라디보스토
크에서 제일 큰 금각교가 한눈에
보인다. 뒤로는 러시아 글자 키릴
문자를 만든 형제들의 동상이 우뚝   러시아 횡단열차 출발점인 동시에 종착점

러시아 글자인 키릴문자를 만든 형제

서 있다. 모두들 기념촬영에 정신이 없고 사람들이 많아서 야단법석이다.

이후 우리는 향토박물관을 찾아갔다. 내부 관람을 하고난 후 이름을 향토
역사박물관이라고 명했으면 좋겠다고 생각하며 한 번은 가볼 만한 곳이라

고 생각해 본다.

우리 일행은 전쟁기념관 겸 지상요새박물관으로 이동해서 둘러보고 먼 옛날 러시아 조상들이 국가와 민족을 지키느라 왜 고귀한 생명까지 희생해가면서 적들과 싸웠는지를 짐작할 수 있었다.

여기서 필자는 가이드와 단둘이 블라디보스토크항구를 걸어가는 시간을 가졌는데 주로 현지가이드로서의 현재 생활 얘기를 중심으로 대화를 나눴다.

그리고 우리의 마지막 일정은 우수리스크시청사 및 광장 정교회사원, 독립운동가 고려인들에게 자금을 대어주었던 최재형 선생 거주지, 솔빈 강변에 있는 독립운동가 이상설 의사 기념비 그리고 옛 발해의 성터로 이어지는 코스이다. 그런데 가이드가 "오가는 왕복 시간이 3시간이고, 거기서 관람하는 시간도 2~3시간 등 총 5~6시간이 걸린다."고 한다. 그렇게 되면 한국으로 귀국하는 비행기를 탈 수가 없게 된다. 어쩔 수 없이 우리는 다음을 기약하며 귀국길에 올랐다.

핀란드 Finland

2002년 8월 17일 상트페테르부르크에서 열차를 타고 저녁 늦게 핀란드의 수도 헬싱키에 도착하자마자 곧바로 숙소로 향했다.

이튿날 우리는 제일 먼저 핀란드의 세계적인 작곡가 시벨리우스를 기념하

강철로 만든 파이프오르간 조형물(원 안은 시벨리우스 = 출처 : 《계몽사백과사전》)

시벨리우스 동상

기 위해 만들어진 시벨리우스공원으로 갔다. 기념사진을 찍을 만한 곳을 찾아가는데 강철로 만든 파이프오르간과 조형물과 합쳐서 만든 시벨리우스 동상이 우리를 기다리고 있었다. 한 바퀴 돌고 기념사진을 찍고 나서 이동한 곳이 빨간 벽돌로 세워진 우스펜스키사원이다. 사원 관람 후 정문을 배경으로 기념사진을 남기고 핀란드 왕궁으로 이동했다.

왕궁에는 출입이 불가능하여 근거리에서 조망을 하고 기념촬영을 하고 난 다음 찾아간 곳이 옛날에는 성 니콜라스교회였는데 근래에 와서는 헬싱키대

성당이라고 하다가, 지금은 핀란드 루터파 총본산으로 루터대성당이라고 부른다. 흰색 건물의 중앙 돔이 에메랄드 색으로 건물의 모양과 참 잘 어울리는 것 같다. 1830~1852년간 공사 끝에 완공되어 헬싱키의 상징적인 건물로, 시민들의 문화공간으로 이용된다고 한다.

다음으로 이동한 곳이 핀란드의

루터대성당

제일 메인 관광명소인 템벨리우카오 지하바위교회다. 암석을 깎아서 만든 건축물인데 '어느 정도 지형지물도 이용했겠지.' 하는 생각이 든다. 동파이프 오르간이며 통나무를 잘라 만든 의자 등은 여느 교회와 비교해도 손색이 없다. 그리고 여기가 관광객이 제일 많아 보인다. 우리 일행도 이곳에서 시간을 가장 많이 할애하는 것 같다. 우리의 핀란드 여행 일정은 1박 2일이 전부이다. 그래서 꼭 가서 보고

지하바위교회

싶은 산타할아버지의 마을인 로바니에미는 헬싱키에서 북으로 900km를 가야 한다. 현지에 가면 '여기부터 북극권'이라는 팻말도 있다고 한다. 그러나 거리관계상 가고자 하는 욕망을 접어야 했다. 그 대신 우리는 헬싱키에서 스톡홀름까지 초호화 유람선을 타고 선상호텔에서 숙박을 하게 되었다. 유람선의 선체 길이는 약 300m, 높이는 10층이고, 엘리베이터가 두 개나 있다. 호텔 객실이 1,300개가 넘고, 자동차를 600대 이상 적재할 수 있다고 한다.

매일 열리는 다채로운 공연장과 면세점, 쇼핑센터, 수영장, 카지노, 레스토랑 등 육지의 5성급 호텔보다 모든 조건이나 이용가치가 훨씬 좋았다. 레스토랑은 호텔 레스토랑 크기에 빵과 고기, 생선, 주류, 과일 등 지구상에서 사

람이 먹는 것, 입으로 들어가는 것은 종류별로 다 있는 것 같다.

저녁식사는 어디서 무엇을 먹든지 마음껏 먹을 수 있는 코스 요리다. 육지가 아니고 바다 위에 떠 있는 호텔에서 난생 처음 포식을 했다.

선실은 그리 크지는 않았지만 침대에 누워서 배가 정박해 있는지, 가고 있는지 감각을 느낄 수가 없다. 마치 아파트에 누워서 잠자는 것과 똑같은 느낌으로 흔들림 없이 배는 이튿날 아침 스톡홀름항구에 정박했다.

스웨덴 Sweden

우리는 2002년 8월 19일 선상에서 조식 후 하선하여 곧바로 스톡홀름시청사 전망대로 향했다. 생각보다는 눈앞에 들어오는 풍경이 '관광지로서 제몫을 하는구나.'라는 생각이 들 정도로 좋았다.

그리고는 시청사로 향했다.

스톡홀름시청사는 세계에서 가장 아름다운 시청이라는 소문이 나 있다. 매일 출근해도 기분이 좋을 정도다. 왜냐하면 시청 입구 홀에는 벽면과 기둥이 모두가 금박으로 장식되어 있다. 가서 보면 이해가 된다. 그리고 매년 12월에는 노벨상 수상식이 여기서 거행되며 축하연까지 벌어진다고 한다.

노벨은 스웨덴의 화공약품업자

스톡홀름시청 내부 벽면(원 안은 노벨 = 출처 : 《계몽사백과사전》)

이자 발명가라 불리는 집안이었지만 경제적으로 어려운 아버지의 아들로 1833년에 태어났다. 그래서 남들처럼 정규교육을 받지 못했다고 한다. 그 어려움 속에서도 한때는 미국으로 건너가 공부를 하기도 했다.

1859년 귀국하자마자 니트로글리세린을 만드는 작업을 했다. 그 아버지의 그 아들이다. 그 후 1866년에 마침내 폭발성이 강한 다이너마이트 개발에 성공하고, 그 다음해에는 특허권을 얻었다. 그리고 1876년에는 젤라틴을 발명했고, 1890년에는 무연화약을 발견하여 어마어마한 재산을 모았다. 노벨은 건강을 돌보지 않고 발명하는 데 몰두하여 평생을 건강 때문에 고생하며 결혼도 하지 않고 홀몸으로 살았다. 그러나 그는 무연화학이 전쟁에서 인명 살상용으로 사용되는 것을 알고 늘 자기 자신을 비관하며 살다가 자기 자신의

노벨상시상식 장면(출처 : 《계몽사백과사전》)

수명이 얼마 남지 않았음을 느끼고 1895년 당시 그의 재산 3,200만 크로네를 기금으로 하여 인류사회 복지에 가장 실질적으로 이바지한 사람에게 상을 주라고 유언을 남겼다. 그게 바로 오늘날까지 이어오고 있는, 인류역사상 가장 큰 상인 노벨상이다. 노벨은 이듬해 1896년 64세의 나이로 이탈리아에서 세상을 떠났다.

노벨의 유언에 따라 1895년 11월 27일 제정된 노벨상은 국제적인 상이다. 노벨재단에서 수여하는 물리학, 화학(의학, 생리학), 문학, 평화상 등 5개 분야인데 1969년 스웨덴 국립은행 창립 300주년을 기념하여 경제학상이 추가되어 6개 분야가 됐다. 시상은 1901년부터 매년 노벨이 사망한 날인 12월 10일 스톡홀름시청에서 행하여지는데 금메달과 상금이 수여된다. 단, 노벨평화상은 인류평화에 이바지한 사람을 노르웨이 국회가 뽑은 5인위원회서 수상자를 선정하고, 매년 노벨의 사망일인 12월 10일 노르웨이 오슬로시청에서 시상식이 열린다. 노벨상은 세계 각국의 정상들도 앞 다투어 수상하려고 노력하는 상이기도 하다.

시간이 있으면 금으로 된 시청사에 좀 더 머물다 갔으면 하는 생각을 해 본다. 그러나 어찌하겠는가. 주어진 시간에 아쉬움을 뒤로 하고 유르고덴섬의 바사호박물관으로 이동했다. 이곳은 스웨덴 관광지 중의 메인장소이기 때문에 꼭 들러야 하는 곳이다.

바사호는 1628년 왕실 호위함으로 진수되었지만 진수하자마자 바다에 침몰하고 말았다. 그런데 세월이 흘러 1956년에 발견되어 인양직업을 진행하여 1961년에 인양이 완료되었다. 바다 진흙 속에서 333년간 살아있었던 배

바사호(왕실호위함 축소판 모형, 1628년 침몰)

다. 배 안에는 64문의 대포가 있었고, 700여 개 이상의 유물이 담겨 있었다. 그리고 안타깝게도 25명의 유골이 잠자고 있었다. 이 큰 배를 건물 안에 안착을 하였으니 어마어마하다. 한눈에 볼 수 없다. 그래서 축소판 모형을 만들어 놓아서 모두 돌아가면서 작은 모형 배를 구경하느라 바쁘다. 그리고 그 당시 대포나 유물을 관람할 수 있고 사진 촬영도 가능하다.

'만나면 이별'이라 헤어질 시간이 되어서 우리는 구시가지로 이름난 감라스탄거리로 갔다. 우리나라 서울의 인사동과 비슷한 곳이다. 가게마다 구경을 하며 기념품도 사는 관광지 스타일의 동네 골목이다.

그곳을 벗어나 여왕섬 궁전으로 향했다. 여왕섬 궁전은 1777년에 구스타프 3세와 로비사(Lovisa) 여왕이 정부에 궁전을 팔았다가 1981년 현재 왕실에서 사들여 국왕의 가족들이 살고 있다. 궁전을 사고판다는 이야기는 세상에서 처음 듣는다. 가족이 적으면 팔고 가족이 많으면 사들여서 사는 게 아닌가 싶다. 그리고 우리는 왕궁으로 자리를 옮겼다.

왕궁에는 여행자들이 별로 없다. 역시 들어갈 수는 없고 조망밖에 할 수 없어 한산하다. 그래서 모처럼 일행 모두가 단체사진 촬영과 가족단위로 기념사진을 찍었다. 그러고 나서 스톡홀름시를 뒤로 한 채 노르웨이 수도 오슬로로 출발하는 기차를 타기 위해 기차역으로 이동했다.

노르웨이 Norway

2002년 8월 20일 오슬로에서 이른 아침 피오르드를 관광하기 위해 게이랑에르로 이동했다. 피오르드는 빙하가 녹아서 지나간 자리의 협곡에 바닷물이 들어와 있는 현상을 말한다.

노르웨이는 국토의 모양이 우리가 추울 때 끼는 손가락 없는 벙어리장갑같이 생겼다. 대서양 북서쪽의 국토 해변은 거의 대부분이 피오르드라고 해도 과언이 아니다. 가이드의 말에 의하면 톱니바퀴처럼 생긴 이 피오르드를 고무줄처럼 죽 당기면 로마에 닿을 수 있다고 한다. 상상만 해도 짐작이 간다.

가다가 휴게소에서 잠시 휴식을 취하는데 건너편에 아담한 교회

루터교회

통나무집

가 하나 자리 잡고 있어 물어보니 루터교회라고 한다. 현지 도착지 게이랑에 르는 주택 지붕위에 흙이 덮여 있어 풀이 무성하게 자라고 있으며 건축물은 거의 대부분이 통나무로 지어놓았다. 추운 겨울에 보온을 하기 위해서라고 한다. 그래서인지 게이랑에르는 유네스코세계자연유산에 등재되어 있기도 하다.

페리를 타고 바라보이는 전망은 말로는 표현할 수 없는 경치를 자랑한다. 그리고 곧바로 한국말로 해설이 나온다. 한국 사람이 얼마나 많이 관광하고 갔는지 짐작이 간다. 한 시간에 16km를 이동한다.

우리가 보고 싶어 하는 일곱 자매 폭포는 250m 절벽에 가느다랗게 일곱 갈래로 쏟아지는 폭포수가 거침없이 멋지게 흘러내리는 모습이 장관이다. 비

일곱 자매 폭포

가 와서가 아니라 상부의 빙하가 녹아서 내리는 빙하수이다. 지금이 8월 한여름인데 동복을 입어도 덥지는 않을 것이라는 생각이 든다. 노르웨이(Norway)는 북쪽의 위험한 산길을 연상하여 국호를 정했다. 그리고 산 좋고 물이 깨끗하여 전 국토에 20만 개의 호수가 있다고 한다. 이렇게 마음껏 피오르드를 관람하고 로엔으로 이동하여 호텔에 투숙했다.

이튿날 우리는 브릭스달로 이동하여 마차를 탑승하는 여유를 부리며 포드네스와 만힐러 지역에서 페리를 타고 송네피오르드 관광에 들어갔다.

노르웨이에는 피오르드가 여러 개가 있는데, 이곳은 그 가운데 가장 유명한 피오르드 중의 하나라고 한다. 흘러내리는 폭포의 너비가 최대 5m 이상이나 되며, 높이는 최대 1,200m 이상 된다고 한다.

절벽에서 흘러내리는 빙하수

절벽에서 흘러내리는 빙하수 관광도 좋지만 더욱더 우리에게 즐거움을 주
는 것은 빙하였다. 빙하 위에 올라가서 엉금엉금 기어보기도 하고, 빙하가 둥
둥 떠다니는 작은 호숫가에서 얼음덩어리를 건져보기도 하고, 얼음물이 얼마
나 차가운지 손을 넣어 씻어보기도 하고, 촬영도 하는 등 여러 가지 체험을
해보았다. 가이드의 말에 의하면 폭포 위로 올라가면 우리나라 서울의 넓이
만한 얼음덩어리가 존재하고 있다고 한다. 그 얼음이 녹아서 여름에는 꽝음
을 내면서 빙하수가 흘러내린다.

필자도 빙하라는 것을 2002년 8월 21일 처음 보았다. 그래서 하루 종일 송
네피오르드에서 시간을 보냈다.

아무리 구경이 좋다고 하나 저녁에는 잠을 자야 한다. 잠자리를 위해 햄스

빙하

달로 이동했다.

　다음날 우리는 오슬로로 다시 귀환했다. 시내 관광을 위하여 아침 일찍 오
슬로시청으로 갔다. 오슬로시청은 특이하게도 양쪽에 두 개의 탑이 우뚝 솟
아있었다. 이것은 1931년 착공해서 2차 세계대전이 일어나 잠시 중단되었다
가 1950년 오슬로시 창립 900주년을 맞이하여 완공했다고 한다.

　1층에서는 매년 12월 10일 노벨평화상 시상식이 열린다. 다른 시상식은
모두 노벨의 조국 스웨덴에서 열리는데 노벨평화상 시상식만 오슬로시청에
서 열리는 것은 노벨의 유언 때문이다. 그리고 2층에는 유명 예술가들의 그
림이 전시되어 있으며 노르웨이가 낳은 세계적인 예술가 뭉크의 '생명'이라는
작품도 걸려 있다.

모놀리덴 조각상과 작품들

　시청은 1, 2층만 둘러보고 세계적으로 유명한 비겔란드 조각공원으로 이동했다. 이 조각공원은 세계적인 조각가 그스타브 비겔란의 이름을 붙인 공원이다. 그는 일생동안 이 조각공원의 조각을 만드는 데 인생을 바쳤다고 한다. 그 중에서 제일 유명한 것은 세계에서 화강암 조각으로 제일 큰 모놀리덴 조각상으로 공원 한가운데 탑처럼 우뚝 솟아있다. 작품이 많이 있기 때문에 여유를 가지고 둘러보는 것이 참 좋을 것 같다.

　우리는 여유롭게 관람한 후 다음 장소인 왕궁으로 자리를 옮겼다. 노르웨이 국왕이 공식적으로 이용하는 관저다. 카를 14세가 1845년에 시작해서 4년 동안 공사를 진행하여 1849년에 완공되었다. 총 3층 건물로 방이 173개나 된다. 왕궁 정원은 오슬로 시민들의 대표적인 휴식공간으로 사용되고 있다. 넓고 푸른 잔디위에 남녀노소가 발가벗고 일광욕을 즐기고 있다. 나신을 가까이 다가가서 보고 싶어도 주위의 눈길을 의식해서 사진 촬영으로 만족해야 했다. 그리고 왕궁 정원이 국가문화재로 등록되었다고 한다. 왕궁 정원에서 일광욕을 하고 있는 것으로 보아 서양문화와 우리나라 문화는 너무나도 차이가 많이 나는 것 같다.

그리고 오늘 저녁 숙박은 페리 DFDS(Inside Cabin)다. 일찌감치 선착장으로 향했다.

덴마크 Denmark

우리는 오슬로에서 야간 페리를 타고 다음날 오전에 코펜하겐에 도착했다. 참고로 페리호의 제원은 1991년 건조되었으며, 길이가 203m, 너비가 35.5m, 무게는 58,400톤, 선실은 985개, 탑승인원은 2,852명, 침대가 2,980개나 놓여 있고, 차량 400대를 적재할 수 있다.

헬싱키에서 스톡홀름으로 가는 페리보다 좀 작아서 침대에 누웠을 때 '이 배가 항해하고 있구나, 움직이는 구나.'를 감지할 수 있었다.

하선을 하고 우리는 곧바로 인어공주를 보기 위해 바닷가로 향했다. 둥그런 바위 위에 바닷가를 보며 다소곳이 앉아있는 인어공주. 안데르센의 동화 《인어공주》에서 착안해 1913년 조각가 에드바르 에릭슨이 제작하고, 모델은 작가의 부인이다. 실로 조각 작품보다 내용과 이름이 유명세라 덴마크의 상징적인 랜드 마크다.

덴마크 여행자들에게 이곳은 필수코스다. 덴마크에 여행 온 사람 가운데 인어공주를 보지 않은 사람은 없을 것이다. 지구상의 어린 소년소녀들에게는 사랑과 동경의 대상이 아닌가싶다. 우리는 간단하게 사진 촬영을 마치고 게

인어공주 상

피온 분수대로 갔다.

게피온 분수대는 1차 세계대전 당시 사망한 선원들을 추모하기 위해 만들어진 분수대다. 풍요와 수호의 여신 게피온을 형상화한 분수대는 여신이 황소를 몰고 있는 모습을 생동감 있게 잘 표현하여 조각해 놓았다. 하필이면 우리가 찾아갔을 때 분수대에서 물이 뿜어 나오지 않았다. 분수가 없는 분수대는 사람이 살지 않은 빈 집과 같이 보인다. 그러나 여기까지 왔으니 기념사진은 찍고 가야지 하는 마음은 예나 지금이나 다름이 없다. 물이 없는 분수대를 바라보며 내가 일진이 나빠서 그런지, 운이 없어 그런지 자신에게 탓을 돌리고 다음 여행지로 가야만 했다.

현재 여왕이 살고 있는 아말리엔보르궁전으로 갔다. 덴마크 왕궁은 시내

덴마크궁전(출처 : 덴마크 엽서)

중심가에 자리 잡고 있었다. 그런데 덴마크는 세계 최고의 평등사회로 살아
가고 있다. 여왕도 하녀 1명을 데리고 시장을 보러 나온다고 한다. 경호원도
없이. 필자는 '세상에 이런 나라가 어디 있을까? 동화 속에나 있겠지'라고 생
각해 본다.

　국회의사당 앞을 지나가는데 자전거 수십여 대가 세워져 있다. 저 자전거
는 누가 타느냐고 물어보니 국회의원들이 타고 다닌다고 한다. 그리고 그 옆
에 무거운 돌을 머리위에 이고 있는 동상 하나가 있다. 저것은 무슨 뜻이냐고
물어보니 국회의원을 하면 무거운 돌을 머리에 이고 있는 것과 같이 힘들고
고달프기 때문에 모두가 '하루 빨리 국회의원직을 그만두고 자연인으로 돌아
가야지.' 하는 국회의원 모두의 뜻을 담아 세워 놓은 것이라고 한다. 우리에

게는 상상도 이해도 안 되는 사실이 아닌가? 대한민국과는 정반대가 되는 사회임을 엿볼 수 있었다. 우리나라 같으면 무엇을 걸고라도 국회의원 해보겠다고 아우성들이 아닌가. '언제쯤 대한민국에도 이런 사회가 올 수 있을까?' 생각해 본다.

이번에는 러시아에서 가이드가 약속한, 일정에는 없지만 가이드 호의로 보여주기로 한 고궁이다. 러시아에서 우리 일행들에게 약속한 곳이 바로 이곳이라고 한다. 들어가는 입구에는 아름드리 가로수가 일렬로 줄 서 있다. 이 나무는 우리나라에도 자라는 500년 된 뽕나무라고 한다. 사진 촬영을 하지 않고는 발걸음을 움직일 수 없었다. 그리고 안으로 들어가니 넓은 정원에 고딕양식으로 된 그림 같은 궁전이 눈에 들어온다. 가이드가 30분의 관람시간

500년 된 뽕나무

안데르센 동상(작은 사진은 안데르센 = 출처 : 《계몽
사백과사전》)

을 주며 약속을 지키라고 한다.

시간에 맞추어 관람을 하고 우리
는 다음으로 안데르센 동상을 찾아
가기 위해 먼저 코펜하겐시청으로
갔다. 시청광장에서 시청을 배경으
로 인증사진을 찍고 내부관람이 일
정에 없어 바로 옆 안데르센 동상
이 있는 곳으로 갔다. 유명세에 비
해 생각보다 관람객은 그리 많지
않아서 우리 일행들에게 돌아가면
서 기념촬영을 할 수 있는 기회가
주어졌다.

앉아서 한 손에 동화책을 들고 다른 한 손에는 지팡이를 잡고 하늘을 쳐다
보고 있는 청동상이다. 무릎에는 얼마나 많은 사람이 왔다 갔는지, 그리고 얼
마나 많이 만졌는지 반질반질하게 광이 났다.

안데르센(Andersen)은 덴마크의 시인이며 동화작가다. 오덴세라는 곳에
서 자영업자 구둣방집 주인의 아들로 1805년 태어났다. 15세에 코펜하겐에
있는 대학에 입학해서 그때부터 시, 소설, 희곡 등을 쓰기 시작했다. 1833년
파리와 로마를 여행하면서 보고 느낀 것을 《즉흥시인》이라는 소설로 책을 출
간하여 세상에 이름이 알려지기 시작했다고 한다. 그러나 유명세를 타기 시
작한 것은 《인어아가씨》 동화 3집을 내면서부터였다. 그는 살아생전 150여

편이 넘는 동화를 썼다. 그중에서 명작으로 손꼽히는 작품은 《벌거벗은 임금님》, 《미운오리 새끼》, 《성냥팔이 소녀》 등이 있다.

덴마크는 농업국가다. 그래서 간단하게 농경지를 둘러보았다. 우리가 어릴 적에 '농업의 선구자' 덴마크의 달가스라는 내용으로 수업을 듣던 생각이 난다. 지금도 덴마크에서 농사를 지으려면 농과대학을 졸업해야 농사를 지을 수 있다고 한다. 이는 가이드의 말인데 확인할 수도 없으니 믿어야지!

터키 Turkey

터키인의 종교는 절대 다수가 이슬람교다. 이슬람 국가를 여행할 때 필수적으로 알아야 할 몇 가지를 골라본다.

1. 성당, 교회, 사찰 등을 모스크라고 부르고,
2. 성경이나 경전을 코란이라고 하며,
3. 여성들이 머리에 쓰고 다니는 수건을 '히잡'이라고 한다.

터키는 지정학적으로는 1km도 안 되는 보스포루스해협을 사이에 두고 유럽과 아시아를 동시에 점유하고 있는 나라다.

미나레 _ 이슬람 신자들은 하루에 다섯 번의 기도를 한다. 기도시간을 알리는 곳, 미나레를 통해 육성으로 하지만 지금은 녹음된 마이크를 주로 이용한다. 그리고 기도시간을 알리는 소리를 '아잔'이라고 한다.

이스탄불이 속해 있는 유럽 부분은 국토의 3%밖에 되지 않는다. 그러나 아시아에 속해 있는 아나톨리아반도는 국토의 97%나 된다. 이 3%의 국토가 얼마나 중요한지를 알 수 있는 역사적인 사건이 있다.

제1차 세계대전이 끝이 난 후 전쟁에 패한 터키를 우리나라 남북한처럼 분리시키려고 승리의 연합군이 작업을 시작한다. 그래서 그 당시 '터키 건국의 아버지'라 불리는 아타튀르크는 협상에서 죽어도 이스탄불의 3% 영토는 버릴 수가 없

미흐라브 _ 모스크 안에 반원으로 메카 방향으로 설치해 놓았다. 전 세계 모든 이슬람 신자는 모스크가 아니면 국내나 외국이나 어디서든지 메카(사우디아라비아) 방향으로 기도를 한다.

다고 했다. 연합군은 그러면 지중해에 있는 터키 연안의 섬들을 모조리 그리스에 합병시키라고 요구한다. 그로 인해 터키는 이스탄불을 얻는 반면, 수많은 섬들을 그리스에게 돌려주고 말았다. 터키는 고대로부터 동서양을 오가는 경제 교역의 중심지 역할을 했고, 전쟁에서는 유럽 국가와 아시아 국가들의 충돌의 요충지 역할을 한 곳이기도 하다. 그런 이유로 수많은 문화가 공존하는 나라 중의 하나가 터키이다.

페르시아 · 헬레니즘 · 로마 · 비잔틴 · 셀주크 · 오스만제국 등이 문명을 꽃피워 놓고 사라진 나라들이다.

민바르 _ 모스크 안에서 이슬람 신자들이 집회를 할 때 이슬람 지도자나 진행자가 올라가서 진행하는 단상을 말한다. 그 외 보다 많은 이슬람 세계의 이야기는 아시아편 사우디아라비아에서 성지 메카를 중심으로 알아보도록 하겠다.

터키공화국은 1923년 10월 29일 오스만제국이 막을 내리고 터키공화국을 수립했다. 머지않아 100주년이 다가오고 있다. 필자가 터키 여행을 처음 한 것은 2003년 8월 13일이었다. 그 당시에는 그리스, 터키, 이집트 등 지중해 3국을 여행하느라 국토의 3%인 이스탄불만을 여행하는 데 그치고 말았다. 그리고 두 번째 터키를 여행할 때는 주변에 지인들을 모아서 필자가 인솔자 자격으로 2018년 4월 15일에 여행을 했고, 마지막으로는 패키지로 2019년 9월 18일 터키 동부를 일주했다. 그래서 터키 명소 사진만 해도 500여 장이 넘는다. 터키 한 나라만 여행서를 써도 책 한 권 분량은 족히 될 것 같다.

유럽을 한 권에 모두 담으려고 하니 어느 곳을 넣고 어느 곳을 빼야 할지 선별하는 작업이 더 어렵다.

예로부터 사람과 집, 새, 책은 작아도 모두 쓸모가 있다는 말이 있다. 꼭 필요한 관광명소만 골라서 살펴보는 것으로 하고 터키 여행을 시작한다.

우리가 제일 먼저 도착한 곳은 이스탄불 중심가에 있는 그랜드 바자르

그랜드 바자르

(Grand Bazaar)다. '바자르'라는 말은 고대 페르시아에서 식량을 팔고 사는 곳을 바자르라고 했다. 바자르 앞에 '그랜드'가 붙으니 우리말로 대형 재래시장이라 표현하면 맞을 것 같다. 시장 입구가 22개나 되며 좌우가 가게인 골목이 58개나 된다. 동일한 품목의 가게가 많은 것은 1천개가 넘고, 1년에 관광객이 1억 명 정도 다녀간다고 한다.

들어갈 때 입구를 잘 확인해야 하고, 자유시간이 짧아서 멀리 돌아다니지 말고 가까운 곳만 둘러보는 것이 신상에 좋을 것 같다.

시장이 형성된 지는 500년이 넘었다. 실크로드의 종착점이라서 인간이 먹고, 입고, 자고 하는 일상 생활용품은 지구상에 있는 것은 모두 다 있다고 한다. 한 시간 눈요기만 하고 헤어진 장소로 가기 위해 걸음을 재촉하는데 모두들 잘 찾아왔다는 자부심에서인지 웃음꽃이 만발하다.

테오도시우스 1세의 오벨리스크(큰 사진)
청동제의 뱀 장식 원주(작은 사진)

다음은 오벨리스크와 뱀 기둥이 서 있는 히포드럼광장으로 갔다. 히포드럼광장은 로마시대의 전차 경기장으로, 비잔틴시대 시민생활의 중심지이다. 이곳은 블루 모스크가 가까운 거리에 위치하고 있으며, 장식으로 꾸며진 모뉴멘트 중에서 테오도시우스 1세의 오벨리스크와 청동제의 뱀 장식 원주, 콘스탄티누스 대제의 원주 등 세 개만이 지금까지 남아 있다. 이 세 개의 모뉴멘트 남서측에는 대경기장 벽의 만곡한 부분의 유적을 볼 수 있으며, 오늘날에 와서 이 일대는 이스탄불의 역사, 문화 그리고 관광 활동의 중심지이다.

테오도시우스 1세의 오벨리스크는 이집트에서 약탈해온 것이고, 청동제 뱀 기둥은 그리스에서 가져온 것이라고 한다.

세계 건축예술에 막대한 영향을 미쳤던 성 소피아성당은 신의 영지를 뜻하며, 유스티니아누스 황제에 의해 537년 건립되어 예수 그리스도에게 봉헌된 교회이다. 762년까지 전 기독교의 본부로 사용되었으나 서로마의 가톨릭과 분리된 이후 그리스정교회로 사용되었다. 1453년 오스만 터키의 콘스탄티노

이스탄불의 성 소피아대성당과 내부(대성당 = 출처 : 터키 엽서)

플 점령 이후에는 이 성당이 이슬람 사원으로 개조되어 500년간 이슬람 사원
으로 사용되었다고 한다.

성 소피아대성당은 현재 아야소피아박물관으로 불리어지고 있다. 역사적
으로 매우 훌륭한 건축물로 알려진 이 성당은 콘스탄티누스 대제의 명에 의
해 세워져, 6세기에 유스티니아누스 황제에 의하여 재건되었다. 이 건물의
거대한 돔은 지상 55m, 직경 33m 규모이다. 성 소피아는 지진과 화재로 인
해 두 번 파괴되었으나 그때마다 복구되어 현재에 이르렀다. 이슬람교에서는
인물화가 철저히 금지되어 있기 때문에 내부의 모자이크와 프레스코화 위에
회칠이 되어 있다. 1935년 성 소피아가 현대 터키공화국의 창시자인 아타튀

르크의 명령에 의해 박물관으로 수리, 복구되어 일반에게 개방되면서 비잔틴 시대 때 만들어진 인물화 및 장식은 빛을 보게 되었다.

내부의 사진 촬영은 가능하지만 관광객이 너무 많아 어려움이 따르고 가이드 설명을 통해 이어폰으로 인물, 장식, 그림 등에 대한 설명을 들을 수가 있다.

오스만제국 14대 술탄 아흐메트 1세는 이교도의 성당인 소피아성당이 그렇게도 보기가 싫었는지 이슬람 세력의 우위를 상징하고 자기의 권력을 과시하기 위해 소피아성당보다 거대하고, 웅장하고, 화려한 이슬람 사원을 지을 것을 명했다고 한다.

1609~1616년에 건축가 메흐메트에 의하여 세워진 이 모스크는 내부의 벽과 기둥을 명암이 다른 99가지의 아름다운 청색과 백색의 타일로 장식되어 있으며, 이로 인해 별칭이 블루 모스크다. 복합 부속건물들이 있는데 이것들은 부엌, 병원, 초등학교, 신학교 그리고 술탄아흐메트의 무덤 등이다. 여섯 개의 첨탑과 돔의 배열 그리고 반원형 돔들은 독특한 외부 모습을 창조하고 있다. 필자가 모스크에 도착했을 때는 내부보수공사로 인하여 외관 조망만 할 수 있었다.

아타튀르크의 묘

실제로 완공하고 나서, 외관은 커 보이지만 크기를 비교하면 소피아성당보다 작다고 한다. 입구에 쇠사슬을 내려놓았는데 말을 타고

블루 모스크

는 사원을 출입하지 말라는 뜻이다. 우리나라도 주요 사원 입구에 가면 하마

비가 있다. 말을 타고 들어오지 말고 말에서 내려 사원에 들어오라는 뜻이다.

아타튀르크의 묘는 이동하면서 차창으로 관람하는 일정이다. 이곳은 터키

국민에게 '터키 건국의 아버지'로 존경받는 케말 아타튀르크가 잠들어 있는

곳이다. 아타튀르크는 1923년 10월 터키공화국의 독립을 선언하고, 술탄제

를 폐지하는 등 터키 근대화에 이바지한 인물이다.

오스만 터키풍의 전통가옥은 기와지붕이 둥근 것을 제외하면 우리나라 건

축양식과 비슷하다. 유네스코 세계문화유산으로 지정된 올드샤프란볼루는

터키탕이라 불리는 전통마을이다.

터키는 6·25 한국전쟁 때 1만 5천명을 참전시켰는데 배를 타고 23일 만

에 서울에 도착했다. 터키의 수도 앙카라 시내 중심에서 1km 거리에 있는 한국공원은 1971년 서울시와 앙카라시의 자매결연을 계기로 설치된 공원이다. 이는 6 · 25 한국전쟁 때 도와준 역사로 인해 양국 간 상대방 국가의 명칭을 따서 공원을 만들었다. 1973년 10월에 준공된 이 공원의 6 · 25 참전용사 기념탑은 한국전에서 전사한 765명의 무명용사들의 영혼을 안치한 우리나라의 다보탑 모형과 같은 높이 9m

6 · 25 참전용사 기념탑

의 4층탑이다. 공원에는 한국전 참전 터키 기념탑과 1977년 건립한 한국의 정취를 느끼게 하는 안내소가 있다.

세계에서 두 번째로 큰 소금호수에서는 일행들과 기념촬영만 했었다.

우츠히사르는 비둘기집으로 가득한 바위산이다. '뾰족한 바위'라는 뜻의 우츠히사르는 거대한 한 채의 바위성채가 중심이다. 바위 표면에 비둘기집이라 불리는 구멍들이 수없이 뚫려 있으며, 바위 주변으로 마을이 형성되어 있다. 천연요새이기도 한 이곳은 히타이트인들에게 발견된 후 페르시아인, 마케도니아인, 비잔틴인들에 의해 더욱 발전되었다. 쉽게 근접하기 어려운 지형이라 방어에 유리하며, 땅속 수백 미터까지 우물을 파 지하수를 퍼 올릴 수 있

샤프란볼루(전통 터키탕의 원조)

어 더욱 요긴한 요새로 보여진다.

샤프란볼루는 터키 서북부 카라뷔크(Karabuk)주에 위치한 작은 마을로, 오스만튀르크시대인 17세기경부터 동·서양의 교역로이던 실크로드의 경유지로서 대상들이 머물면서 상업의 중심지로 발전하였다. 유네스코가 지정한 세계문화유산으로 약 200년 전 오스만제국시대의 전통가옥들이 잘 보존되어 있는 마을이다. 골짜기에 위치한 옛 시가지의 돌길을 따라 늘어선 전통 가옥이 2,000여 채에 이르며, 이 중 1,131채가 보호대상으로 지정되어 있다.

터키주에 있는 지하도시 데린쿠유는 지하 11층, 85m 깊이의 동굴 주거형태로, 한때는 수만 명이 가축과 함께 생활하며 식량을 저장했을 정도로 넓은 공간이 있다. 이곳은 카파도키아 지역에서 발견된 다른 여러 개의 지하주거

데린쿠유. 내려갈 수 있었던 마지막 장소

지와 연결되는 터키 최대의 지하도시이다.

우리 일행은 좁은 입구로 들어가서 정말로 세상에 이런 곳이 있나 하는 의구심을 가지지 않을 수 없었다. 보통 땅굴에 들어가면 수평으로 거의 굴을 뚫어서 사람 다니기가 아주 편리한데, 여기는 나선형 계단 형식으로 수직으로 파고들어 지하 11층 깊이의 도시를 건설했다. 땅속에 이 많은 흙이나 돌을 어떻게 지상으로 퍼 올렸을까 이해가 되지 않는다. 그리고 가축이 사는 마구간도 있고, 여물통도 있고, 사람이 살았던 생활 흔적이 고스란히 남아있다.

우리를 더욱 놀라게 하는 것은 이웃동네와 땅속으로 연결이 되어 있다는 사실이다. 그리고 산소 공급이 원활하게 수직굴을 뚫어 굴뚝같은 공기정화기를 만들어 두었다. 불가사의가 다른 게 아니고 이곳이 바로 지구상의 불가사의가 아닌가 싶다. 정말로 보지 않고는 실감나지 않을 것 같다. 왜 이런 땅굴을 파고 어려운 삶을 살았느냐고 질문을 하니 기독교인들이 모두 종교의 박해로 그들을 피해 살면서 이렇게나마 생명을 유지하고 종족번식을 하면서 살았다고 한다. 입구가 너무나 좁아서 안내하지 않으면 땅속 지하도시는 찾아가지 못할 것 같다.

카파도키아 괴레메 야외 골짜기
는 자연적으로 형성된 조각품 같은
암석을 파서 지은 주거지와 교회들
이 있는 마법 같은 골짜기다. 괴레
메 골짜기 안으로 걸어 들어가는
것은 꼬마 요정들의 땅이나 톨킨의
소설 속 한 장면으로 들어가는 듯
한 경험이다. 꼭대기에 돌로 된 뚜
껑이 달린 원뿔형 집들은 평범한
주택으로 버섯과 뒤섞인 석순을 닮

카파도키아의 남근모양 바위

았지만 문과 창문까지 달려 있다.

이 놀라운 정경은 수천 년에 걸친 침식의 결과물이다. 에르키예스산(고대의
아르게우스산)에서 솟아나온 분출물들이 쌓여 깊은 층의 응회암, 즉 화산재
가 압축, 형성되어 부드러운 암석이 되었다. 이 응회암이 풍화되면서 현무암
등 좀 더 단단한 암석 덩어리가 있는 부분은 침식 속도가 느렸으므로 여러 개
의 남근 모양 바위 봉우리가 형성되었다.

우리들은 한 명당 170유로(한화 20만 원 상당)를 주고 새벽 일찍 열기구
투어에 참여했다. 카파도키아에서 장관을 이루는 기암괴석을 하늘에서 내려
다보는 열기구 투어는 약 1,000피트에 이르는 높이까지 올라가서 일출과 카
파도키아의 또 다른 경관을 볼 수 있다.

카파도키아의 열기구 타기

열기구 100개 이상이 하늘을 동시에 날으고 그것도 일출과 함께 연출하여 인간이 만든 조형물로는 지구상에서 제일 아름답다고 할 수 있다. 터키 여행을 하거든 꼭 카파도키아에서 열기구 투어를 해보라고 권하고 싶다. 투어는 1시간 정도 소요된다.

조식 후 우리는 카파도키아 지프 사파리 투어를 했다. 이것도 70유로(한화 10만 원 상당)이다. 대형 차량이 들어가지 못하는 카파도키아의 구석구석을 SUV 차량을 이용해 돌아보는 투어다. 비포장도로를 따라 기암괴석을 조금 더 가까이서 볼 수 있는 익사이팅한 투어였다. 비용이 만만치 않아서 망설여지지만 다른 데서 여행경비를 좀 적게 쓰고 여기서는 투어를 해보라고 권하고 싶은 일정이다. '돈을 벌 때 열심히 벌고 자신을 위해 쓸 때는 시원시원하게 쓰라.'는 말이 있다. 필자가 "이런 데 쓸려고 돈을 버는 것이지 쌓아두려고 버는 것은 아니지 않느냐?"고 했다. 일행들 모두 웃음으로 답을 한다.

지프 사파리 투어를 마치고 지중해의 아름다운 도시 안탈리아로 향했다. 안탈리아에서는 통통배를 타고 1시간동안 지중해 안탈리아 풍경을 감상하는

파묵칼레 온천을 즐기는 외국인 여행객

코스다. 통통배를 타고 지중해에서 막간의 시간을 이용해서 쏟아지는 폭포
를 바라보는 즐거운 여행 덕분에 피로가 확 풀리는 것 같다.

　파묵칼레는 언덕위의 새하얀 야외 온천이다. 온천물이 좋다고 유럽 전체에
소문이 나 있다. 소금가루를 겹겹이 쌓아놓은 듯 하얀 석회층으로 빼곡한 파
묵칼레 석회봉은 특히 여성들이 좋아한다.

　히에라폴리스 파묵칼레는 세상에서 제일 예쁘다는 이집트 여왕 클레오파
트라도 온천욕을 즐기러 이집트에서 여기까지 왔다고 한다. 성스런 도시라는
의미를 지닌 터키에서 가장 아름다운 고대 그리스-로마 도시 유적지다. 멀
리서 보면 하얀 솜이 덮인 것 같은 신비스런 언덕위의 도시로 젊은 유럽의 아
가씨들이 수영복 차림으로 온천욕을 즐기는가 하면, 수많은 남녀노소가 즐거

온천에서 족욕을 즐기는 사람들

움에 시간가는 줄 모르고 즐기는 곳이기도 하다.

　일행들은 수영복 준비가 되지 않아 다리를 걷어 올리고 온천에 발을 담그
며 족욕을 즐겼다. 파묵칼레에 가서 온천탕에는 못 들어가도 족욕은 하고 왔
다는 추억을 만들어 가는 순간이다. 여성 회원들은 그저 좋아서 싱글벙글 웃
음이 떠나지 않았다.

　다음으로 소아시아 고대 중심도시 에페소스로 이동했다.

　지금의 에페소스는 기원전 약 300년에 알렉산더 대왕의 부하장군인 리사
코마스가 이곳을 정착지로 삼고 도시를 기초하여 건설했다고 한다. 입구에
들어서니 꼭 로마에 온 기분이다. 지붕은 온데간데없고 길고 짧은 기둥만이
주거지나 도로를 형성하고 있다.

에페소스 유적지

　고대 유럽 사람들이 아나톨리아반도를 소아시아라고 불렀다. 소아시아의 중심, 고대도시 에페소스의 대표적인 유적지가 원형대극장과 셀수스도서관이다. 원형대극장은 피온산을 따라 돌로 만들어진 야외극장으로 부채꼴모양으로 넓게 퍼져있으며 아르카디안 거리 끝에 세워져 있다. 연극 공연과 많은 시민이 참가하는 시민회의 등이 열렸던 장소로 에페소스 시민들에게 중요한 장소라고 한다. 2만 4,000명을 수용할 수 있는 관람석은 지름이 154m, 높이가 38m인

원형대극장

에페소스 셀수스도서관

반원형 구조로 되어 있다. 그 옛날을 생각하며 좌석에 앉아 단상을 내려다 보는 순간 필자가 로마사람이 된 듯한 착각이 든다.

에페소스 유적 가운데 전면이 원형 그대로 남아있는 셀수스도서관은 서기 135년 C. Aquila에 의해 로마제국의 아시아주 집정관이었던 그의 아버지 셀수스 폴레마이아누스가 죽은 후 아버지의 묘위에 세운 기념물이다. 이 도서관을 발굴, 복원하는 데 우리나라의 삼성에서 참여하고 있다고 한다.

트로이 유적지는 이 세상 어디에서도 찾아볼 수 없는 유적지이다. 지하 9층에서부터 유적지가 형성되어 있고, 위에 평탄작업이 되어 있다. 그리고 그 위에 유적지가 형성되어 있으며 또 그 위에 평탄작업이 되어 있다. 또 그 위에 유적지가 형성되어 있어 지하로 9층이나 유적지가 반복되어 있다. 누가,

언제, 어떻게 유적지를 반복적으로 형성했는지 아무도 모른다고 한다.

트로이 유적은 에게해에서 6km 정도 떨어져 있으며 사카만드로스강과 시모이스강이 있는 평야를 내려다보는 히사르특언덕에 자리잡고 있다. 트로이는 기원전 3000년경부터 촌락이 형성되었다. 이 도시는 변경과 쇠퇴를 반복하며 9겹에 달하는 도시 유적을 형성하고 있다. 9층을 확인하지 못했지만 가이드의 말이나 역사는 그렇게 기록하고 있다. 트로이 목마는 트로이전쟁 때 그리스인들이 트로이성으로 들어가기 위해 만든 거대하고 속이 비어 있는 나무로 만든 말이다. 영화나 신화로 유명한 트로이 지역, 특히 그리스연합군이 트로이를 물리치기 위해 만든 목마가 1998년 유네스코 세계문화유산으로 등재되었다.

고대사에 트로이는 완벽한 성벽을 쌓아서 그리스연합군이 쳐들어 갈 수 없었다. 그래서 연구한 것이 그리스에서 목마를 만들어 그 안에 병사를 넣어서 트로이 성문 앞에 갖다 놓았다. 다음날 트로이 병사들이 성문을 나왔다. 거대한 목마가 성문 앞에 서 있었다. 트로이 사람들은 누군가가 신에게 바칠 선물로 준 것이 아닌가 생각하고 목마를 여러 병사들이 힘을 모아 성문 안으로 옮겼다.

트로이 목마

보스포루스해협

　그날 저녁 모두가 잠이 들고 성문 경비 병사들이 한산한 틈을 타서 목마 속의 그리스 병사가 목마 안의 문을 열고 나와 성문을 열었다. 그래서 그리스 병사들이 단숨에 성문으로 쳐들어가서 트로이를 멸망시켰다는 전설 같은 이야기다.

　보스포루스해협은 흑해와 마르마라해를 잇고, 아시아와 유럽을 나누는 터키의 해협이다. 길이는 30km이며, 폭은 가장 좁은 곳이 750m, 깊이는 36~120m이다. 해협 양쪽으로 이스탄불시가 자리 잡고 있다. 해협을 횡단하는 두 개의 다리가 건설되어 있으며, 바다 아래로는 기차 터널을 건설하고 있다.

　우리 일행은 유람선을 타고 정해진 1시간 동안 보스포루스해협을 유람하면서 추억으로 남겼다.

톱카프궁전은 보스포루스해협, 골든홀과 마르마라해가 서로 만나는 곳에 15세기부터 19세기에 걸쳐 오스만제국의 중심이었던 궁전이다. 이 아름다운 건축물은 미로와 같이 이어져 있으며, 호화로운 궁전 안에서 술탄과 그 부하들이 생활했었다고 한다. 단순한 궁전이라기보다는 온갖 화려한 보물로 치장된 복합 구조물로 정원, 집, 도서관 등 술탄의 후궁과 내시들이 거처하던 400년간의 권력의 중심지라고 할 수 있다. 세계 최대의 에메랄드, 86캐럿의 다이아몬드, 이슬람교의 창시자 마호메트의 치아와 수염 그리고 그가 입던 망토, 메카의 신전 열쇠, 사도 요한의 두개골과 손, 다윗의 칼, 요셉의 모자와 모세의 지팡이 등이 전시되어 있다. 톱카프궁은 터키어로 '톱은 대포, 카프는

돌마바흐체궁전

문'이라는 뜻이다.

톱카프궁전(1478~1856년)은 378년간 돌마바흐체궁전이 들어서기 전까지 오스만제국의 궁전으로 사용되었다. 돌마바흐체궁전은 관광객이 너무 많아 단체관광도 예약과 정해진 시간에만 입장이 가능하다. 이 궁전은 술탄 아흐메트 1세가 휴식처로 쓰던 건물로, 오스만튀르크제국의 제31대 술탄 압둘마지드가 1853년에 대리석으로 새로 지었다. 프랑스의 베르사유궁전을 본떠지은 유럽풍 건축물이다. 영국 빅토리아 여왕에게 선사받은 750개의 전구로장식된 샹들리에가 황제의 방 천장에 매달려 있다. 또한 '터키 건국의 아버지'인 케말 아타튀르크가 1938년 서거할 때까지 사용했던 방도 그대로 남아있는데, 방의 시계는 케말 아타튀르크를 기리기 위하여 지금도 그가 사망한시각인 9시 5분을 가리키고 있다.

궁전 내부에서는 사진 촬영이 금지되어 있다. 궁전을 지으면서 정부에서비용을 얼마나 많이 사용하고 투자를 했는지 터키 사람들은 오스만제국이 망하게 된 동기의 첫 번째가 돌마바흐체궁전을 세우면서 너무나 많은 비용을투자한 것 때문이라는 데 이의를 단 사람은 아무도 없다고 한다. 예나 지금이나, 동양이나 서양이나, 기업이나 가정이나 수입보다 지출이 많으면 결국에는 망하게 되는 것은 지상 불변의 법칙이라고 봐야 한다.

우리는 전망이 제일 좋다는 찻집에 가서 자기가 마음에 드는 차를 한잔씩마시며 아름다운 지중해를 마음껏 눈 안에 넣고, 저녁에는 식사 후 터키의 전통춤인 벨리댄스를 감상하고 술잔을 기울이며 이번 터키 여행의 대미를 아름답게 장식했다.

동터키 East Turkey

2019년 9월 18일 터키 여행 세 번째는 동터키 여행이다. 제일 먼저 찾아
간 곳은 사도 바울의 고향 타르수스였다.

사도 바울은 아나톨리아반도 터키 남부 타르수스에서 유대인의 부잣집에
서 태어났다. 일찍 예루살렘에 가서 유학하여 학문이 깊은 유대교 신자다. 그
런데 이상하게 기독교인들을 배척하고 멸시하는 데 앞장을 섰다고 한다. 어
느 날 그는 예루살렘에서 시리아 수도 다마스쿠스로 가던 중 피로와 더위에
지쳐 길가에 쓰러졌다. 꿈인지, 생시인지 예수가 나타나서 자기 이름을 불렀
다고 한다. 그 당시 이름은 사울이었다. 그대는 누구냐고 물으니 "네가 그렇
게도 멸시하고 미워하는 예수다."라는 응답을 들었다. 그리고 예수의 설교를
듣고 예수가 하나님의 아들이라는 것을 인정하고 다마스쿠스에 가서 세례를
받고 개명을 해서 바울이라는 이름으로 바꾸었다.

우리는 제일 먼저 사도 바울성당을 찾았다. 시내 골목 안에 있어 안내하지
않으면 찾아가지 못할 정도다. 세계에서 가장 오래된 성당이라고 하는데 그
렇게 오래되어 보이지는 않았다. 현지 관리인이 원래는 서기 41년에 지었는
데 지진으로 무너져 1872년에 개축을 해서 오늘에 이르렀다고 한다.

사도 바울 이전 사울이 태어난 생가터나 무덤을 가기 전 사도 바울이라는
인물을 한 번 더 살펴보기로 하자. 그는 바울이라는 이름을 가지고 크리스트
교의 복음을 전파하는 데 인생을 바친 사람이다. 3회에 걸쳐 복음 전파를 목
적으로 죽을 고비를 넘겨가며 여행자처럼 유럽을 돌고 돌았다. 결국에는 로

마 네로 황제의 미움과 박해를 받아서 로마에서 짧은 일생을 마쳤다고 한다.

신약성서에 로마서, 고린도 전·후서, 갈라디아 등 신약성서 절반은 사도 바울이 쓴 편지 내용이다. 유럽 여행을 하면 성당이나 교회는 단골메뉴다. 그래서 정문 앞에 들어서면 건물 상단 좌측에는 베드로, 우측에는 사도 바울의 흉상이나 두상을 많이 볼 수 있다. 여기서 '죄는 지은 대로 가고, 공은 닦은 데로 간다.'는 게 실감이 난다. 한 가지 더 보태면 사도 바울은 평생 동안 한 번도 예수를 만난 적도 없고 예수의 제자도 아니라고 한다. 이런 인연은 지구 상에서는 유일무이하다고 보며, 예수가 사람을 잘 본 건지, 인덕이 많은 건지 사주를 몰라서 풀이를 못하겠다. 그리고 생가터가 있고, 무덤이 있고, 우물 가가 있는 곳으로 서둘러 가보기로 했다.

사도 바울 생가터

사도 바울의 무덤과 생가는 바로 접근할 수 없게 유리벽으로 가이드라인을 만들어 약 20m 전방에서 사진 촬영만 가능하게 해놓았다. 부잣집에서 태어났다고 하더니 시내 중심가에 있으며, 폭넓은 도로를 끼고 있었다. 입구에 들어가면 무덤부터 먼저 나온다. 생각보다 무덤을 위주로 조성되고 관리도 하는 것 같다. 무덤을 조망하고 사진 촬영을 하고 난 후 필자는 뒤편 생가터에도 갔다. 지반이 좀 낮은 곳에 약 99m²(30평) 정도 크기에 건축물이 있었다는 흔적만 엿볼 수 있게 조성되어 있다. 역시 사진 촬영만 가능하다.

그리고 여기서 좀 떨어진 곳에 바울의 우물이 있다고 해서 찾아간 곳은 시골집 같은 분위기인데 입구에 경비가 있고 마당 한가운데 우물이 조성되어 있다. 우물은 두레박을 감아서 올리고 내리게 되어 있다. 그래서 필자는 사도 바울인 양 생각하고 물을 한 두레박 퍼 올려 시원하게 한 잔 마시고 기념 촬영을 하고 우물가를 나왔다.

그리고 안타키아에서 북쪽으로 얼마정도를 가면 실피우스산이라는 곳이 있다. 가파른 절벽과 언덕 위에 멀리서 보면 포탄 자국이고, 가까이서 보면 동굴이 수없이 많이 있다. 그 옛날 기독교인들이 박해를 피해서 사람이 접근하기 어려운 바위틈에 굴을 파서 신앙을 지

사도 바울 우물터

성 베드로교회(기독교 최초)

키며 살았던 곳이라고 한다. 참으로 비참하기 그지없다. 신앙이 무엇이기에 저렇게까지 살아야 하나 싶다.

산 중턱에는 바위를 깎아 만든 기독교 최초의 교회인 성 베드로교회가 있다. 안에 들어가면 사방 10m가 되지 않을 정도로 조그마하다. 맨 안에는 베드로가 설교했다는 돌로 만든 단상이 있고 베드로 조각상이 있다. 오른손에는 천국의 열쇠를, 왼손에는 성경을 들고 있다. 좌측 맨 안쪽에는 동굴이 하나 있다. 이것이 무엇이냐고 물어보니 로마 병사들이 쳐들어오면 이 동굴로 피신을 하는데, 뒷산으로 연결되어 있다고 한다. 현장이 아니면 소설 같은 이야기라고 하겠다. 둘러보고 나오면서 베드로가 가지고 있다는 천국의 열쇠를 사진에 담아서 나왔다. 각양각색의 염소와 양들이 산비탈에서 절름발이 걸음

을 하며 한가로이 풀을 뜯고 있었
다. 그 옛날 영문도 모르는 가축들
은 '그때도 저렇게 한가하게 살다
가지 않았을까.' 하는 생각이 떠오
른다.

필자는 터키 전 국토가 살아 있
는 야외 박물관이라고 말하고 싶
다. 이번 14일간 동터키 여행에 우
리 일행들이 운이 좋아서인지, 아
니면 우연인지 모르겠지만 동행한
현지가이드가 대학에서 역사 강의

성 베드로가 가지고 있는 천국의 열쇠

현지가이드 라마단

를 하고 《터키의 역사》란 책을 저술한 라마단이라는 사람이었다. 유적지나 박물관을 가면 말은 하지 않아도 가이드 실력을 한 번에 알아볼 수 있다. 다른 여행지보다 설명이 많이 필요하기 때문이다. 그래서 필자는 라마단과 어깨동무를 하면서 친하게 지내고 많이 배우고 익혔다.

필자는 세계 4대 박물관을 다 가보았다. 규모가 크지는 않지만 안타키아 고고학박물관은 꼭 한 번 가볼 만한 곳이라고 생각한다. 이 박물관에는 모두가 대리석 조각으로 이루어진 작품인데 사람과 짐승, 건축물 조각, 문자, 모자이크 등이 있다. 그중에서도 팔과 다리 그리고 머리가 없는 조각품이 많았고, 인간이 저승에서 머무는 석관도 유난히 많다. 그래서 박물관 사진만 약

고고학박물관 남신좌상

고고학박물관 여신상

고고학박물관 석관

50장 정도 찍었는데 몇 장만 골라 설명으로 대신하기로 한다. 그리고 고대 목욕탕인 터키탕에도 들어갔는데, 그 당시 터키탕의 목욕 문화를 재현해놓았다. 이것도 사진으로 설명을 대신하고, 설명보다는 사진이 좋을 것 같다.

모자이크박물관에는 방 한 칸에 유명한 집시 모자이크 한 점이 전시되어 있다. 이 손바닥만 한 집

터키탕 고대목욕탕

집시 모자이크

안티오쿠스 무덤

시 모자이크는 미국의 유명 그림조각 수집가가 터키에서 구매해서 미국에 가져갔는데, 이를 알게 된 터키 정부에서 다시 돈을 더 얹어주고 사 와서 전시할 정도로 유명하다고 한다. 다름 아닌 이곳 가지안테프시의 상징적인 집시

넴루트산 정상 거석과 조각상

소녀라고 한다. 이곳 사람들은 가지안테프를 '동방의 파리'라고 한다. 정들면 타향이든, 고향이든 좋다는 말로 받아들이고 싶다.

오후에는 안티오쿠스의 무덤을 거쳐서 센드레다리를 지나 넴루트산(Nemrut Mountain) 정상에 도보로 올랐다. 정상의 거석과 조각상이 있는 카라쿠스 왕의 무덤을 관람하고 난 후 서산에 해가 저물어 가고 있어 기온이 뚝 떨어져 온몸이 제정신이 아니었다. 그래서 필자는 여행이고 관람이고 다 집어치우고 혼자서 곧바로 하산하기로 했다. 도착하자마자 대기하고 있던 차량에 올라타니 살 것만 같았다.

다음날 우리는 '예언자의 도시' 산리우르파를 가기 위해 조금 일찍 나섰다, 그런데 가는 도중에 강이 있고 댐이 하나 보인다. 이게 무슨 강이냐고 물어보니 유프라테스강이라고 한다. 언제 또다시 유프라테스강을 만날 수 있을

유프라테스강

1만 3천년 전의 배꼽언덕

까 하는 생각에 경관이 좋고 차 세우기 좋은 데 차를 세우라고 했다. 대교 입
구에 내려놓고 차는 가버린다. 유프라테스강 다리를 걸어서 건너오라는 뜻이
다. 그래서 걸어서 다리를 지나면서 제일 위치가 좋다는 곳에서 주변 풍경을
카메라에 담았다. 그리고 조금 지나가다가 가이드가 목적지 가는 도중에 있
으니 팁으로 고대 유적지인 괴베클리 테페를 보여주겠다고 한다. 이곳 사람
들은 그곳을 '배꼽언덕'이라고 부른다고 한다. 필자가 보기에는 배산과 '좌청
용 우백호'가 오목하게 잘 어우러져 있어 풍수의 바람을 잠재우는 데는 제격
이었다.

집터와 묏자리로 영락없는 터 자리다. 그래서 1만 3천년이 지난 근래에 발
견되어 현재 발굴 중에 있다. 사진을 제시하면 말이 필요 없겠다 싶을 정도

아브라함 탄생 동굴

다. '터가 좋으면 왕궁이나, 유적지나, 사찰 등이 모두가 세월을 초과한다.'는 말이 있다. 심지어 아주 좋은 터는 육체도 미라처럼 수천 년이 지나도 변치 않는다고 한다. 필자는 터보는 데는 어디 가서든지 2등이라면 돌아보지 않을 정도의 자존심을 가지고 있다.

산리우르파라고 하면 여러 학자들은 세계 최초의 도시 아브라함의 땅, 종교의 고향, 성서의 무대, 예언자의 도시, 종교의 부화장 등으로 많이 표현한다. 제일 먼저 아브라함이 태어난 아브람동굴로 향했다. 입구에는 문이 두 개가 있다. 왼쪽에는 여성들이, 오른쪽에는 남성들이 따로 출입을 하고 관람하는 곳이다. 안에 들어가면 조그마한 동굴 안에 희미하게 아브라함이 탄생한 바위가 보이고, 그 아래는 사각형 모양의 우물에 물이 가득 차있었다. 여기에

아브라함이 태어난 동굴 그리고 우물

서 아브라함 어머니가 아브라함이 일곱 살이 될 때까지 키웠다고 한다.

그 바로 옆에는 수도꼭지가 하나 달려 있다. 성지순례자들은 병을 사서 물을 떠가기도 하고 마시기도 한다. 필자도 성스러운 물이라 하기에 수도꼭지를 틀어서 시원하게 한 잔 마셨다. 너무 많은 사람들이 이용하기에 물관리 차원에서 틀면 나오게 수도꼭지를 달아놓았다고 한다.

아브라함이 태어날 당시 이 땅은 아시리아라는 나라였다. 그 당시 님로드라는 왕이 무속인의 말을 들었다는 말이 있고, 꿈에서 들었다는 설이 있는데 자기의 왕 자리를 빼앗아가는 아이가 태어날 것이다 해서 왕은 모든 신생아들을 모조리 죽이라고 명했다고 한다. 어머니는 아브라함을 임신 중이었고, 아버지는 님로드 왕의 업적을 쌓는 석공이었다. 그래서 쫓겨나가는 것은 면

했지만 임신한 배는 감당할 수가
없어서 이 동굴로 들어와 아브라
함을 낳고 키웠다고 한다. 아브라
함 나이 15세 때 가브리엘 천사가
아브라함 앞에 나타나서 "하늘에
는 야훼(하느님)란 분이 있다. 전지
전능하시고 너를 알고 있다. 네가
믿어야 이 땅에 창세기를 열 수 있
다."라고 했다. 그래서 그 길로 나
서서 야훼를 믿으라고 적극적으로
전도에 나섰다.

성수의 연못

　그리고 왕을 위해 자기 아버지가
만들어 놓은 석상을 우상으로 여겨 도끼로 부숴버렸다. 이에 화가 머리끝까
지 오른 님로드 왕은 불붙은 장작 위에 아브라함을 올려놓고 화형에 처한다.

　그런데 순간 야훼의 기적이 일어났다. 비바람을 동반한 폭우가 순식간에
쏟아져 불꽃은 물로 변해서 연못이 되고, 장작은 물고기로 변해서 그 주변이
물고기가 있는 연못으로 변했다고 한다. 그래서 기적의 상징인 물고기를 이
곳 사람들은 절대 먹지 않는다. 물고기를 잡아먹으면 눈이 멀어 장님이 된다
고 믿는다. 실제 의심이 많은 한 젊은이가 물고기를 잡아먹고 난 후 그 자리
에서 장님이 되었다고 한다.

　이 연못은 실제로 '물 반, 고기 반'이다. 물 반, 고기 반이라는 말은 이 성수

성수의 연못. 물 반, 고기 반

의 연못을 두고 하는 말 같다. 바로 이웃에 연못이 또 하나 있다. 연못과 연못은 수로로 연결되어 있다. 일명 아인제리하 연못이다. 아인제리하는 님로드 왕의 딸 공주였다. 공주와 아브라함은 서로가 연인관계였다고 한다. 필자는 야훼(하느님)의 장난이 아니었나 싶다. 아인제리하는 아브라함이 자기 아버지 님로드 왕에게 화형을 당한다는 소식을 듣고 슬픔과 괴로움을 이기지 못하고 연못에 몸을 던져 다시는 세상 밖에 나오지 못했다고 한다. 그래서 이 연못을 '아인제리하의 연못'이라고 불리고 있다.

80세가 넘도록 아브라함과 부인 사라와의 사이에 자식이 없자 그 당시 관습대로 사라가 여종 하갈을 남편에게 주어 아들을 낳게 했다. 그때 아브라함 나이 86세에 이스마일(장자)을 낳았다.

아브라함 → 이스마일 → 무하마드(이슬람교 창시자)는 이슬람 종교의 족보가 된다. 그리고 하느님의 계시로 아브라함은 100세에 부인 사라와의 사이에서 이삭(적자)을 낳는다. 이삭이 야곱을 낳고, 야곱이 아들 12, 딸 1을 낳는다. 이 12명이 이스라엘 민족 12지파(시조)가 된다. 이래서 서양의 종교 가톨릭, 기독교, 유대교, 이슬람교의 뿌리는 모두 하나라고 많은 사람들이 이야기를 한다. 창세기 아브라

아브라함의 연인 '아인제리하의 연못'

함은 4,120년 전 사람으로 그 당시 175세까지 살았다고 한다.

오후에는 아브라함이 가나안땅으로 가기 전 살았다는 하란으로 갔다. 하란은 산리우르파에서 약 44km 떨어져 있었다. 이곳은 인류가 최초로 거주한 곳으로, 메소포타미아문명의 중심지라고 역사는 기록하고 있다. 하란은 아시리아제국의 수도였으며 에덴동산에서 쫓겨난 아담과 이브가 살던 곳이다. 그 당시에 이 지역의 교차로 역할을 해서 하란이라는 지명도 여기서 따온 지명이다. 그래서 고대사에는 페르시아와 로마 이슬람과의 기독교 십자군 전쟁은 이 땅에서 피해갈 수가 없었다고 한다.

엎친 데 덮친 격으로 몽골군의 침략으로 고대 유물들은 남김없이 파괴되었

하란대학교의 보수중인 천문대

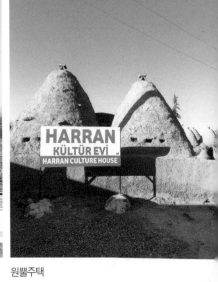

원뿔주택

고 사람들이 살 수 없을 정도로 무참히 도
륙을 당했으며, 그때의 상처가 현재까지 그
대로 보존되고 있다. 우리가 눈으로 볼 수
있는 것은 하나 남은 성터와 보수공사중인
하란대학교 교정의 천문대 원뿔형 주택 지
붕들이 고작 전부이다. 원뿔형 주택에 들어
서자 천장에는 공기통으로 하늘이 보이고,
기념품을 파는 가게들이 주인 없이 손님을
기다리고 있다. 이곳저곳 둘러보아도 사고
싶은 물건이 없어서 역사 깊은 하란의 아쉬

원뿔형 주택 천장

물 정수시설

동굴무덤군

움을 뒤로하고 숙소가 있는 산리우르파로 갈 길을 재촉했다.

다음날은 6세기경 로마 유적지를 방문하는 일정이다. 제일 먼저 도착한 곳

이 그 당시에 물을 정수하여 이용하는 시설이었다. ㄹ자 모양으로 물을 천천

히 흘러가게 하는 시설인데 지금 남아있는 것은 천장의 일부와 기초 배수로

만이 남아있고 잡초만 무성하다.

조금 내려가니 바닥 면적이 660m²(200평) 정도이고, 깊이가 10m 정도의

물 저장고 시설이 지하에 있다. 우리나라 신라, 고구려, 백제 3국 중기에 해

당하는 연도인데 삶의 질은 비교도 안 되는 것 같다. 유적지 입구에는 동굴

무덤군이 요르단 페트라보다는 적지만 비교적 넓게 분포되어 있다.

그리고 마리아아시리아교회를 찾아가니 문이 굳게 닫혀있어 인증사진만

마리아아시리아교회

찍고 바로 자파란수도원으로 갔다. 수도원에는 그 옛날 태양의 신전과 달의
신전이 있었다. 신전 하면 그리스인데, 그리스의 영향을 많이 받지 않았나 생
각한다.

저녁노을이 짙어올 무렵 고대 메
소포타미아문명의 젖줄이라 할 수
있는 티그리스 강변에 도착했다. 강
변에는 식탁과 의자가 나란히 놓여
있어 유원지 냄새가 물씬 풍겼다. 잠
시 내려서 기념촬영을 하고 의자에
앉아 티그리스강 물 냄새를 흠뻑 마

자파란수도원

울루자미 모스크 　　　　　　일렬로 쭉 늘어선 신발수선가게

시고 자리를 떠났다.

　다음날 아침 일찍 디야르바르크 성벽에 올랐다. 2층 건물 높이 정도의 성벽에 올라서면 승용차가 지나갈 정도의 도로가 형성되어 도심의 한복판을 가로 지르고 있다. 옛날에는 성 안과 성 밖을 분리했지만 지금은 디야르바르크 시내를 양분해 놓은 것으로 보인다.

　그리고 아나톨리아반도에서 현재 사용하고 있는 모스크 중 제일 오래되었다는 울루자미 모스크를 찾아갔다. 이 모스크는 원래 로마시대 때 성 토마스에게 바친 성당이었다고 한다. 이슬람이 이곳을 점령하고 모스크로 사용 중이다. 그래서 지붕이 돔형식이 아니다. 실내에 들어서니 생각보다 내부가 상당히 넓다. 너비가 약 30m, 길이가 100m가 넘는 것 같다. 모스크라서 미흐라브도 있고 민바르도 가까이에 있다. 바닥은 하늘색 카펫으로 깔려있다.

돌아가는 길가에 이색 풍경 하나가 눈에 띄었다. 우리나라에서는 노상 구두수선 또는 구두 닦는 곳이 많아야 한둘인데, 여기는 일렬로 10명 정도가 나란히 노상에 가게를 차려놓고 손님을 기다리고 있었다. 카메라가 놓칠 수 없는 광경이었다.

우리는 수몰 위기에 처한 하산키에프로 가기로 했다. 가이드에게 물어보니 댐 공사가 완성되는 내년에는 수몰된다고 한다. 그 소리를 들으니 도시 전체가 물에 잠기는데 마지막 하산키에프를 보는 기회가 찾아온 것 같다.

가장 먼저 눈에 띄는 것은 유유히 흐르는 티그리스강에 상판은 온데간데없고 큼직큼직한 교각만 나란히 서 있었다. 1116년 다리가 준공될 무렵 세계에

하산키에프의 티그리스강

서 제일 큰 석조 다리였다고 한다. 댐이 완공되면 교각과 더불어 바라 보이는 건너편 마을 전체가 물에 잠기게 된다. 그래서 마을 주민들은 물이 차오르면 정든 집을 버리고 가재도구를 챙겨서 떠나야 하는 마음에 잠이 오지 않는다고 한다. 우리 일행은 어차피 점심을 먹어야 하고 가급적이면 티그리스강을 바라보고 주객들과 이야기도 좀 더 나눌 수 있는 이곳에서 점심을 먹고 가자고 합의를 보았다. 낯설고 물 설은 하산키에프에서 점심을 돈 주고 사먹으면서 도움을 주고 가는 기분이라 발길이 한층 가벼웠다.

터키아나톨리아반도 동쪽 끝 반에는 호삽성채와 반 요새성채 두 개가 자리잡고 있으며 세계에서 소금호수로 제일 크다는 반호수가 있는 곳이다. 먼저 호삽성채부터 가기로 했다. 그런데 국경이 가까워지면서 무장한 군인들

성채 가는 길에 검문검색하는 군인들

반 요새성채

이 검문검색을 하고 차량 트렁크를 열어서 확인한 후 통과시킨다. "한국에서 왔습니다."라고 하니 6·25때 피를 나누었던 형제국이라며 반갑게 맞아준다. 기념촬영도 원하니 흔쾌히 응해 준다.

성채는 절벽위에 세워져 있어 올라가는 데도 겨우 올라 갔다. 고대 재래식 무기를 가지고는 엄두도 못 내겠다. 성채 안에는 우물과 식량 저장소, 사람들의 거주지, 무기고 등 크기는 얼마 되지 않지만 있어야 할 것은 다 있는 것 같다.

그리고 반 요새성채에 올라가도 지리적인 조건이 달라서 그렇지 절벽위에 있는 것은 동일하다. 내려다보면 100m가 넘는 낭떠러지다. 조건을 골라서 성채를 건립한다 해도 이런 곳은 또 어디에도 없을 것 같다. 두 성채 관람을 마치고 우리가 가야 하는 반호수로 향했다.

호수의 넓이가 4,000km² 가까이 되고, 호수둘레는 400km가 넘는다고 한다. 400km면 1,000리이다. 가장 깊은 곳은 수심이 450m에 이른다고 한다.

호숫가에서 점심을 먹는데 메뉴가 호수에서 잡은 물고기요리밖에 없다고 한다. 호숫가에 사는 어부들은 호수에서 고기만 잡아서 생계를 유지하고 있

악다마르섬 가는 뱃길을 운전하는 필자

다. 그리고 호수 가운데 악다마르라는 섬이 있다. 유람선을 타고 섬에 들어가서 성당을 둘러보는 것이 일정에 있었다. 그래서 유람선을 타자마자 선장에게 내가 운전 좀 하면 안 되겠느냐고 했더니 아무 말 없이 흔쾌히 운전석을 양보한다. 그런데 조금 가다가 뒤를 돌아보니 선장이라는 사람이 온데간데없다. 섬에 도착하니 제자리에 찾아온다. 실력을 알아봤는지 갈 때도 하라고 한다.

성당 내부를 둘러보고 정해진 시간에 유람선에 올랐다. 그런데 이번에는 선장이 아예 키(열쇠)를 주고는 똑바로 가면 된다고 하고서 어디론가 자기 볼일을 보기 위해 사라진다. 그리고 선장은 거의 도착 무렵에 와서는 자기가 하겠다고 한다. 필자에게 수고했다고 찬사를 아끼지 않았다. 이런 것을 보고 옛말에 '누이 좋고 매부 좋다.'는 속담이 있지 않은가.

오늘 저녁은 물 좋고 공기 좋은 반호숫가에서 숙식을 하고 내일 일정을 준비하기로 했다.

다음날 아름답고 평화로운 반호수를 뒤로하고 얼마를 가다가 폭포가 나온다. 무리디라는 인공폭포라고 한다.

그리고 가이드가 이상한 것을 보여준다며 따라오라고 해서 도착한 곳은 관광지라 하기에는 곤란하고 가정집이라고 보기는 어려운데 살아있는 고양이가 있었다. 그런데 고양이 눈이 한쪽은 빨강색이고, 다른 쪽 눈은 파란색이다. 고양이 색깔은 흰색인데, 돈 주고 보는 것도 아니고 이상하긴 이상하다며 사람들이 맞장구를 쳤다.

다음은 쐐기문자가 있는 고성을 보러가자고 한다. 일정에는 없는 일이었다. 암벽에 쐐기문자를 새겨놓았는데 너무나 훌륭하게 보존이 잘되었다. 쐐기문자는 인류 최초로 만들어 사용한 수메르인들의 문자다. 이는 기원전 2500년 전에 사용한 문자다. 점토에 새겨서 구워서 보관했다고 하는데, 여기는 암벽에 새겨놓았다. 언제 누가 새겼냐고 물어보니 고개를 짤랑짤랑 흔든다. 아무도 모르는 모양이다. 필자의 좁은 상식만으로 상상을 하고 돌아

암벽에 새겨진 쐐기문자

서야 했다.

얼마를 가다가 갑자기 차를 세운다. 내려서 구경이나 하고 가자고 한다. 보이는 것은 먼 산에 눈과 구름이 걸려있는, 자태가 좋은 산이 하나 보인다. 무슨 산이냐고 물어보니 노아의 방주가 걸린 아라랏산이라 한다. 아라랏산은 수년 전에 아르메니아에서 본 적이 있다고 했

노아의 방주가 걸렸던 아라랏산

다. 지금 우리는 정반대쪽에서 보고 있다고 한다. 아라랏산 정상은 터키 땅에 속해 있어 정상이 더 가까이 보인다. 그러나 여기는 황량한 벌판이고 아르메니아는 유원지가 형성되어 있다. 그리고 고대 유적지가 있으며 1달러를 주고 비둘기 한 마리를 사서 날려보내면 날아갔다가 다시 제자리에 돌아온다. 노아의 방주 이야기는 나중에 아르메니아편에서 이야기를 하고, 오늘은 조망하는 것으로 만족하고 떠나기로 했다.

이삭퍄샤궁전은 지역 영주의 궁전이라고 한다. 왕이 아니라는 뜻이다. 1685년 착공해서 1784년에 준공을 했다고 한다. 공기가 100년이나 걸린 궁전이다. 방이 366개나 된다. 이렇게 규모가 크니 왕이 아니라도 궁전이라는 칭호를 쓰는 것 같다. 필자가 보기에는 영주가 아니고 제후라 해야 맞을 것 같다. 영주는 지주의 뜻이 담겨있지만, 제후는 일정한 영토를 가지고 영토 내

이삭파샤의 궁전

에 백성을 다스리는 사람을 말한다. 왕의
궁전이라 해도 규모가 작다고 할 사람은 아
무도 없을 것 같다.

대충 관람해도 2시간 이상은 걸릴 것 같
다. 제후는 백성들이 왕이라고 칭한다. 하
나하나 설명은 다하지 못하지만 왕궁으로
갖추어야 할 것은 다 갖추었다고 보아도 손
색이 없다. 궁전 안에는 이삭파샤의 무덤까
지 모셔져 있다. 주변에는 백성들의 삶의
흔적도 고스란히 남아 있으며 200년이란

이삭파샤의 무덤

세월이 지났지만 주변에 사는 사람들이 없어서인지 몰라도 아주 양호하게 보존되어 있다.

어둠이 짙어갈 무렵 카르스성채에 도착했다. 벌써 성채에는 야간을 알리는 불을 켰고, 건물 옥상에는 터키 국기가 변함없이 밤에도 펄럭이고 있다. 건물 옥상, 산 정상 등 이곳 어디에서나 터키 국기는 어김없이 꽂혀있다. 이유는 인접 국가가 많이 있고 가끔 교전이 일어나서 이 땅은 터키 땅이라는 영역을 확인시키는 효과라고 한다. 그래도 어둠을 헤쳐 가며 성채 안을 볼 수 있는 만큼 둘러보고 필자는 맨 나중에야 성채에서 내려왔다.

밤늦게까지 고생했다고 저녁은 술이랑 양고기구이 특식을 준비해 두었다고 한다. 오랜만에 포식을 하니 사회의 다양한 일들과 사연들이 사라져 가는

카르스성채

양불고기 특식

것 같다.

다음날은 아르메니아와 국경이 제일 가까운 도시 아니를 찾아갔다. 유적지 모두가 며칠 전에 전쟁을 하고 지나간 것 같다. 건물 자체가 온전한 것은 하나도 찾아볼 수가 없다. 옛날에는 아르메니아 땅이었다. 아니대성당도 977년 카르스에서 이곳으로 옮겨왔다고 한다. 그러나 외관은 지금 흉물에 가

아니대성당

강 건너 아르메니아 영토

깝다. 좁은 협곡의 강물은 예나 지금이나 쉬지 않고 흘러가지만 교각 두 개만 남은 강 건너편은 아르메니아 영토다. 무장군인들이 있는 걸로 보아서 경계가 살벌한 느낌이 든다. 약 200m 전방에 아르메니아 초소가 있는데 인적이 없어 고요하기만 하다. 그래도 필자는 폐허가 된 유적지를 조심스레 둘러보았지만 다른 관광지와는 느낌이 사뭇 달랐다.

그리고 에르주름으로 이동해서 에르주름 신학교를 먼저 찾아갔다. 박물관, 도서관 등이 신학교다운 느낌을 물씬 풍긴다. 가끔 지나가는 학생들도 눈인사를 한 번씩 한다. 가장 눈에 띄는 것은 예루살렘, 메디나, 메카, 성지를 조감도로 조성해 놓았다. 신학교가 이슬람 신학교라는 것을 물어볼 필요가 없다. 여기는 터키이니까. 그리고 에르주름성채에 올라갔다. 성채에서 맨 먼저

메카 성지 조감도

눈에 띄는 것이 망루다. 망루에 올
라가니 에르주름 시내가 한눈에 보
인다. 360도 돌아가며 조망할 수
있다. 원래는 적의 동향을 살피는
곳이었을 것이다. 성채 입구에는
얼마나 많은 전쟁을 했는지 대포
알 수천 개를 산 모양으로 쌓아서
여행객들이 볼 수 있게 전시해 놓
았다.

터키 동부는 시리아, 이라크, 이

에르주룸성채 망루

에르주룸성채 내에 쌓아놓은 대포알

카라카 동굴 속

란, 아제르바이잔, 아르메니아, 조지아 등 여러 개 국가와 국경을 접하고 있어 평화롭고 안전한 세상은 생각도 할 수 없는 곳이다.

이제 터키 여행도 막바지에 접어든다. 오늘은 카라카 동굴을 둘러보고 수멜라 절벽사원을 거쳐 흑해 바닷가에 있는 트라브존까지 가는 일정이다.

가면서 계속 폰투스산맥으로 이

수멜라 절벽사원

어지는 산들은 사막화가 되어서 바위, 흙, 나무 순서대로 민둥산이 조성되어 있다. 카라카 동굴에 도착하니 입구에는 어디나 마찬가지지만 기념품 노점상이 줄을 지어 있다.

　동굴 입구에는 관리실이 우리를 기다리고 있고 동굴 안에 들어가니 종유석 동굴로 그냥 지나가면 아쉬워할 정도로 구경할 것이 많다. '유럽에는 동굴이 많이 없는데.' 생각하다가 '아! 여기는 아시아지역이지.' 착각할 뻔했다. 그리고는 수멜라 절벽사원으로 향했다. 카라카 동굴 가는 길도 우리나라 대관령 넘는 것보다 훨씬 더 꼬불꼬불하고, 가파르고, 험난한 산길이었는데 절벽사원은 말 그대로 골짝도 골짝이지만 걸어서 올라가는 것도 예삿일이 아니었다.

'가슴아, 무릎아, 걸음아, 날 살려라.' 하고 숨을 몰아쉬면서 입구까지 갔는데 현재 보수 관계로 관광객의 출입을 금지하고 있다. 그래서 모두들 뒤돌아가버리고 난 후 현장소장으로 보이는 사람에게 만국 공용어인 손·발짓과 짧은 터키어로 혼자 잠시 들어갔다 나오면 안 되겠느냐고 물어보니 절대 안 된다고 한다. 그러면 어찌할꼬! 필자는 여기서 당신들 퇴근할 때까지 기다린다고 떼를 쓰니 잠시 기다리라고 하더니 현장 사무실에 가서 사진 세 장을 가지고 온다. 두 장은 정면 사진이고, 한 장은 가장 안쪽에 있는 성모 마리아와 아기 예수 사진이라고 한다. 이것을 바닥에 놓고 사진을 찍고 자기에게 돌려달라고 한다. 언감생심 고맙기도 하지만 방법이 없다. 그래서 바닥에 사진 세 장을 놓고 수멜라 절벽 사진을 찍고 흡족한 마음으로 일행들과 합류하기 위해 걸음을 재촉했다.

입구에 도착하니 날씨가 추워서 모두가 기념품 가게 안에서 시간을 보내고 있다. 필자도 기념품 가게에 들어가서 이곳저곳을 둘러보고 나서 그냥 나오려고 하니 미안한 마음에 절벽사원이 그려진 천에 십자가가 달린 기념품 하나를 사가지고 가게를 나섰다.

그리고 흑해를 가기 위해 폰투스산맥 고갯마루를 넘어섰다. 지금까지 지나온 길과는 아주 판이하게 다르다. 고개를 넘기 전에는 사막이었는데 흑해 트라브존 쪽에는 산림이 우거지고 우리나라 강원도 어디라고 해도 의심하지 않을 정도다. 고개 하나 차이로 이렇게 산림이 차이 나는 곳은 이 세상에 어디에도 없을 것 같다. 트라브존의 숙박지는 흑해가 한눈에 보이는 바닷가 가장자리에 자리잡고 있었다. 창문을 열어보니 흑해에 떠있는 선박들이 한가로이

아타튀르크의 집과 아타튀르크(원 안)

갈매기들을 벗삼아 오고가는 것을 볼 수 있다. 조용히 갈매기들의 울음소리를 들으며 잠을 청해 본다.

다음날 우리는 '터키 건국의 아버지' 아타튀르크의 집을 보러 갔다. 마을 뒷산 제일 높은 곳에 자리잡고 있는 하얀 백색 건물이다. 정원에는 꽃들이 빨강, 분홍, 흰색으로 만발하게 피었고, 건물 내부에는 아타튀르크가 독립운동을 할 당시의 가구와 사진들로 채워져 있다.

한마디로 이곳은 아타튀르크 기념관이라고 보면 된다. 어째서 여기가 아타튀르크 집이냐고 질문을 하니 독립운동 당시에 이 집에서 며칠간인지 모르지만 지내다가 갔기에 이렇게 이름을 붙이고 기념관같이 꾸며 놓았다고 한다. 그리고 아야소피아성당을 둘러보고 흑해 바닷가로 갔다. 바닷물은 지중해 바닷물이 제일 짜다. 다음은 흑해이고, 그 다음이 카스피해다. 모두 손으로 찍어 맛을 보았는데 카스피해는, 짠맛은 있지만 먹어도 상관이 없음을 느꼈다.

트라브존항구와 재래시장 그리고 시내 이모저모를 둘러보고 흑해를 한눈에 볼 수 있는 산중턱에 있는 카페에서 모두들 차와 저녁식사까지 하고 이스탄불을 거쳐 귀국길에 올랐다.

그리스 Greece

2003년 8월 14일 이스탄불에서 항공편으로 그리스의 수도 아테네에 도착했다. 곧바로 항구로 이동해서 에기나섬을 가기 위해 유람선에 올랐다.

에기나섬 일정은 섬 내에서 자유 관광이었다. 때는 무더운 여름철이다. 바

에기나섬에서 딸과 함께

다에는 해수욕을 즐기는 세계 각국에서 온 선남선녀들이 자기 몸매를 유감없이 뽐내며 수영을 하면서 휴가 또는 여행을 즐기고 있었다.

　우리 일행들은 가족 단위로 비치파라솔에서 휴식을 취하기도 하고, 해수욕장을 바라보며 기념사진도 찍고, 맨발로 백사장을 걷기도 했다. 필자는 덥고 목이 말라 근처 식당에 가서 가족들과 시원한 맥주를 마시며 여유로운 시간을 보냈다.

　이튿날 아침 일찍 아테네 시내에 있는 세계 최초로 설립된 대학에 갔다. 그런데 이상하게 필자는 무슨 대학인지, 지금도 대학을 운영하는지 물어보지 않고 기념사진만 촬영하고 자리를 떠났다. 그리고는 곧 필로파포스언덕으로 올라갔다.

세계 최초로 설립된 대학

소크라테스 감옥(원 안은 소크라테스 = 출처 : 《계몽사백과사전》)

언덕에서 우리를 기다리고 있는 것은 소크라테스 감옥이다. 큰 바위로 이루어진 산에 굴을 파서 쇠창살로 출입을 못하게 만든 단일 감옥이다. 감옥 내부에는 눈으로 모두 확인되는 것 같다. 소크라테스는 기원전 470년 그리스에서 조각가의 아들로 태어났다. 한평생 철학자로서 인생을 살며 남루한 옷을 입고 다니면서 주변 사람들을 가르쳤다고 한다.

그가 자주 한 말 중에서 지금도 대중들 입에 자주 오르내리는 '너 자신을 알라.' 많이 듣던 소리다. 그를 따르는 사람이 점점 많아지자 국가에서는 이상한 종교적인 행동을 하고 청년들을 타락시켰다는 죄목을 덮어씌워 사형에 처한다. 죽기 전에 제자들이 탈출을 도모하자고 신신부탁을 했지만 마지막 한마디로 그 유명한 "악법도 법이다."라고 하면서 쓰디쓴 독배를 마시고 유

파르테논 신전(원 안은 신전 건축시대 아테네 최고 권력자 페리클레스 = 출처 : 《계몽사백과사전》)

명을 달리했다고 한다.

후세 사람들은 그를 포함해서 석가모니, 공자, 예수그리스도를 인류의 4대 성인이라 칭한다.

그리고는 맞은편에 있는 아크로폴리스로 갔다. 우리가 가고자 하는 곳은 에레크테이온 신전 옆에 있는 거대한 파르테논 신전이다. 파르테논 신전은 BC 447년에 조각가 페이디아스에 의해 도리아식으로 10년에 걸쳐 완공되었으며, 그리스 신화에 나오는 최고의 신 제우스의 딸이자 '아테네 수호의 여신'인 아테나에게 바친 신전이라고 한다.

길이 70m, 너비 36m, 높이 10.4m로 기둥이 46개나 되는 이 거대한 대리석 건물은 그리스에서 가장 아름답고 웅장한 건물로 전해져 오고 있다. 그러나 세월이 흐르면서 원형은 유지되고 있는 반면, 주위의 조각 같은 부장품은 강대국에서 뜯어가기도 하고, 도난당하기도 해서 지금은 거의 형체만 보존하고 있는 상태라고 보면 되겠다.

그 당시 신전을 완공하고 나서 아테나 여신상을 황금과 상아로 만들어 신의 전당에 바쳤다고 한다. 그렇게 찬란한 문화도 약 2,500년이라는 긴 세월 앞에는 제대로 버틸 수가 없었다. 한편으로 생각하면 지금까지 형체라도 남아 있어 필자가 찾아와서 볼 수 있어 다행이란 생각이 든다. 좋게 생각하며 기념사진을 찍고 다음 장소로 이동했다.

다음은 현재 이용하고 있는 국회의사당으로 갔다. 입구에는 경비가 부동자세로 서 있고, 출입은 허용되지 않았다.

원래는 1836년 건축가 가르트너가 젊은 오토 왕을 위하여 세운 궁전이다. 왕조시대가 끝나고 나서 행정부와 공군수비대가 사용하다가 1935년 7월 1일 국회가 입주하여 오늘에 이르렀다고 한다.

이번에는 고린도 운하로 갔다. 고린도 운하는 많은 사람들에게 잘 알려지지 않은 운하다. 유럽의 그리스 지도를 펴놓고 보면 그리스 지중해 최남단에 펠로폰네소스반

고린도 운하

도라는 지명이 나온다. 얼핏 보면 섬같이 보인다. 섬이 아니고 수도 아테네의 인근지역과 연결되어 있다. 누가 보아도 운하를 건설하면 좋겠다는 생각이 떠오른다. 제일 가까운 거리가 6,300m나 된다. 이 땅을 폭 24m, 깊이 8m, 길이 6,300m의 운하를 건설한 끝에 1893년에 완공을 보게 되었다. 엄격히 말하면 사방이 다 바다이기 때문에 섬이라고 우기면 어쩔 수 없다. 그러나 모든 사람들은 아직까지 반도로 칭한다. 그러나 세월이 흘러 선박의 대형화로 대형 선박들은 아예 들어가지 못한다. 그래서 소형선박이나 유람선 정도만 이용하고 있다고 한다. 그리스 사람들은 처음부터 운하를 크게 확장공사를 했으면 하는 생각이 간절하다. 그리스 본토와 반도를 분리시키면서 막대한 인력과 공사비가 들어갔는데 소형선박이나 유람선 등에만 통행료를 받으니

옥타비아 신전(원 안은 옥타비아누스 = 출처 : 《계몽사백과사전》)

경제적으로 큰 도움이 되지 않는다. 다시 말해 경제성이 없다는 말이다. 그러나 필자는 생전 처음 운하를 보는 것만으로 만족스러웠고 사진으로 남겨두어 더욱 추억거리가 된다.

다음은 옥타비아 신전으로 갔다. 세월 앞에는 장사가 없다더니 신전이라고는 기초 위에 처마와 기둥 세 개만이 나란히 서있다. 옥타비아 신전은 로마제국의 초대 황제 옥타비아누스가 그의 누이 옥타비아에게 바친 신전이다. 사진 촬영에만 그치고 아폴로 신전으로 향했다.

아폴로 신전 역시 기초위에 처마와 기역자로 돌아가며 기둥 일곱 개만이 남아있다. 아폴로는 그리스 신화에 등장하는 12신 중 제일 큰 신 제우스와 레토의 아들이다. 그 옛날 신전을 왜 이렇게 많이 지었는지, 인간이 얼마나

아폴로 신전(원 안은 제우스 = 출처 : 《계몽사백과사전》)

나약한지 살아가면서 만고풍상을 겪으면서 의지할 곳은 모두 신에게 의지하고 살지 않았나 하는 생각이 떠오른다.

다음으로 이동한 곳은 성서에 나오는 강론재판터다. 그 당시 재판정터치고는 규모가 크다. 대리석으로 벽을 쌓았고, 밑에는 판사들의 의자로 이용했다고 추측이 되는 좌판식 석물이 아직까지 보존되어 있었다.

이웃에는 피레네샘이 있다. 피레네샘은 아크로코린트산에서 자연적으로 흘러내리는 물 저장용 샘인데, 지금도 어김없이 물은 흘러내리고 있다. 그 옛날에도 물 저장용으로 사용했다고 보면 되겠다.

재판을 하는 사람도 재판을 받는 사람도 물을 먹어야 되니까 이상할 것은 없는데 옛날 그리스인들의 일상생활을 눈여겨보는 것도 역사의 살아있는 지

올림피아에 있는 고대 올림픽 경기장(출처 : 《계몽사백과사전》)

근대 올림픽 경기장(출처 : 《계몽사백과사전》)

식을 쌓는 것 같다.

그리스에서는 올림픽과 마라톤에 대해
서 이야기를 하지 않을 수 없다. 올림픽은
고대올림픽과 근대올림픽으로 나눌 수 있
다. 먼저 고대올림픽은 그리스의 성지인
올림피아에서 그리스의 도시국가들이 한
데 모여 제우스신에게 제사를 지냈다. 평
소에는 서로가 싸움을 수없이 많이 했는데
이 제사 때는 절대 싸우지 않는다고 한다.
그리고 제사를 지내고 난 후 서로가 축하

올림피아 경기장의 출입문 유적(출처 : 《계
몽사백과사전》)

행사를 하는데 제일 인기 있는 행사가 운동경기라고 한다.

경기 종목이 20여 종류나 된다. 경기에서 우승한 사람에게 월계관을 씌워주고 국민영웅으로 대우를 해주었다고 한다.

올림픽 경기는 기원 전 776년에서 기원 후 393년까지 1,000년 이상 올림피아에서 개최되었다. 그래서 올림피아는 올림픽경기의 발상지이다.

근대 올림픽은 고대올림픽이 1,500년 가까이 중단되었다가 1894년 6월에 스위스 로잔에서 올림픽위원회를 조직하여 1896년 제1회 그리스 아테네에서 참가국 13개국, 참가 선수 295명으로 근대올림픽이 처음으로 개최되었다. 그로부터 4년마다 전 세계를 돌아가며 올림픽을 개최하여 오늘에 이르고 있다.

1988년 제24회 올림픽은 서울에서 열렸으며 159개국에서 13,000명의 선수가 참가했다. 전 세계 지구촌 사람들의 대축제 행사가 되었다.

올림픽에서 맨 마지막에 42.195km 장거리 달리기를 마라톤으로 장식한다. 그런데 대다수의 사람들이 장거리 달리기를 단순히 마라톤으로 알고 있다. 그러나 마라톤은 그리스의 수도 아테네에서 40여 km 떨어진 항구도시 지명이다.

때는 바야흐로 기원전 490년에 페르시아(이란)와 그리스 도시국가 아테네 간에 마라톤 해변과 평원에서 페르시아 군사 25,000명과 아테네 군사 9,000명간의 치열한 전투가 벌어졌다. 우리나라와 비교하면 아테네는 서울이고, 마라톤은 인천지역이다. 마라톤이 무너지면 곧바로 아테네가 순식간에 무너지게 된다. 아테네 병사들은 죽음을 각오한 작전과 전투를 한 결과 페르시아 병사 6,400명 전사, 아테네 병사 192명 전사로 아테네가 승리의 깃발을 꼽았다고 한다. 아테네가 대승을 거둔 마라톤 전투였다. 지금도 마라톤 평원에 가면 왕의 무덤 같은 대형고분이 있다. 그것은 개인의 무덤이 아니고 기원전 490년 9월에 마라톤 전투에서 전사한 아테네 병사 192명의 시신을 수습해서 한곳에 모아 합장을 한 아테네 영웅병사들의 무덤이라고 한다. 그 당시 전쟁은 승리로 끝이 났지만 본국에 승전보를 알리고자 하는 총사령관은 병사 필리피데스에게 육상으로 뛰어서 승리를 전하라고 명했다. 그 당시는 통신수단이 없었기 때문에 달려가서 육성으로 전하는 수밖에 없었다. 그래서 필리피데스는 마라톤에서 아테네까지 약 40여 km를 죽기 살기로 뛰고 또 뛰어서 아테네까지 도착했다. 그리고 그 자리에서 시민들을 향하여 "우리가 이겼습니다."를 외치고는 그 자리에서 이내 숨을 거두었다고 한다. 그래서 1896년 제1회 아테네 올림픽에서 그날을 영원히 기억하기 위해 경기 맨 마지막에 거리를 40km로 정하여 장거리 달리기를, 이름하여 마라톤 경기라고 불렀다.

1926년까지 40km를 하다가 그 이후로는 42.195km로 변경하여 지금까지 시행하고 있다.

가이드의 소설 같은 고대역사에 대한 설명을 들으니 그 당시 현장을 바라보고 있는 느낌이 들었다.

Part 3.

동유럽

Eastern Europe

체코 ^{Czech}

체코의 수도 프라하에 도착한 시간은 2005년 8월 19일 오후 8시경이다.

호텔에서 여장을 풀고 곧바로 영화 '프라하의 봄'으로 잘 알려진 관광지 카를교를 보기 위해 나섰다. 오후 9시 정도 되었다. 프라하 야경을 마음껏 즐길 수 있다는 기대감에 한껏 부풀어 있었다. 화려한 조명 붉은 네온사인에 모두가 즐거운지 연달아 카메라 플래시가 터진다. 자유시간이어서 시간제한은 없으나 내일을 위해 1시간을 약속했다. 10시가 되자 모두가 흡족한 마음과 즐거운 표정으로 약속장소에 어김없이 돌아왔다.

다음날 아침 먼저 왕궁으로 향했다. 이유는 왕궁 경호원들의 임무

프라하의 카를교 야경

왕궁 경호원 근무교대식

교대시간에 맞추어 근무교대를 하는 광경을 보기 위해서다.

때마춰 우리는 정확한 시간에 도착했다. 모두들 처음 보는 광경인 듯 눈이 뚫어지게 쳐다본다. 근무교대식이 끝난 후 정문 앞에 부동자세로 서있는 경호원에게 같이 사진을 찍어도 되느냐고 물어보니 흔쾌히 응해 준다.

왕궁 주변을 둘러보니 도로포장이며 건물들이 잘 정비되어 있어서 산뜻한 기분이 든다.

그리고 왕실전용 성당인 비투스성당으로 갔다. 고딕양식에 '유럽의 성당'이라는 자존심이 보여진다. 대리석 조각 하나하나가 작품으로 보인다. 왕궁과 비투스성당은 출입할 수 없고 외부조망만 하는 일정이다.

그리고 필자가 제일 가고 싶고 보고 싶어 하는 '프라하의 봄'으로 유명한 바출라프광장으로 갔다. 체코에는 민주화 운동으로 공산당 독재를 무너뜨린 민주화 운동가 하벨이 있다. 바출라프 하벨(1936~2011년)의 업적을 기리기 위해 이름을 따서 광장의 이름을 지었지 않았나 생각한다. 교도소 생활을 자주 하던 바출라프 하벨은 결국 대통령이 되었다. 제일 이색적이고 기억에 남는 것은 철재로 만든 인간 조각상이 일렬로 쭉 나열해 있다는 점이다. 여성회원들은 남성 조각상 여기저기를 어루만지며 사진을 찍기도 한다.

구 시청사에 매달려 있는 천문시계는 매 시간마다 어김없이 울려퍼진다.

흐릿챠니언덕 프라하성에서 시내를 한눈에 바라보면 시내는 모두 유럽의 풍경으로 흰색 벽면에 모두 붉은 색 지붕으로 덮여 있다. 골목마다 색색의 작은 집들이 동화 속의 거리처럼 오목조목 아기자기하다. 세상의 모든 여성들이 프라하를 가고 싶어 하는 심정이 이해가 된다.

관람도 좋지만 시간이 더 중요한 우리는 세계문화유산을 보유한 체스키크롬노프로 이동했다. 체스키크롬노프에는 세계 300대 건축물 중의 하나이고, 체스키크롬노프의 상징인 체스키크롬노프성이 있다. 성을 모두 구경하려면 시간적으로

바출라프광장의 철재 인간조각상

구 시청사에 있는 천문시계

부족하여 외관 조망만 할 수밖에 없다고 한다.

저녁에는 체스키부데요비치까지 이동해서 식사를 하고 호텔로 이동하는 일정이다. 그러나 가이드는 "여러분들이 협조 잘하면 시내 중요 볼거리를 구석구석 빠지지 않고 보여 주겠다."고 한다. 성의 한 부분에 올라서 눈으로, 카메라로 아낌없이 주워담으며 이름만 들어도 어여쁜 망또다리 밑을 걸어보기도 했다. 다리위에 올라가 체스키크롬노프 시가지를 한눈에 볼 수 있는 시간도 가졌다. 그리고 시내 관광에 들어가서는 생각했던 기대심리와는 달리 단골메뉴인 성당과 광장, 다리, 동상 등을 다니며 보여주고 설명을 열심히 하고나서는 자유시간이란다.

마음속으로는 더 많은 시간과 설명을 원했지만 그러나 어찌할꼬. 우리는 정해진 시간을 조금이라도 아껴보려고 이 골목 저 골목을 찾아다니며 후회가 없게 손발이 닿는 데까지 열심히 돌아다니며 눈으로는 관람을 하고 손으로는 촬영을 했다. 구석 구석 볼거리가 넘쳤지만 주어진 시간이 짧아 너무나 아쉬웠다.

자유시간이 끝나갈 즈음이 되니 무릎과 발바닥에 무리가 온다. '사서하는 고생의 재미가 이런 것이구나.' 생각하니 고달프기도 하지만, 한편으로는 즐겁기도 하다.

헝가리 Hungary

헝가리 여행은 2005년 8월 23일이었다. 도착하자마자 우산 없이는 다니지 못할 정도로 비가 시원하게 내린다. 제일 먼저 찾아간 곳은 다뉴브강을 사이에 두고 좌측은 부다, 우측은 페스트가 있는 도시이다. 그러나 이름을 따로

다뉴브강의 좌측 부다, 우측 페스트(우측 돔은 국회의사당)

부르지는 않고, 헝가리의 수도 부다페스트라 부른다. 우리나라와 비교하면 제일 이해가 빠르다. 부다는 강북에 속하는 옛날 도시이고, 페스트는 신도시인 강남이라 하면 정확한 해답이 될 것이다. 그리고 다뉴브강은 영어식 발음이라 현지 사람들은 '도나우강'이라고 많이 부른다.

부다페스트를 '다뉴브강의 진주'라고 불리는 이유는 다뉴브강이 스위스의 북쪽에 가까운 독일 남부에서 발원한 물줄기가 10여 개의 국가들을 거쳐서 마지막 루마니아까지 흘러 흑해로 빠져나가기 때문이다. 그 많은 나라 중 강 폭이나 도시 미관, 환경이 부다페스트만한 지역이 없다(그래서 이곳을 '다뉴브강의 진주'라고 부른다). 카메라는 정확한 지점을 포착했지만 비가 와서 날씨가 흐린 관계로 만족할 만한 사진은 아니지만 책에다 실어본다.

유럽에서는 러시아 동부 평원을 흐르는 볼가강이 3,530km로 길이가 제일 길고, 그 다음으로는 다뉴브강이 2,850km로 두 번째로 길다. 신문이나 방송을 통해서 누구나 다 아는 2019년 5월 우리나라 여행객들이 탄 유람선 침몰 사고가 난 곳이 바로 이곳이기도 하다. 당시 유람선 침몰 사고로 28명이 목숨을 잃었다. 물과 불은 잘 이용하면 사람에게 그지없이 이롭지만, 잘못 이용하면 크게 해를 끼친다는 말이 새삼 느껴진다.

일행 모두가 우산을 쓰고 겔레르트 성인의 순교지인 겔레르트언덕으로 올라갔다. 도중에 동굴성당 앞에 순교자의 동상이 우리를 반겨주고 있었다. 내려다보면 다뉴브강가의 아름다운 리버티브리지가 보인다. 그리고 한 10분 정도 더 올라가면 언덕 정상에는 일명 '자유의 여신상'이라는(보기에는 청동) 조각상이 하늘을 향하여 시원하게 서 있다. 기단이 너무 높아서 사진

겔레르트언덕의 자유의 여신상

을 한 번에 찍기는 너무나 어려워 상하부분을 분리해서 두 번에 걸쳐서 찍었다.

언덕을 내려와 부다 지역 메인 관광지인 '어부의 요새'로 향했다. 제일 눈에 띄는 것은 광장 한 가운데에 서 있는 청동기마상이다. 이 청동기마상은 헝가리 초대 국왕 성 이슈트반 1세의 동상이라고 한다. 이 나라에서 제일 존경받고 있는 인물이다. 성 이슈트반 1세는 기독교를 적극적으로 전파한 왕이라고 한다. 그래서 손에는 창이나 칼이 아니라 십자가 같은 것을 들고 있다.

그리고 마차시교회는 원래 성모 마리아성당이었다고 한다. 헝가리 왕 마차시 1세의 머리카락을 보존하고 있다고 해서 마차시교회라고 부른다.

부다를 뒤로 하고 강 건너 페스트로 이동했다. 세계적인 고딕양식의 건축물인 국회의사당 외관을 둘러보고, 헝가리 건국 1,000년을 기념하여 1896년에 건립한 영웅광장으로 갔다. 광장 중앙에는 높이 36m의 기둥이 서있으며, 맨 위에는 조각상이 있어 누구냐고 물어보았다. 가브리엘 대천사라고 한다. 그리고 가장자리에는 좌우로 반원형의 대열주가 두 개나 서 있다. 좌우 열주마다 7명씩 14명의 청동입상이 열주 사이사이에 전신상으로 서있다. 왼쪽에

어부의 요새 성 이슈트반 1세 동상. 인솔자와 함께

는 노동, 재정, 전쟁에 지대한 공이 있는 사람, 오른쪽에는 평화, 명예, 명성
으로 헝가리 역사를 빛낸 사람들이라고 한다. 제일 첫 번째 순서가 어부의 요
새에 있는 성 이슈트반 1세라고 한다.

　동서고금을 막론하고 노력하지 않고 행복과 영광은 있을 수 없으며 겸손하
면 덕을 보고, 거만하면 손해를 본다. 권력을 잡고 겸손하면 존경을 받을 것
이요, 권력을 잡고 거만하면 멸시를 받을 것이다. 14명에 선정된 영웅광장의
위인들은 모두 전자의 길을 걸어오지 않았나 생각해 본다.

슬로바키아 Slovakia

2005년 8월 24일 여행을 시작할 때 슬로바키아는 일정에 없던 나라다. 그러나 슬로바키아는 헝가리와 폴란드 사이에 있는 국가다. 헝가리 부다페스트에서 폴란드 수도 바르샤바까지 가려면 하루 일정이 된다.

가면서 최단거리로 주행할 경우 슬로바키아를 경유하지 않고는 갈 수가 없다. 그래서 인솔자와 우리 일행들은 합의를 보았다. 슬로바키아 수도 브라티슬라바에는 가지 않아도 된다. 폴란드를 가면서 슬로바키아 땅에서 점심이나 먹고, 휴게소에도 들르고, 차창 관광으로 슬로바키아 여행을 즐기면서 가자고 했다. 이러한 여정이라면 슬로바키아를 남북으로 관통하는 여행이 된다.

점심식사를 한 식당

이름 모를 공원입구에서

그 당시 기록을 하지 않아 식당에서 점심을 먹고 어느 공원에 잠시 들렀는데 어느 식당인지, 어느 공원인지 알 수가 없다. 그날이 2005년 8월 24일이었다.

원래 체코와 슬로바키아는 한 나라였다. 1차 세계대전이 끝난 1918년 오스트리아·헝가리제국이 해체되면서 체코슬로바키아라는 하나의 국가로 탄생되었다.

체코슬로바키아는 1968년 '프라하의 봄'을 거치면서 소련의 주도 아래 공산국가가 되었다. 이후 1977년부터 바츨라프 하벨 주도 아래 민주화 운동이 격렬하게 진행되었다. 체코와 슬로바키아의 영토는 크게 차이가 없다. 언어와 문화, 사고방식 등이 조금씩 달랐다. 인구는 체코가 슬로바키아보다 많았다고 한다. 그래서 자연적으로 정치 · 경제의 주도권을 체코가 가지게 되었다. 정치 · 경제면에서 불리한 슬로바키아는 가만히 당하고 있을 수만은 없었다. 그래서 서로 분리 독립을 요구한 결과 피 한 방울 흘리지 않고 체코와 슬로바키아 두 개의 국가가 탄생했다. 이러한 과정을 부드러운 벨벳에 비유해서 '벨벳혁명'이라고 칭하고, 헤어질 때도 역시 벨벳천에 비유해 '벨벳분리', '벨벳이혼'이라는 용어를 양국 국민들이 사용하고 있다.

슬로바키아의 소도시와 농경지를 경유하면서 느낀 점은 체코와 특이하게 다른 점은 없지만 지구상에서 '인종과 언어, 종교가 다르면 분리 독립을 원한다.'는 말이 필자의 귓전을 울리고 지나가는 듯하다.

폴란드 Poland

2005년 8월 24일 저녁 늦게 폴란드 크라카우에 도착해서 다음날 곧바로 아침 일찍 유럽 최대의 소금광산 비엘리츠카를 찾아갔다.

우리가 흔히 소금은 바다에서 생산되는 것으로 알고 있는데 여기는 광산에

지하 125m 소금광산

서 캐는 소금이다. 설명에 의하면 옛날에 조상들은 바닷물이 짠 것은 아는데 소금으로 이용하는 것을 몰랐던 모양이다. 그래서 소금산업이 어업인지, 광업인지 시험에 출제가 되면 어업이라고 답하면 틀린 답이 된다. 우리나라에서도 소금산업은 광업이라고 한다.

비엘리츠카 소금광산의 교황 요한바오로 2세 동상

비엘리츠카 소금광산은 옛날에는 바다였다. 지각변동에 의해서 육지가 되었다고 한다. 얼마나 소금을 많이 캐서 사용하고 팔았는지 지하 125m까지 내려간다. 여기가 끝이 아니고 수평으로 수 100m는 더 들어간다.

지금은 소금 캐는 작업은 하지 않고 그 옛날 소금광산을 운영할 당시의 소금 캐는 모습이나 작업도구, 연장 같은 물건들을 전시해놓고 관광산업을 하고 있다. 한 가지 안타까운 이야기가 있다. 어린 망아지를 안고 광 안에 들어가서 지하 100m가 넘는 굴 안에서 사료를 주어 성장시킨다고 한다. 성장하면 마차를 만들어서 소금을 입구까지 운반하게 한다. 말이 덩치가 커지니 바깥으로 나가고 싶어도 못나간다. 그리고 햇볕을 전혀 볼 수가 없어 봉사가 된다고 한다. 그래도 길은 똑같은 길이라서 죽을 때까지 작업을 시킨다. 죽어서 세상 밖으로 나올 수 있는 셈이다. 지금 말들은 온데간데없고 모형으로 만들어서 그 당시 상황을 재현해 놓았을 뿐이다.

소금광산 역사박물관이라고 하면 잘 어울릴 것 같다. 그리고 교황 요한바오로 2세의 고향이 폴란드이다. 굴을 로터리처럼 만들어 그 중앙에 소금으로 만든 교황의 동상을 세워 놓았다. 폴란드 하면 관광명소 1위가 비엘리츠카 소금광산이다.

그리고 우리는 오시비엥침수용소(아우슈비츠)를 찾아갔다. 수용소 내에서는 사진 촬영이 일절 금지되어 있지만, 내부는 그 당시 현장이 잘 보존되어 있어 자유자재로 관람할 수가 있다. 현장을 보지 않고는 무어라 말로써 표현이 어렵다. 필자가 찍은 사진은 아니지만 수용소 내부의 사진을 10장 정도 가지고 있다. 이 사진을 바탕으로 여행기를 쓰고 있지만 너무나 잔혹한 장면이므로 이 사진을 책에는 싣지 않겠다.

철제문으로 굳게 닫힌 정문을 열고 포로가 들어가면 유대인인지, 아닌지를 구분하는 선별작업이 먼저 시작된다. 이름이 오르내리는 인명부 사진이 전시되어 있으며, 그 옆에는 얼마나 굶겼는지 허벅지와 종아리가 노인들이 짚는 지팡이 같이 보이는 벌거벗은 4명의 신상이 나온다. 그리고 독가스 싸이클론비(Cyklon B)라는 알약이 있고, 제1수용소 집단교수대가 있고 또 제1수용소 총살의 벽이 있다. 제4블록은 사람의 머리카락으로 만든 원단이 있다. 이 밖에도 벽돌로 지어진 여성 수감실 내부(브제진카 제2수용소)와 목조 건물의 내부(브제진카 제2수용소)가 있다. 손바닥보다 작은 수첩 같은 책자에 있는 사진을 보고 옮겨 적은 것이다.

수용소 내부에 들어가면 전쟁포로들의 부장품들이 방방마다 똑같은 물건들로 꽉 차있다. 예를 들면 안경, 모자, 벨트, 신발 그리고 전쟁터에서 팔과 다리가 하나씩 잘려서 사용한 의수족까지 모양과 색깔이 다른 것들이 무더기로 쌓여있다. 집단교수대, 총살의 벽, 화장장, 이름만 들어도 모두 끔찍하게 느껴진다.

수용소 정문을 나오면서 어떤 분이 "독일은 폴란드에게 진심으로 사과해야 하고, 폴란드가 제발 그만하라고 할 때까지 사과를 해도 모자라겠다."고 한다. 웃어넘길 일은 아닌 것 같다.

다음날 우리는 크라카우 중심지에 있는 중앙광장으로 갔다. 크라카우 중앙광장은 유럽에서 이탈리아 베네치아에 이어 두 번째로 큰 광장이다. 이곳 폴란드 사람들은 폴란드어로 리네크광장이라 부른다. 중앙광장에 있는 중앙시장 역시 수·공예품으로 유명한 오래된 전통시장이라고 한다. 기념품 가게를

크라카우 중앙시장

쇼팽의 공원에서(원 안은 쇼팽 = 출처 : 《계몽사백과사전》)

둘러보니 직접 손으로 만든 수 · 공예품이 다수 진열되어 있고 열쇠고리, 마그넷, 양말, 컵, 인형 등이 대부분을 차지해서 어린이들을 데려오면 아주 좋아할 것 같다.

그리고 폴란드 왕들의 왕궁이었던 바벨성 정문에 들러 외관을 조망하고, 일행들과 단체사진 촬영 후 수도 바르샤바로 자리를 옮겼다.

왕들의 여름 별궁 와이지엔키공원에는 쇼팽의 동상이 있다. 쇼팽의 동상 앞에서는 매년 5~9월 일요일 무료로 진행하는 콘서트가 열린다고 한다. 오늘은 공원에 사람이 많지 않아서 저마다 쇼팽의 동상을 배경으로 그리고 분수대를 배경으로 모두가 기념사진 촬영에 바쁘다. 이곳이 폴란드 여행의 마지막 일정이다.

네덜란드 Netherlands

동유럽 여행을 마치고 나서 마지막 여행지 네덜란드는 바다 건너서 영국이 있고. 육지의 이웃국가로는 독일을 접하고 있는 유럽 소국 룩셈부르크, 벨기에 다음으로 유럽대륙 제일 북단 북해에 접해 있다. 그래서 해수면 보다 육지가 낮은 곳이 아주 많다.

나라 이름에서 알 수 있듯이 네덜란드라는 말은 저지대, 낮은 지대라는 뜻을 가지고 있다. 그래서 네덜란드 국민들은 바다와 육지의 경계선을 둑으로 쌓아서 바닷물이 들어오지 못하게 정비를 하고 흙을 메워서 농경지를 만들었다. 그래서 비가 오면 육지의 물이 바다로 빠져 나가지 않는다. 육지가 바다보다 낮은 곳은 6~7m가 더 낮다고 한다. 그래서 눈이나 비가 오면 네덜란드 국민들은 자기 몸이 아픈 것보다 더 많이 짜증을 낸다고 한다.

필자는 네덜란드 여행을 가기 전에 네덜란드 풍차 이야기를 많이 들어 보았다. 그런데 풍차가 바람을 이용해서 바닷물이 육지로 들어오지 못하게 선풍기 역할을 하는 줄 알았다. 필자가 진짜 무식한지, 순진한지 분간이 아니 간다. 현장에 가서 '보고 듣고 배우니 사람 구실을 할 수 있구나.' 하는 생각

잔센스칸스 풍차마을

이 든다.

바닷물의 침입을 둑으로 방어를 하고 육지가 해수면보다 낮은 곳은 비가 오면 물이 고여 빠져 나가지 않는 물을 풍차가 바람을 이용, 동력을 생산해서 고인 물을 바다로 퍼내는 작업을 하고 있다.

오늘이 2005년 8월 29일인데 지금은 전기를 이용해서 물을 퍼내는 작업을 하여 풍차가 할 일이 없다. 그래서 많은 풍차들이 없어졌다. 지금은 잔센스칸스 지역을 풍차마을로 지정하여 그 옛날 네덜란드 사람들의 삶의 현장을 기억하고 네덜란드를 찾는 외국인 관광객들에게 원조 풍차를 보여주기 위해 보존하고 있는 실정이다. 그래서 지금은 수많은 외국인 관광객이 네덜란드를 여행하면 풍차마을은 필수코스가 되었다. 네덜란드 관광 제일의 명소라는 것은 입에 담을 필요가 없을 정도다. 그리고 외화벌이에 톡톡한 효자노릇을 한다고 한다.

그래서 우리들도 제일 먼저 풍차마을로 향했다. 풍차마을 입구에는 나막신 공장이 있다고 들렀다가 가자고 한다. 나막신 하면 나무로 만든 신인데 신발가게보다 더 많은 나막신을 진열해 놓고 있다. 신고 다니기야 하지 않겠지만 '기념품으로 사서 가지고 가겠지.' 하며 한 바퀴 둘러보고 풍차들이 있는 곳으로 이동했다.

풍차에 대한 설명은 충분하게 들었다. 그래서 기념사진 찍는 일밖에 없다. 카메라를 주거니 받거니 여기서도 저기서도 모두가 오리지널 풍차를 처음 보는 동시에 이 세상에 다시없는 풍경이라 그런지 "여기요! 저기요!" 어린이가 장난감가게에서 장난감 사달라고 졸라대는 풍경과 흡사하다.

얼마간 시간이 흘러가서 모두가 자기가 하고 싶은 행위를 다들 했다 싶은지 가이드가 있는 곳으로 속속 모여든다.

가이드는 네덜란드에 오면 풍차이야기 다음으로 튤립이야기를 하지 않을 수 없다고 한다. 튤립

나막신 공장

은 꽃대 위에 유리컵 모양을 하고 있는 꽃이라는 것을 누구나 다 알고 있을

튤립

것이다. 대영제국이 지구상의 해상을 장악하기 전까지는 스페인이 지구상에서 군사면이나 경제면에서 최고의 강국이었다. 네덜란드는 그 당시 스페인의 식민지 지배하에 있었다. 그래서 네덜란드인들은 일찍이 자본주의와 시장경제를 배운 국민들이다.

그 당시에는 오스만제국을 비롯해 유럽 왕가의 왕족들이나 튤립을 만져볼 수 있지 일반인들은 엄두도 못 냈다. 그런데 일찍이 시장경제의 맛을 본 네덜란드 국민들은 소리 소문 없이 튤립을 하나둘씩 사기 시작했다. 그러다가 튤립 꽃시장이 우리나라의 주식시장 같이 변했다. 그래서 튤립 가격이 천정부지로 올랐다. 심지어 자기 집을 팔아 튤립 꽃에 투자를 하는 사람도 있었다. 그 때가 1600년도 중반이라는데 요즘의 주식 폭등은 비교할 수도 없다. 물건값이나 산 정상은 올라가면 내려오는 것이 지상의 이치와 숙명이다. 사실 튤립 꽃의 이용가치는 없다고 보는 게 맞다. 집이라면 내가 들어가 살기라도 한다. 그래서 꽃값이 추풍낙엽처럼 떨어졌다. 그러한 까닭으로 네덜란드 국민들이 요즘 같으면 절반이 깡통계좌를 차고 만다. 그 당시에는 먼 나라 이야기로, 소설 같은 먼 나라 이야기가 맞다.

바다를 접하고 지면이 낮은 네덜란드까지 왔으니 운하 유람선이나 타보고 가란다. 일행 모두가 유람선에 올랐다. 시간이 지나고 나서 유람선을 매우 잘

암스테르담 운하(총 길이가 100km 이상, 약 90개의 섬, 1,500개의 다리로 구성됐다.)

타보았다는 생각이 들었다. 운하가 다른 나라와 달리 골목 역할을 하고 있어 주민들의 일상생활을 아주 가까이서 볼 수 있었다.

네덜란드 왕궁은 17세기 튤립 파동과 비슷한 시기에 암스테르담시청사로 건축하여 사용하다가 지금은 왕궁으로 사용한다.

중앙광장에서 왕궁을 조망하고 기념사진을 찍은 다음, 반 고흐 동상이 있는 곳으로 찾아갔다. 빈센트 반 고흐(Vincent Van Gogh(1853~1890년))는 네덜란드에서 목사의 아들로 태어나 처음에는 신학을 공부했다고 한다. 28세(1880년)에 화가의 길로 들어섰다. 그는 처음 렘브란트나 밀레의 화풍을 배웠다. 1888년 남프랑스 아를로 가서 화풍을 바꾸고 한때는 고갱과 생활을 같이 하기도 했다. 그러나 정신병에 걸려 요양 중 권총으로 자살하려다 미수

반 고흐 동상(원 안은 작품 '자화상' = 출처 : 《계몽사백과사전》)

에 그치고 치료를 받던 중 유명을 달리했다고 한다.

주요 작품으로는 '감자먹는 사람들', '해바라기', '자화상' 등이 있다. 고흐 동상과 함께 사진촬영을 했다. 동상 뒤에는 운치를 더하기 위해 처음부터 있었는지 근래 만들어 놓았는지 모르겠지만 풍차가 고흐를 바라보는 것처럼 동상을 우두커니 지키고 있었다.

포르투갈 Portugal

2008년 6월 16일 리베리아반도를 여행하기 위해 포르투갈의 수도 리스본
으로 가는 비행기에 몸을 실었다.

유럽에서 가장 서쪽, 또 포르투갈의 제일 서쪽에 위치한 까보다로까를 우

까보다로까 땅끝마을

리는 유럽의 '땅끝마을'이라 부른다. 그러나 까보다로까 땅끝마을은 대서양 해변 절벽위에 자리잡고 있다. 높이가 아파트 4~5층 정도 된다. 우리가 주로 찾는 바닷가는 육지가 바다를 감싸 안고 있는 반면, 여기는 바다가 육지를 감싸고 있는 모습을 볼 수 있다. 그래서 항구에 도착하면 '어디에다가 집을 짓고 살면 좋을까.'라는 생각을 많이 하지만 이곳에서 대서양을 바라보면 '저 멀리 푸른 바다로 배를 타고 나가면 얼마나 좋을까.' 하는 생각이 든다. 필자 역시 정말로 그런 생각을 하고 온 사람이다. 지구상에서 제일 먼저 개척하기 위해 항해를 시작한 나라는 포르투갈이다.

그 당시 사람들은 바다의 끝은 절벽으로 되어 있고 천길만길 낭떠러지라고 생각했었다. 그래서 포르투갈 항해사들도 처음에는 대서양으로 바로 직진하는 것을 두려워 해서 아프리카 서쪽 면을 타고 육지와 인접하게 남쪽으로 조금씩, 조금씩 내려갔었다. 처음에는 까나리아제도, 다음에는 기니, 세네갈, 앙골라 등으로 항로를 개척했다. 가장 역사에 기록될 만한 항해는 포르투갈 왕의 명을 받아 1487년 바르톨로뮤 디아스가 1년 이상 남진하여 아프리카 최남단 희망봉까지 갔었지만, 목표는 인도였으나 선원들의 반대에 부딪쳐 본국으로 돌아오게 된 항해사다. 그때가 콜럼버스가 신대륙을 발견하기 위해 1492년 스페인에서 출발하기 5년 전 이야기다. 지구가 끝이 없고 둥글다는 것을 어느 정도 입증을 한 것으로 보인다. 그리고 1497년 포르투갈 항해사 바스코 다 가마가 항해에 도전을 했고, 다음으로 1519년 역시 포르투갈 항해사 마젤란이 항해로 세계일주를 하여 세계사에 이름을 올린 인물이다. 까보다로까는 절벽에 낙상을 방지하기 위하여 무릎 이상 높이로 돌담을 쌓아 놓앉고, 가장 자리 부근에 여기가 땅끝마을이라는 표시를 하려고 돌로 사각 돌탑을 높게 쌓아올려 상단에 십자가를 세웠다.

뱃사람들이 '파도와 풍랑 때문에 안전을 기원하기 위하여 십자가를 올리지 않았을까.'라는 생각을 한다. 인증사진과 더불어 시원한 대서양 바닷바람을 마음껏 가슴에 담았고, 유네스코가 지정한 세계문화유산인 고도 신트라로 이동하여 아기자기한 중세풍의 구시가지 그리고 그 옛날 왕들의 휴양지를 관광하기 위해 시내버스를 갈아타면서 시간가는 줄 모르고 즐겼다.

성모 발현지 파티마는 성모님이 1917년 6월 13일에 발현하여 다음달 13일에 세 명의 아이들을 만나겠다는 약속을 하고, 7월 13일에 발현하여 약속을 지켰다고 한다.

성모 발현지 파티마

필자는 종교적인 사건이라서 사실 여부와는 관계없이 넓고 넓은 마당을 지나 말끔하게 정돈된 성당 내외를 둘러보았다. 파티마 성모 발현지라는 타이틀 때문인지 관람객은 적지 않아 보인다. 탐방객들의 피부색을 보아서 세계 여러 나라에서 하나둘씩 찾아온 것 같다.

바실리카대성당은 2020년을 기준으로 성모 발현이 103년 전에 일어난 곳이다. 그 당시 이 조그마한 마을에 성모 발현 후 10년이 지나서 1928년 공사를 시작, 1953년에 완공되어 봉헌되었다고 한다. 25년에 걸쳐 완공된 성당의 주 건물은 2층 높이에 흰색 건물로 아담하고 우아하게 그리고 폭보다 길이가 길게 세워진 건물이다. 이 성당은 내부를 관람할 수 있고, 신자들은 시간에 맞추어 현장에서 미사도 참례할 수 있다.

다음날 로시오광장과 제로니모스 수도원 외관을 둘러보고 필자가 가장 보고 싶어 했던 리스본 시내를 흐르는 때주 강변의 벨렘탑을 보러갔다. 벨렘탑은 16세기에 세워진 건물인데 주로 때주강에 들어오고 나가는 선박들을 감시하고 관리감독을 하는 건물로 쓰였다고 한다. 강변에 위치해서 밀물 때는 바닥이 물에 잠기고, 썰물 때는 바닥이 드러난다. 흰색 바탕의 건물인데 저녁노을에 바닷가를 배경으로 사진

벨렘탑

을 찍으면 너무나 멋지게 나온다고 한다. 한때는 감옥으로 이용되기도 했었다. 그리고 가까운 거리에 리스본 발견 기념탑이 있다. 정면에는 길게 십자가가 새겨져 있으며, 옆면에는 인물 조각상들이 있다. 대항해시대 포르투갈의 용감무쌍한 선원들이라고 한다. 그리고 그중 한 명의 여자가 기도를 하고 있다. 이름하여 포르투갈의 대항해시대의 문을 열었다고 할 수 있는 유명한 엔히크 왕자의 어머니 필

리스본 발견 기념탑

리파 왕비라고 한다. 동양과 서양을 막론하고 '여자는 약하나, 모성애는 강하다.'는 말이 다시 한 번 생각나게 한다.

그리고 포르투갈 항해사 바스코 다 가마가 1497년 이곳에서 대 항해를 시작했었다고 한다. 바스코 다 가마(Vasco da Gama(1469~1524년))는 젊은 시절 해군이었고, 1497년 마누엘 왕의 명을 받아 선원 168명이 3척의 배에 나누어 타고 이곳을 떠나 희망봉에 도착했다. 남으로, 남으로 계속 내려가다가 아프리카 최남단 희망봉에서는 인도양 쪽으로 육지가 좌회전한다. 그제서야 '아! 인도로 가는 희망이 보인다.' 해서 Cape of Good Hope(희망봉)라 이름 지었다고 한다. 그때가 1497년 11월이었고 성난 파도와 풍랑을 이겨가며

인도양을 횡단해서 1498년 5월에 지금의 동인도 콜카타에 도착을 했다. 그리고 1499년 9월에는 100명 이상이 되는 선원들을 희생시키고 55명의 선원만을 태워서 고국으로 돌아왔다. 그의 이번 항해로 인도로 가는 항로가 처음으로 열리게 되고 포르투갈 왕은 그의 노고를 치하하고 인도 총독에 임명했다. 그리하여 그는 인도에 가서 총독으로 여생을 보내며 1524년 남인도 코친에서 지병으로 유명을 달리했다.

마젤란(Magellan Ferdinand(1480~1521년))은 스페인의 카를로스 1세의 명으로 1519년 9월 20일에 5척의 배와 선원 270명을 이끌고 세비아를 출발했다. 남아메리카 동쪽 해안으로 계속 남으로, 남으로 내려가서 남아메리카 최남단 해협에 1520년 10월 도착했다. 이곳을 마젤란 해협이라고 이름 지었다. 그리고 10월 28일에는 해협을 벗어나 태평양에 이르렀고, 98일간의 항해 끝에 미국령 괌에 도착했다.

1521년 3월 16일에는 필리핀 남쪽 지금의 세부섬에 도착했다. 마젤란은 이 섬에 선원들과 상륙하면서 원주민과 격렬한 싸움이 벌어져 원주민에게 살해당했다. 1522년 살아남은 선원들은 마젤란의 뜻에 따라 빅토리아호를 타고 인도양을 거쳐 희망봉을 돌아서 아프리카 서해안을 거슬러 올라가 스페인에 도착했다.

마젤란(포르투갈 항해사 = 출처 : 《계몽사백과사전》)

이로써 세계일주의 목적을 달성했다고 역사는 기록하고 있다. 이때 살아남은 선원은 항해 출발 시 270명의 10분의 1도 안 되는 17명이었다.

마젤란의 일주 항해로 지구가 둥글다는 사실이 입증이 되고 아메리카대륙이 인도가 아니라 신대륙이라는 것이 증명되면서 마젤란은 인류 역사상 최초로 세계일주를 한 항해사로 영원히 이름을 남기고 있다.

필자는 2006년 8월 24일 희망봉에 올랐고, 2018년 1월 18일 마젤란 해협을 거쳐 파타고니아를 여행했다.

스페인 Spain

이베리아반도를 여행하면서 필자는 포르투갈을 여행하고, 아프리카 북부 모로코를 여행한 다음, 스페인을 여행하는 일정을 선택했다. 이 일정은 포르투갈 리스본에서 모로코 리바트를 가려면 육로로 가는 길은 지중해를 건너기

스페인광장(출처 : 스페인 엽서)

전에 세비야를 거쳐야 지중해 지부롤터해협을 건널 수 있다.

그래서 세비야부터 먼저 여행하기 위해 1928년 완공한 스페인광장을 찾아갔다. 특별하게 관광객의 시선을 끄는 곳은 광장 벽에 새겨진 58개의 스페인 도시 이름이다. 도시마다 무늬와 색깔이 다른 타일을 사용해서 운치를 한층 더하고 있으며, 중앙의 분수대는 크지도 않고 작지도 않으며 아담하게 생겨 지나가는 나그네들의 발길을 멈추게 하고 있다. 그리고 유럽에서 세 번째로 크다는 세비야대성당. 첫 번째는 바티칸의 성 베드로성당 그리고 두 번째는 런던의 세인트폴대성당이고, 그 다음이 이곳 세비야대성당이다.

1402년에 착공해서 100년 동안 건축공사를 했다고 한다. 성당 내외 공정 과정은 모두 하나하나가 작품이라고 봐야 한다. 특이한 것은 중세기 왕들의 유해가 안치된 묘(관)들이 있으며, 남문 쪽으로는 필자가 제일 눈여겨보았던 아메리카 신대륙을 발견한 콜럼버스 묘(관)가 있다. 스페인이 통일하기 전 카스티야·레온·나바라·아라곤왕국들을 상징하는 조각상이 콜럼버스 관을 메고 있는 것이 매우 인상적이다. 그리고 관 안에는 콜럼버스 유해가 안치되어 있다고 한다.

세비야대성당은 그 당시 이슬람

세비야대성당 종탑

사원으로 건축을 하였기에 메카 방향으로 거리가 가까우면 가까울수록 좋다는 설에 의하여 길이가 길게 건축되었다. 그렇기 때문에 일반 카메라를 가지고는 촬영하기가 쉽지 않다. 그래서 종탑을 배경으로 사진 촬영을 하는 여행객들이 많이 보였다.

필자도 예외일 수가 없기 때문에 종탑을 배경으로 사진을 찍었다. 얼마나 종탑이 아름다운지 설명보다 사진으로 보는 것이 좋을 것 같다. '백문이 불여일견'이다. 직접 볼 수만 있다면 더욱 좋을 것 같다.

그리고 황금탑은 13세기 이슬람인들이 과달키비르강을 오가는 배들을 관리·감독하는 곳이다. 강 건너 은탑이 있는데 금탑과 은탑 사이 강을 쇠사슬로 연결하여 배들을 멈추게 했으며, 금탑이라 이름을 지은 이유와 달리 금이라고는 찾아볼 수가 없다. 정 12각형으로 된 탑이지만 외관상으로 한눈에 망루나 초소 역할을 했다는 것을 알 수 있다.

아프리카 모로코 여행을 마치고 또다시 스페인으로 돌아오는 날은 2008년 6월 21일 저녁 알제시라스항구에 도착하여 말라가시에서 하룻저녁을 보냈다.

바닷가 산비탈에 도시 전체가 흰색 건물로만 가득한 미하스. 미하스에서 기억에 남는 것은 투우장이다. 투우장 역시 외관은 흰색 건물이다. 스페인에서 전통 있는 가장 오래된 투우장이라고 한다. 가는 날이 장날이라고 오늘은 투우 경기가 없어서 입장이 불가하다고 한다. 투우 경기를 직접 본 적이 없어서 기대를 했는데 투우장 입구까지 와서도 못보고 가는 심정이 못내 아쉽기만 하다. 그리고 미하스를 더욱 유명하게 한 것은 1936~1939년 스페인 내전 당시 수많은 문학작품을 남긴 미국인 소설가 헤밍웨이가 외국 의용군으로

미하스 투우경기장(출처 : 《계몽사백과사전》)

참전을 해서 이 미하스에 투입되어 전투를 한 곳이며, 그 당시 참상을 엮은

헤밍웨이 소설의 배경이 된 곳이 이

곳 미하스다.

코르도바 대 모스크 메스키타사원

은, 우마이야왕조의 아브드알리흐

만 1세가 야심차게 세운 대 모스크

다. 3만 명에 가까운 신자들이 함께

예배를 볼 수 있는 거대한 사원이다.

785년에 시작해서 세 차례에 걸쳐

증축을 했다고 한다. 길이가 180m,

헤밍웨이(1899~1961)(출처 : 《계몽사백과사전》)

코르도바 메스키타사원

너비가 130m나 되며 대리석, 백옥, 석영, 화강암 등으로 만들어진 850개의 기둥이 아치형을 이루어 천장을 받치고 있다. 이 아치형의 모양과 문양은 세계에서 두 번째로 크다는 사우디아라비아 메디나 그랜드모스크와 비슷하며, 사진으로 보면 착각할 정도로 많이 닮았다. 그리고 이슬람제국이 한창 번영의 길을 걸을 때 코르도바는 그 당시 수도였다.

그라나다를 가면 알람브라궁전을 보아야 하고, 알람브라궁전을 보려면 그라나다를 가야 한다. 이곳은 그라나다 관광명소로 세계 여행자 모두가 인정하는 궁전이다. 필자는 궁전을 한눈에 볼 수 있는 알바이신언덕위에 있는 조그마한 성 니콜라스광장에 올라갔다. 여기서 바라보는 알람브라궁전은 그라나다 어디에서 보아도 비교가 되지 않는다. 그리고 알람브라궁전 뒤로는 시

그라나다 알람브라궁전

에라네바다산맥(3,400m) 설경이 한눈에 들어온다. 궁전 안으로 들어가면 나
스르왕조의 크고 작은 건물들이 다양하게 자리잡고 대리석 바닥위로 흐르는
맑은 물과 분수 등은 보는 이들의 눈을 시원하게 만든다.

훗날 합스부르크왕조가 통치하던 시절 카를 5세 왕이 세운 왕궁도 여행객
들이 놓치지 말아야 할 장소다. 그리고 또 보지 않고는 견딜 수가 없는 알람
브라궁전 여름 별장에 있는 헤네랄리페정원은 입구에 다가가면 측백나무를
벽돌로 만든 성문처럼 전지하여 입구를 장식해 놓았다. 안으로 들어가면 역
시 벽이나 가로수를 대신하고 있는 측백나무들의 장식은 보는 이로 하여금
감탄을 자아내게 한다. 좌우로는 꽃들이 만발하게 피어 있고 조금 더 들어가
면 사이프러스 나무가 하늘 높은 줄 모르고 솟아있다. 이 넓은 정원 중 제일

아름답다고 하는 곳은 아세키아 중정이다.

여름 별궁 앞으로 긴 수로를 만들어 양옆에서 마주보며 일직선으로 일정한 양의 물을 뿜어내는 분수가 모양도 예쁘거니와 참으로 시원하기도 하다. 이 정원의 물은 시에라네바다산맥의 만년설이 녹아 내려 이곳까지 흘러와서 보는 이들을 시원하게 한다. 이렇게 물 좋고 정자 좋은 알람브라궁전도 1492년

아세키아 중정

이슬람 대 기독교 전쟁의 성전으로 인해 주인이던 술탄물라이하산의 장남 보압딜(Boabdil)이 스페인의 그 유명한 이사벨 여왕에게 항복을 하고 그라나다 성문 열쇠를 그녀에게 전달한 후 소리 소문 없이 아프리카로 사라졌다고 한다.

똘레도는 마드리드로 수도를 이전하기 전까지(1085~1560년) 카스티야레온왕국의 수도였다. 이곳은 타호강이 원을 그리듯 둘러싸 안

이사벨 여왕(출처 : 《계몽사백과사전》)

고 있는 천혜의 자연으로 이루어진 요새다. 보통 풍수지리학으로 수도가 터가 좋다고 해도 배산임수로 산을 등지고, 앞으로는 강이 흐르는 형상을 많이도 보아 왔지만 똘레도 같은 지형은 태어나서 처음 보는 것 같다.

형국을 이야기하면 연화부수형(연꽃이 물에 뜬 현상, 참고로 안동하회마을을 연화부수형이라 한다)이라고 할 수 있는데, 이곳은 특이하게도 지상과 강바닥의 높이가 너무나 많이 차이가 나서 그냥 걸어서 똘레도 시내로 들어갈 수 없다. 다리를 놓지 않고는 대책이 없는 장소다.

똘레도 시내를 들어가서 제일 먼저 눈에 띄는 곳은 왕궁과 성당이다. 필자가 풍수에 식견이 있어 그런지 성당의 터는 매우 잘 선택한 곳이고, 왕궁 터는 선택을 잘못한 곳으로 보였다. 그래서 필자는 현지가이드에게 똘레도의

똘레도대성당과 왕궁(출처 : 스페인 엽서)

왕궁과 성당의 터를 비교하며 "성당 터는 권한이 강화되어 번창하고, 왕권은 약해지고 쇠약해진다. 그리고 교황이 왕을 일일이 간섭하고 충고를 하게 되며, 왕은 상왕처럼 교황을 섬겨야 하고 지시를 받으며 스트레스를 받고 살아야 한다."고 했다. 그러자 가이드가 무릎을 탁 치면서 "선생님, 무엇을 하시는 분입니까?"라고 묻는다. 가이드의 말에 의하면 왕이 도저히 참다 못해서 교황을 피하기 위해 수도를 마드리드로 옮겼다고 한다(1561년). 이 순간을 필자는 영원히 잊을 수 없다.

스페인 가톨릭의 총본산 똘레도대성당에는 재단에 나르시소트메 작품 '트란스파렌테', 엘그레코 작품 '엘에스폴리오(그리스도 옷을 벗김)' 등 걸작들이 전시되어 있다. 500년 도읍의 정취가 물씬 풍기는 똘레도 시내 골목골목을 누비며 생필품가게나 선물가게를 둘러보는 것도 여행의 짭짤한 맛이다. 그리고 산토토메성당의 엘그레코의 걸작 '오르가스 백작의 매장' 장면도 놓치지 말아야 할 것 중의 하나다.

수도 마드리드에는 스페인 회화의 진수를 맛볼 수 있는 프라도미술관이 있다. 카를로스 3세에 의해 1785년 박물관으로 건설되기 시작했지만 전쟁으로 인해 건설이 중단되었다가 페르난도 7세에 의해 스페인 왕실의 미술관으로 완공했다. 내부 촬영은 금지되어 있고 스페인 화가이자 '회화의 3대 거장'인 고야, 벨라스케스, 엘그레코 등의 주옥같은 작품이 전시되어 있다. 그리고 마드리드 중심지의 푸에르타 델 솔은 '태양의 문'이란 뜻인데, 흔히 솔광장이라 불린다. 솔광장과 함께 펠리페 3세가 1619년에 완성한 마요르광장 그리고 세르반테스 기념비와 동상이 필자를 기다리고 있어 기념촬영을 하지 않을 수 없었다.

세르반테스는 영국의 셰익스피어와 같은 해에 태어나서 나이가 동갑이며, 이상하게도 같은 날짜에 유명을 달리했다. 그날을 '책의 날'로 정하고 그를 기념하기 위해 기념비가 세워졌다고 한다. 직업이 같아서 사주팔자도 같다. 이상하다고 하지 않을 수 없다.

《로미오와 줄리엣》의 작가 셰익스피어와 《돈키호테》 작가 세르반테스의 문학으로 이루어진 이 기념비가 마드리드 시민과 더불어 세계인의 머릿속에 영원히 지워지지 않기를 바랄 뿐이다.

세르반테스 기념비와 동상

88서울올림픽 다음으로 치러진 1992년 올림픽 개최지인 바르셀로나에서 제일 먼저 메인스타디움을 둘러보았고, 다음으로 몬주익언덕에 올랐다. 이유는 바르셀로나올림픽에서 '올림픽의 꽃'이라고 할 수

황영조 우승 기념상

있는 마라톤 경기에 우리나라 황영조 선수가 우승을 한 대가로 몬주익언덕 바윗돌에 새겨진 달리는 조각 작품을 보기 위해서다. 대한민국 국민으로서 수억만 리 이국땅에서 조각 작품을 바라보는 감회가 남다르다 할까. 우리나라 선수가 아니었다면 여기까지 올 이유는 없다고 생각되었다. 조각상을 배경으로 인증사진을 찍고, 다음은 람브란스거리로 갔다. 이곳은 보카리아시장을 끼고 있어 거리에도, 시장에도 세계 여러 나라 여행객들이 많이 찾는 곳이다. 1km 이상 되는 거리에 도로의 절반 이상이 사람들로 가득 차 있다. 그래서 "가방 조심, 소매치기 조심"이라는 말이 가끔씩 들려온다.

점심때가 지나서 필자의 눈에는 과일과 음식 등 먹는 것밖에 보이지 않는다. 점심식사를 하고 바르셀로나 해수욕장을 갔는데 '우리나라 해운대 해수

바르셀로나 해수욕장

욕장은 명함도 못 내밀겠구나.' 싶다. 오늘은 2008년 6월 25일이다. 필자가 때를 잘 맞추어 찾아 온 것 같다. 수영복이 준비되지 않아 기념사진을 찍고 수많은 사람들이 수영복 차림으로 붐비는 백사장을 눈으로만 만족해야 했다.

콜럼버스 동상 및 전망대(원 안은 콜럼버스 = 출처 : 《계몽사백과사전》)

콜럼버스 동상은 지상 60m 높이로 전망대를 겸하고 있는 동상이다. 전망대에 올라가면 사방을 돌아가며 바르셀로나 시내와 바닷가를 한눈에 바라볼 수 있다. 그리고 콜럼버스는 오른팔을 쭉 뻗어서 바다를 가리키고 있다. 콜럼버스(Columbus Christopher(1451~1506년))는 이탈리아의 항해사였다. 그는 서쪽으로 계속 가면 인도로 갈 수 있다고 믿었다. 그래서 포르투갈 왕실, 스페인 왕실 등을 찾아가서 원조를 부탁했지만 거절당했다. 그리고 이탈리아, 프랑스, 영국을 돌아가며 원조를 부탁했지만 역시 돌아오는 답은 "NO!"였다. 마지막으로 한 번 더 스페인의 이사벨 여왕을 찾아갔다. 뜻밖에도 "OK!"라는 답을 얻어냈다. 그래서 그는 지원할 수 있는 세부사항과 항해에 성공을 하면 얻어지는 수익에 대한 의논을 거쳐 양해각서까지 쓰고 1492년 산타마리아호, 핀타호, 니냐호 등의 배 세 척에 선원 120명을 태우고 스페인을 떠나 카리브해의 산

살바도르섬에 도착해서 신대륙 발견의 실마리를 찾고, 그 후 4회에 걸쳐 항해를 하여 신대륙을 발견하고, 죽을 때까지 아메리카 신대륙이 인도의 일부라고 착각에 빠져 살았다고 한다. 지금도 지도책을 보면 카리브해에는 서인도제도라는 표기가 있다. 이것은 신대륙을 인도라고 해서 유래된 것으로 생각해 본다. 콜럼버스가 아메리카 신대륙 항로를 개척하고 신대륙을 발견함으로써 남북아메리카는 유럽인들의 개척과 이민의 주 활동 무대가 되었다. 그리고 마지막으로 한마디 남기고 싶은 이야기는 콜럼버스와 이사벨 여왕은 같은 해에 태어난 동갑이다. 우연의 일치라고는 하지만 이것도 '인연의 끈'이 되지 않았나 생각해 본다.

구엘공원은 구엘이 산비탈을 구입해서 60여 채의 집을 지으려고 예산을 책정하여 그 당시 당대 최고의 건축가 가우디에게 의뢰를 한 것이 어찌하다가 지금과 같은 공원으로 조성하게 되었다고 한다. 그리고 구엘이 사망하고 자

구엘공원

식들이 관리하게 되자 미국인이 매
입해서 시설을 바꾸고 대대적으로
정비를 하겠다고 제시를 하자, 자
식들은 이를 팔지 않고 시에 기증을
함으로써 현재는 바르셀로나시에서
관리를 하고 있다. 공원을 글로 설
명하는 것보다는 사진이 좋다고 생
각해서 몇 장을 실어본다.

성 가족성당은 스페인의 세계
적인 건축가 안토니오 가우디가
1882년 설계하여 1883년에 착공

성 가족성당

했다. 관리 감독을 하던 중에 일부
만이 완성하고 1926년에 사망을 한다. 제2차 세계대전으로 공사가 중단되었
다가 1953년에 공사가 재개되었으며, 가우디 사망 100주년이 되는 2026년
에 완공을 목표로 공사를 진행하고 있다고 한다.

세 개의 파사드(탄생의 파사드, 수난의 파사드, 영광의 파사드)에 네 개의
첨탑이 올라간다. 그래서 모두가 12개가 된다. 12라는 숫자는 12제자를 뜻
한다고 한다. 그리고 중앙의 첨탑 140m는 성모 마리아를 상징하며 예수그
리스도를 상징하는 중앙 돔은 17m나 된다. 첨탑의 모양은 모두가 옥수수 같
이 생겼다. 손작업이 얼마나 많이 들어갔는지는 현장에 가보아야 알 수 있기
에, 말이나 글로는 다 표현할 수가 없다. 지금도 공사 중인 성 가족성당은 현

재 건설하고 있는 건축물로는 100점을 주어도 모자랄 것 같다. 필자는 스페인을 여행할 때 필수코스로 강력히 추천하고 싶다.

안도라 Andorra

안도라 여행을 하기 위해 2018년 10월 10일 남프랑스 카르카손에서 점심을 먹고 피레네산맥을 넘어 안도라 수도 안도라라베야에 도착했다.

안도라는 피레네산맥 남쪽 비타라 코마페트로사산을 기점으로 북으로는 프랑스, 남으로는 스페인을 국경으로 국토의 2분의 1은 프랑스 방향, 나머지 2분의 1은 스페인 방향으로, 면적은 453km²의 작은 공화국이다. 초기의 대구광역시 면적과 거의 같다. 그래서 프랑스의 대통령과 스페인의 우르헬 주교가 국가원수로 양국에서 겸하고 있으며, 1278년부터 공동으로 안도라공화국을 통치하고 있다.

1992년 국민투표에 의해 의회민주주의가 승인되어서 1993년 공식적으로 독립을 하고 1993년 7월

국회의사당

대주교 신부님　　　　　　　　스페인 주교 신부님과 프랑스 대표 협약식

28일 유엔에 가입을 한 나라다.

국가가 조금 생소한 안도라의 관광 포인트는 면세, 스키, 온천 등이 있다. 우선 국가 전체가 면세 지역으로 '유럽의 슈퍼마켓'으로 불린다. 그래서 제일 가까운 바르셀로나에서는 오전에 쇼핑하러 왔다가 오후에 시장을 보고, 저녁에는 집에 가서 식사를 한다.

전체 인구가 10만 명이 채 안 되지만 내각책임제로 국회의원이 28명이다. 7개의 행정구역과 교구별로 4명씩을 선출해서 28명의 국회의원으로 구성되어 의회 민주주의로 국가를 운영한다. 그래서 국회의사당을 찾아갔다. 규모는 우리나라 일반 성당이나 읍·면사무소 정도 된다.

입구에는 스페인 주교와 프랑스 대표가 공동으로 통치하자는 협약식 장면과 서로 악수를 나누는 장면이 새겨져 있다.

관광자원이 많지 않아서 꼭 둘러보아야 할 곳은 없지만 고산지대로 물 좋고, 공기 좋고, 시내 곳곳이 깨끗하게 잘 정돈되어 있다. 그리고 가게 모두가 면세점이라서 여행객들 대다수가 쇼핑몰에서 시간을 많이 보내는 것을 볼 수 있다. 안도라라베야 지역이 협소한 관계로 시내관광에는 차량이 필요 없고 도보로 하루 정도면 다녀볼 만한 곳은 모두 가볼 수 있는 안도라라베야다.

필자도 면세점 이곳저곳을 들어가 보았지만 여행의 마지막 단계라서 물건 구입은 하지 못하고 눈으로만 보고, 스페인 북부도시 사라고사를 가기 위해 안도라라베야와 작별인사를 고했다.

사라고사 필라로대성당

스페인 북부도시 사라고사에 도착한 시간은 안도라 여행을 마친 2018년 10월 12일 저녁이었다.

다음날 먼저 16세기에 세운 고딕양식의 필라로대성당 내·외를 둘러보고 다음으로 이동한 곳은 나바라왕국의 문장으로 장식되어 있고 테라스가 인상적인 시청사는 조망으로 외관 사진만 찍을 수 있었다. 그리고 중세풍의 도시인 팜플로나는 10세기부터 16세기 초반까지 나바라왕국의 수도로 번영을 누렸던 곳이며 산티아고 콤포스텔라로 가는 순례길이 지나가는 곳으로, 도보 여행자들이 많이 찾고 있으며 번영했던 고도의 과거를 말해 주는 역사적인 건축물들이 곳곳에 남아 있다. 시가지는 요새처럼 성벽으로 둘러싸인 구시가지와 아르가강을 끼고 포린세페 데 비아나광장을 중심으로 한 신시가지가 있다.

팜플로나는 어네스트 헤밍웨이가 오랫동안 머물며 글을 쓰기도 했고, 미국의 유명 소설가 시드니 셀던의 장편소설《시간의 모래밭》의 무대로도 유명하다.

도시 전체가 하나의 미술관으로 자리 잡은 스페인의 숨은 보석 '빌바오.' 실질적으로 스페인을 여행하면서 이곳 빌바오를 여행 코스로 선정하는 관광객이 많지 않지만, 막상 이곳을 방문한 관광객들은 자신의 선택이 잘못되지 않았다고 입을 모아 얘기할 정도로 아름다운 기획도시이다. 과거 철광석을 캐며 생계를 유지하던 도시가 노만 포스터에 의해 설계된 지하철의 개통과 프랭크 게리가 디자인한 구겐하임미술관, 수비수리다리와 빌바오공항의 건설 등으로 빌바오는 현대 예술의 도시로 멋지게 부활하고 있다.

프랭크 게리가 디자인한 미술관은 전시 미술품보다 미술관이 더 유명한 곳이다. '빌바오 효과'라는 단어를 만들어낸 미술관이자 파리의 루브르 그리고

빌바오

런던의 테이트 모던에 이어 유럽에서 세 번째로 연 회원이 많은 미술관이다. 쇠퇴해 가는 스페인 바스크 지방의 공업도시 빌바오를 한 해 100만 명이 찾는 세계적인 관광도시로 만든 구겐하임 빌바오미술관은 그 유명세만큼이나 많은 수식어를 가지고 있다. 문화 관광도시로 만든 구겐하임미술관 빌바오 이름 그대로다.

구겐하임미술관 빌바오에 도착한 사람들은 미술관에 들어가 관람하기에 앞서 미술관을 한 바퀴 돌고 나면 정면, 측면의 구분 없이 형상이 모두 다르게 360도 입체적이라는 사실에 놀라게 된다. 원래 항공기 몸체로 쓰이는 3만여 장의 티타늄 패널이 미술관을 덮고 있어 날씨와 시간에 따라 다른 느낌으로 시각적인 환상을 만들어 낸다. 이 미술관에는 현대미술 대표 작가들의 설치미술 작품이 많지만 미술관의 외부 설치미술도 프랭크 게리의 디자인과 더

구겐하임미술관

불어 관심의 대상이 된다.

    미술관 야외 조각장에 있어 그
리 낯설지 않은 루이스 부르주아의
'MAMAN' 시리즈는 대리석 알들
을 품고 있는 약 9.1m 높이의 청
동거미로, 미술관을 비롯한 세계
명소 곳곳에서 전시되고 있다.

    부르고스에는 스페인 3대 성당
중 하나로 고딕양식 건축물 중 최
고의 걸작으로 손꼽히는 부르고스
대성당을 보기 위해 부르고스에 왔

약 9.1m 높이의 청동거미

부르고스대성당 내부의 일부분

다고 해도 과언이 아니다. 과거 카스티야 레온 왕국의 수도이자 스페인의 영웅 엘 시드의 고향으로도 잘 알려진 부르고스다. 스페인에서 성지순례를 떠나 반드시 거쳐 가는 순례길의 중심지에 있어 수많은 사람들이 찾는 곳이다. 특히 부르고스대성당은 그 규모와 내부 장식 면에서 감탄사가 절로 나오게 할 만큼 빼어난 수준을 자랑하며, 마치 하나의 미술관을 연상케

한다. 부르고스는 여름이 되면 플라타너스가 아틀란손강을 따라 길게 이어지고, 나뭇잎이 연결된 터널 아래로 걸어볼 수 있어 순례길에 지친 심신을 달래주는 한편, 편안한 휴식처이기도 하다.

부르고스대성당은 13~15세기에 걸쳐 스페인 북부 부르고스에 건설된 고딕양식의 대성당으로 1984년 유네스코 세계문화유산으로 지정되었다. 웅장하고 거대하면서도 조화미를 가진 부르고스대성당은 위에서 보면 라틴크로스 형태를 취하고 있으며, 성모 마리아를 모신, 부르고스시를 상징하는 건축물로서 스페인 고딕 건축물 중 최고의 걸작으로 손꼽히고 있다.

Part 4.

발칸반도

Balkan Peninsula

루마니아 Romania

지리적으로는 동유럽의 헝가리 남부 아드리아해 동부, 흑해 서부, 지중해 그리스 북쪽을 발칸반도라고 한다. 이 땅에 유엔 가입국 10개국이 존재한다.

이번 여행은 그리스를 제외한 9개의 나라를 여행하기로 했다.

제일 먼저 시작한 여행지가 면적상으로 제일 큰 나라 루마니아를 선택했다. 루마니아는 유구한 세월동안 터키의 지배를 받아왔다. 왈라키아공국과 몰타비아공국이 1861년 합병을 하면서 마침내 1881년 터키로부터 독립을 한 국가이다.

나라 이름도 로마제국의 후손이라는 뜻에서 영어로 Romania, 루마니아어로는 로므니아로 발음한다.

1947년 소련의 영향을 받아서 인민공화국 공산국가를 표방하다가 1990년 민주주의 국가로 재탄생한 나라다. 2007년 유엔에 가입을 하고 행정구역은 수도 부쿠레슈티 직할시와 41개주로 형성되어 있다.

필자는 2010년 5월 14일 밤 12시가 넘어서 수도 부쿠레슈티에 도착했다.

부란성, 일명 드라큘라성

다음날 일찍 부란으로 이동했다. 부란성을 보기 위해서다. 일명 '드라큘라성'
이다. 역사속의 드라큘라는 실제인물을 찔러 죽이는 블라드라는 별명으로 유
명한 블라드 체페슈로부터 영감을 얻어 쓴 작품이다. 실제로 그의 아버지 이
름이 블라드 드라쿨이었다고 한다. 소설과 영화로 우리에게 익숙한 드라큘라
성은 여행자들에게 개방이 되어 안팎을 두루 관람할 수 있고, 체험을 할 수
있다.

　펠레슈성은 루마니아 중부 프라호바주 시나이아에 있는 왕가의 여름 별궁
이다. '카르파티아의 진주'라고 불리는 휴양도시 시나이아에서 단연 최고로
꼽히는 화려하고 아름다운 건축물이다. 정교한 장식으로 새긴 나무로 만든
건물 외관은 물론 건물 내부와 정원 주변경관까지 모든 것이 아름답고 화려

하기까지 하다. 성 안에는 170개의 방이 있는데 모두 사치스러울 만큼 화려하게 꾸며져 있다. 도자기, 금·은으로 만든 접시, 크리스털 샹들리에, 멋진 조각들, 그림, 스테인드글라스 창문, 가구들까지 어느 것 하나 호화롭지 않은 것이 없다.

펠레슈성

펠레슈성은 카롤 1세 국왕이 심혈을 기울여 1873~1914년까지 르네상스양식에 바로크양식과 로코코양식을 가미해서 만든 작품이라고 한다. 그 당시 공사에 참여한 인원들만 500여 명 가까이 된다고 한다. 지금은 루마니아 국보 1호로 지정되어 있으며, 공산당 시절과는 다르게 외부에 개방을 하고 있다.

차우셰스쿠궁전은 먼저 크기부터 이야기를 하면 단일 건물로 세계에서 두 번째로 크다고 한다. 첫 번째가 펜타콘(미 국방성)이고, 그

차우셰스쿠궁전

다음이 차우셰스쿠궁전이다. 차우셰스쿠와 북한의 김일성은 의형제를 맺은 사이다. 옛 공산당시절 서로가 세 번씩이나 형제국가를 방문했다고 한다. 차우셰스크궁전도 북한의 김일성 주석궁을 보고 나서 궁전을 짓게 되었다고 한다. 그러나 차우셰스크는 궁전이 완공되기 전 1989년 12월 25일 혁명군에 의해 총살을 당하고 말았다.

궁전에서 수많은 군중들을 향해 공산당 이념을 상기시키며 박수 속에 손을 흔드는 장면을 기대하고 살았겠지만 뜻밖에도 그의 죽음으로 인해서 제일 먼저 궁전에서 손을 흔들어 본 사람은 마이클잭슨이었다고 한다.

지금은 이 건물을 여러 용도로 사용하지만, 옛 공산당사는 국회의사당으로 사용한다. 건물이 너무 커서 들어가서 전부를 관람한다는 것은 물론이고 한 바퀴 둘러보는 것도 힘들다고 한다. 필자는 그래서 위치 좋은 곳에서 사진에 담아오는 걸로 만족했다. 이 건물을 세우기 위해서 엄청난 토지가 필요하기에 대지위에 주거하는 주민들 7만 명 이상을 강제 이주시켰다고 한다.

니콜라에 차우셰스쿠(Nicolae Ceausescu)는 1918년 1월 26일 루마니아에서 출생하여 1965년 공산당 서기장에 올랐으며, 1967년 국가평의회 의장, 1974년 루마니아 대통령에 당선되고, 1989년 12월 25일 혁명군에 의해 암살되고 말았다. 과분한 영광 뒤에는 비참한 말로가 기다리고 있다는 걸 잊고 산 사람 중의 한 사람이라 영원히 기억될 것 같다.

김일성이 1912년생으로 의형제로 형이 되고, 차우셰스쿠는 1918년생으로 아우가 된다.

부쿠레슈티는 루마니아의 수도다. 루마니아 남부 도나우 강변에 전개되는

루마니아의 수도 부쿠레슈티

루마니아 평야의 중앙부에 위치하며, 도나우강의 지류인 딤보비차강이 시내를 흐른다. 고고학상의 발견으로 오래된 도시임이 확인되고 있으나, 이곳에 관한 최초의 기록은 1459년에 루마니아공국(公國)의 블라드 체페슈왕(王)이 요새를 만들었을 때로 되어 있다.

부쿠레슈티는 그 후 문테니아(왈라키아) 지방의 군사, 정치, 경제의 중심지로서 발전했으며, 17세기부터는 루마니아공국의 수도가 되었다. 이곳은 국내·국제 교통의 최대 중심지이며, 우크라이나, 불가리아, 헝가리, 세르비아와 국제철도로 연결되고, 바냐사와 오토페니의 두 공항을 통하여 국내·유럽의 주요 도시와 항공로로 이어진다.

불가리아 Bulgaria

벨리코투르노보는 제2차 불가리아왕국의 수도이다. 일명 '불가리아의 아테네'라고 불리기도 한다.

필자는 차르베츠언덕에 있는 12세기 불가리아왕국의 성채 벨리코투르노보

벨리코투르노보성(출처 : 불가리아 엽서)

성에 올라갔다. 이 성은 8세기 불가리아인들에 의해 건축되었으며, 지형적으로는 난공불락의 요새처럼 생겼다. 12세기 초에는 비잔틴제국의 요새가 되기도 했으며, 불가리아 제2왕정 때 최고의 전성기에 이르렀다고 한다. 그러나 1393년 오스만튀르크, 지금의 터키군에 점령되어 무참히 파괴되었다. 지금은 성벽이 돌담으로 변해서 그 옛날 영광스럽던 자취는 온데간데없어졌다. 현재는 400여 개의 주택과 교회 수도원, 가게, 성문 등 흔적만이 남아있고, 정상에는 우뚝 솟은 성당만이 필자를 기다리고 있을 뿐이다.

벨리코투르노보의 옛 이름은 투르노보이다. 1393년 오스만제국의 침략으로 왕국은 멸망하였지만, 이후 5세기에 걸쳐 문화·교육의 중심지로 번창하였다. 1867년에는 오스만에 저항하는 무장봉기의 중심지가 되었고, 제2차

벨리코투르노보 시내(출처 : 불가리아 엽서)

세계대전 때에는 반(反)파시즘 운동의 최대 거점이었다. 주변에 비옥한 농경지가 펼쳐져 식육, 제당, 통조림, 우유가공, 포도주 제조 등의 식품공업이 활발하다. 그밖에 섬유, 기계제작, 금속, 목재가공, 제지, 화학 등의 공업도 이루어지고 있다. 14세기에 세워진 성 베드로교회와 성 바오로교회, 고고학박물관 등이 관광지 역할을 하고 있다.

비토샤산 계곡에 위치하여 공원과 녹지가 많은 아름다운 도시 소피아는 불가리아의 수도이자 유럽에서 가장 오래된 도시 중의 하나로 시내 도처에 지난날의 번영을 말해 주는 유적과 돌로 포장된 도로가 남아있다. 시내 곳곳에는 이슬람 사원과 그리스정교 사원이 있고 과거 공산주의 체제를 상기시키는 '9월 9일 광장', '레닌광장', '러스키거리' 등이 볼만한 것들이다. 내부 관람

옛 공산당 본부

은 불가능하지만 대통령궁은 부동자세로 총을 지참한 경호원 2명이 가까이 근접을 해도 눈도 한 번 깜빡이지 않고 전방만을 주시하고 있다. 그리고 과거 공산당 본부 공산당사는 당사 옥탑에 국기만이 펄럭이고, 인적은 드물고, 몇몇의 자동차만이 오고가는 모습이 보일 뿐이다.

소피아 시내에 있는 알렉산드르 넵스키교회는 1882년 착공하여

알렉산드르넵스키교회

1912년에 완공한 비잔틴양식의 교회다. 한 번에 5,000명을 수용할 수 있으며 발칸반도에서 동방정교회로는 최대 규모를 자랑한다.

교회에서 조금 더 가면 거리 한복판에 말을 타고 우뚝 솟아 있는 동상이 행인들의 발길을 멈추게 한다. 러시아 황제 알렉산드르 3세 동상이다. 불가리아를 해방시키기 위해 러시아가 오스만튀르크를 상대로 전쟁을 일으켜 불가리아를 오늘날 터키로부터 해방시켜준 고마움과 감사하는 마음에 국민들이 뜻을 모아 그 당시 알렉산드르 3세의 은공을 잊지 않기 위해 세웠다고 한다.

유럽 여행을 하면 어느 나라, 어디를 가도 청동기마상을 많이 볼 수 있다. 청동기마상은 보편적으로 말의 앞발을 모두 들어 올린 자세를 취하고 있으면 전쟁터에서 주인공이 사망을 했다고 생각하면 되고, 한쪽 발만 들어 올리고

알렉산드르 3세 동상

있는 기마상은 전쟁터에서 주인공이 사망하지 않고 부상을 당했다고 생각하면 된다.

지금 필자가 보고 있는 알렉산드르 3세 동상은 앞 두 발을 모두 들어 올리지 않고 착지하고 있어 전쟁의 무공과는 상관이 없다.

불가리아는 1878년까지 터키의 지배를 받았다. 1908년 9월에 독립을 쟁취하였으며 1차·2차 세계대전에는 일본, 독일, 이탈리아 3국편에 가담을 했으며, 구소련 공산당 시절에는 모스크바와 형제간이라 할 정도로 구소련과 긴밀한 관계를 유지했었다.

유럽 동구권에도 민주화 바람이 불어 닥쳐 우리나라와는 1990년 3월 23일 외교관계를 수립하고 양국 간 우호를 다지면서 오늘에 이르고 있다.

세르비아 Serbia

세르비아는 북서쪽으로는 크로아티아, 서쪽으로는 보스니아헤르체고비나, 남서쪽으로는 몬테네그로와 알바니아, 남쪽으로는 마케도니아, 동쪽으로는 불가리아와 루마니아, 북쪽으로는 헝가리와 경계를 이룬다. 이전에 자치주였던 보이보디나와 코소보가 각각 북쪽과 남쪽을 차지하고 있다. 수도는 베오그라드이다.

중·남부 지역은 산지로 서쪽에는 디나르 알프스, 남쪽에는 샤르산맥과 북알바니아 알프스(프로클레티예), 동쪽에는 발칸산맥과 카르파티아산맥이 있다. 이 지역에 있는 많은 봉우리들이 해발 1,800m를 넘는다.

세르비아에서 가장 높은 곳은 남부의 코소보 지역을 포함하는 코소보 분지와 메토히야 분지의 산간지대이다.

중부에는 슈마디야(수목으로 뒤덮인 지역이라는 뜻)라는 구릉지대가 자리잡고 있으며, 도나우강의 두 개의 중요한 지류인 티소·사바강과 합류하는 보이보디나 지역에는 낮은 평원으로 되어 있다. 도나우강은 헝가리로부터 보이보디나로 들어가 남동쪽으로 흐르며 세르비아와 루마니아의 경계 중 일부를 이룬다. 중 · 남부 세르비아에는 북쪽으로 모라바강이 흐르는데 베오그라드 동쪽의 도나우강과 만난다.

세르비아는 마케도니아, 몬테네그로, 크로아티아, 보스니아, 슬로베니아 등 6개국이 합쳐서 1946년 유고연방공화국이 탄생했었다. 종교와 민족 등 여러 가지로 갈등을 겪다가(1991~1992년) 유고연방이 붕괴되면서 서로가 분리 독립을 하게 된다. 마지막으로 세르비아몬테네그로공화국을 2003년 2월 4일 결성하였으나, 몬테네그로가 또 분리 독립을 원하여 2006년 6월 4일 몬테네그로가 독립을 하게 되고, 세르비아 역시 독립국가로 남게 된다. 유고연방이 해체되고 나서 밀로세비치 전 세르비아 대통령은 세르비아 민족을 중심으로 다시 6개국을 유고연방처럼 대 세르비아 독립 국가를 세우려고 영토 확장을 위하여 무력을 앞세웠다. 나머지 국가들이 격렬하게 저항하는 과정에 내란과 전쟁이 일어났다. 저항하는 민족에 대해서는 무참하게 학살을 자행했다. 이것이 바로 발칸반도 '인종 청소'라고 한다. 그는 2000년 민중봉기로 대통령 권좌에서 물러나고 국제사법재판소에 전범자로 재판을 받게 되며, 재판 도중 2006년에 사망을 했다. 인종 청소과정에서 20만 명 이상이 사망을 하고 300만 명 이상이 난민생활을 하게 됐다.

이 나라 수도 베오그라드는 유고연방시절부터 공화국 수도였으며 지금도 세르비아공화국 수도로 건재하다. 필자가 제일 먼저 찾아간 곳은 도나우강과 사바강이 합쳐지는(두물머리) 합수지점을 보기 위해 전망대가 있는 언덕에 올랐다. 합수지점 안쪽으로는 예로부터 터가 좋다고 소문이 나있다. 그래서 '베오그라드는 유고연방에 이어 세르비아공화국에 이르기까지 수도 역할

을 하고 있구나.'라는 생각이 떠오
른다.

시내 중심가 미하일로거리를 걸
어가다가 아름답고 세련된 예술적
인 감각이 물씬 풍기는 거리가 눈
앞에 성큼 다가온다. 그리고 도도
한 자세로 전방을 주시하는 청동기

도나우강과 사바강의 합수지점

마상이 나온다. 일명 세르비아인들이 존경하는 위대한 미하일로라고 한다.
터키로부터 지배당하던 나라를 구하고 독립을 하는 데 지대한 공을 세우고
국가 발전을 위해 있는 힘을 다하여 노력한 인물이라고 한다.

베오그라드 미하일로 동상

도나우강과 사바강의 합수지점에 위치한 베오그라드는 크로아티아어로 '하얀 마을'이라는 의미를 가지고 있다. 그 이유는 동로마제국 당시 이 지역을 점령한 로마인들이 흰 벽돌로 성벽을 쌓았기 때문이라고 한다. 늘 발칸반도의 도시들은 내전 이후 폐허로 남아있을 것이라고 생각하지만 여전히 고풍스러움과 인공적이지 않는 자연환경이 남아있어 관광객들의 발길이 이어지고 있다. 인구 100만의 도시로 사바강을 중심으로 한 도시 남부에는 노비베오그라드가 형성되어 행정기관과 주택가들이 몰려 있다. 이전에는 유고연방의 수도였고 현재 세르비아의 수도로서 세계적인 수많은 기업들이 들어와 있으며, 종합대학과 300여 개의 학교들, 과학예술 아카데미와 각종 박물관과 미술관이 있어 문화의 중심지로 발전하고 있다. 사회주의적인 잔재가 남아있는 듯하지만, 근교에는 누드 수영장이 있기도 하며, 도시는 조형예술을 고려한 건축물 등을 통하여 끊임없이 변화를 시도하는 인상을 주고도 남는 것 같다.

그리고 나토의 공습으로 파괴된 군사박물관 현장과 공화국광장 등은 여행자들의 발길이 끊이지 않고 있다. 그리고 세르비아민족 종교와 접목된 독창적인 사보르나정교회는, 정교회로는 세계에서 규모가 제일 크다.

19세기 세르비아 예술인들의 주 활동무대인 보헤미안거리를 걸어보면 세르비아 베오그라드에 다녀간 추억을 많이 가질 것이라 확신한다.

마케도니아 Macedonia

수도 스코페는 바르다르강(Vardar R.) 상류에 위치해 있고, 중부 유럽과 아테네 사이를 잇는 중요한 통로 역할을 하고 있다. 마케도니아에서 제일 큰 도시로 정치, 문화, 경제 및 학문의 중심지로 마케도니아 인구의 25% 이상이 이곳에 거주한다. 제2차 세계대전 이후 빠르게 성장하였으며, 1963년 대지진으로 이러한 성장이 다소 주춤하였으나 오늘날 다양한 문화유산을 보유한 근대도시로 성장해 왔다. 특히 금속처리, 화학, 목재, 직물, 가죽 관련 산업이 발전했으며, 이러한 산업의 발전으로 무역과 금융업이 동반 성장하였고, 문화와 스포츠도 발전하고 있다.

마케도니아는 1946년 유고슬라비아연방공화국의 6개 공화국 중 하나가 되었으나, 연방이 붕괴되면서 1991년 12월 19일에 독립을 한 나라다. 수도 스코페는 유명한 테레사 수녀의 고향이고 생가가 있는 곳이다.

필자는 제일 먼저 테레사 수녀의 생가를 찾았다. 수녀의 부모님은 알바니아계이지만 이곳에서 태어나 18세까지 성장하며 살았다. 그리고는 인도로 가서 인도 국적을 취득하고 동인도 콜카타에서 청빈한 삶을 목표로 가난한 사람들에게 다가가 수많은 봉사 활동을 하며 생을 마감하는 날까지 봉사활동을 한다. 그래서 1979년 노벨평화상을 받았다. 노벨평화상은 상패와 상금을 받는데 가난한 자들에게 상금을 나누어 주기 위하여 "이 상금으로 빵을 몇 개나 살 수 있을까요?"라고 한 말은 후세 사람들에게 귀감이 된다. 마케도니아 스코페에서 1910년 출생했지만, 사망은 1997년 동인도 콜카타에서 87세의 일기로 유명을 달리

테레사 수녀의 생가

했다. 그리고 빈자의 성녀라고 불리는 테레사 수녀는 선종 19년 만에 마침내 2016년 9월 4일 성인의 반열에 올랐다. 프란치스코 교황이 "오늘 우리는 콜카타의 성녀 테레사를 성자로 공식 선언한다."고 선포하자, 바티칸 성 베드로광장에 모인 공식 집계 12만 명의 관광객과 신도들이 아낌없는 박수와 탄성 그리고 갈채로 그녀에게 보답을 했다.

1997년 사망 당시 인도에서는 테레사 수녀에게 특별한 예우를 갖추어 인도의 국장으로 장례식을 거행하여 그녀를 하늘나라로 보내드렸다. 그리고 바르다르강 위의 구시가지와 신시가지를 연결해 주는 15세기에 건설된 터키식 돌다리는, 강폭은 그리 넓지는 않은 반면에 수심은 좀 깊어 보인다. 예상외로

다우드파샤 목욕탕

관광객들이 많이 붐비고 있다. 어디 관광명소라도 되는 것 같다. 다리의 역사가 500년 정도 된다고 하니 호기심도 있을 만하다.

발칸반도 최대의 터키탕 다우드파샤 목욕탕은 수백 년에 걸쳐 터키 지배하에 속한 나라이기에 문화도 본질을 달리할 수는 없는 모양이다. 외관으로 보아서는 터키의 어느 지방에 일반적인 터키탕이라 해도 반론할 여지가 없을 정도로 너무나 많이 닮았다. 터키 속주시절에 목욕탕을 건설하여 건축양식과 문화가 다를 이유가 없다. 그리고 그리스정교회 성상이 있는 스베티 스파스교회와 유럽에서 가장 크고 화려하다는 재래시장인 동방시장을 둘러보고 마케도니아와 알바니아의 국경 가까이에 있는 오흐리드호수(200km)를 가기 위해 길을 재촉했다.

마케도니아 오흐리드호수

　오흐리드호수는 오흐리드 시내를 감싸고 있으며 남북으로 길게 뻗어있
다. 면적 348km², 해발 695m이며, 발칸반도에서 가장 깊은 이곳은 수심이
285m라고 한다. 호수 주변에는 고기 잡이 배들과 어망, 그물들이 산재해 있
으며 바닷가 항구처럼 호수 주변 사람들은 어업을 직업으로 고기를 잡아서
생계를 꾸려가고 있다.

　비잔틴양식으로 유명한 호반의 도시 오흐리드에 마케도니아의 유일한 유
네스코 지정 세계문화유산인 10~11세기에 축성한 오흐리드 요새를 둘러보
고 점심은 전망 좋은 호숫가에서 우리나라 음식과 흡사한 매운탕과 생선조림
으로 즐겁고 맛있게 식사를 하고 알바니아로 향했다.

알바니아 Albania

알바니아는 발칸반도의 동쪽으로 마케도니아, 남동쪽으로는 그리스와 접해 있으며, 서쪽으로는 아드리아해의 들쭉날쭉한 해안선이 서쪽 경계를 이루고, 북쪽으로는 몬테네그로와 세르비아를 접하고 있다.

알바니아의 영토 70%가 산악고지대로 이루어져 있다. 알바니아에서 가장 높은 산은 코라프산으로 2,750m이며, 알바니아의 평균 고도는 700m나 되는 산악지역이다. 자원도 풍부하지 못하고 외세의 잦은 침략으로 정치와 경제가 안정될 날이 없었다.

그래도 로마의 통치하에서는 번영을 누렸다. 395년부터는 행정적으로 콘스탄티노플(지금의 이스탄불)에 합병되었다. 3~5세기에 서(西)고트족과 훈족의 침략을 받고 6~7세기에 슬라브족의 침략을 받았지만 알바니아인들은 자신들의 언어와 관습을 지켜낸 발칸반도의 몇 안 되는 민족 중 하나였다. 14세기에 들어와 튀르크의 침략이 시작되었다. 튀르크인들은 결국에 민족의 영웅이 된 게르기 카스트리오티를 교육시켜 이슬람교도로 개종시키고 스칸데르베그라는 이름으로 불렀으나, 그는 오히려 오스만튀르크의 지배를 물리

쳤다.

1443년에 그리스도교를 다시 받아들인 그는 알비니아에 대한 튀르크족의 지배에 성공적으로 대항했으나, 그가 죽은 이후 튀르크의 지배가 강화되어 알바니아의 경제는 쇠퇴의 길을 걷기 시작했다. 오스만 지배에 대한 지역적인 항거가 이어졌으며 1912년의 민중봉기로 알바니아는 독립을 쟁취했다. 그러나 독립에 대한 국제사회의 승인은 1921년에 이루어졌다.

1939년 베니토 무솔리니가 이끄는 이탈리아군이 침략해왔으며, 1943~1944년의 내란으로 알바니아는 사회주의 국가가 되었다. 1944~1985년에 엠베르 호자가 이끈 알바니아의 유일한 정당인 노동당은 경제 수단을 국유화시켰다.

알바니아는 '자립'의 정책을 채택하기 전에는 유고슬로비아, 소련, 중국 등과 돌아가며 경제·군사 동맹을 맺었고, 유럽의 다른 국가들로부터는 자국을 수십 년 동안 폐쇄시켰다. 그러나 이러한 폐쇄성으로 경제가 어렵게 되자 호자의 후계자 라미즈 알리아는 1990년 개방정책을 채택할 수밖에 없었다. 또한 고조된 국민의 불만을 잠재우기 위해 경제 통제를 완화하고 반체제 정치 이념을 합법화시켰다.

1992년 3월 다당제 선거가 치러졌으며 비공산계인 민주당(PDS)과 다른 자유주의 정당들이 승리를 거두었다. 공산주의자들은 당의 이름을 알바니아 노동당에서 사회당(PSS)으로 바꾸고 인민의회 의석의 4분의 1을 차지했다. 1995~1996년의 정치 상황은 불안했지만 경제는 조금씩 나아졌다. 하지만 1997년 피라미드식 투자사업이 붕괴되면서 이와 연계된 대다수의 국민이 하

스칸데르베그광장

룻밤 사이에 빈털터리가 되었고, 경제는 피폐해졌다. 전국은 혼란에 빠졌으며, 의회는 국가비상사태를 선포했다. PDS 내각은 사임했으며, 1997년 6월 선거에서 PSS가 주도하는 동맹세력이 압도적인 승리를 거두었었다. 그리고 알바니아는 발칸반도의 10개국 중에 경제적인 면에서 많이 저조하고 국민소득도 많이 낮은 수준에 속한다. 그래서 관광자원도 많다고는 할 수 없는 실정이다.

티라나의 공원

관광자원으로는 수도 티라나 중심가에 알바니아의 민족적인 영웅이며 오스만튀르크를 물리친 스칸데르베그의 이름으로 불리는 스칸데르베그광장 그리고 그의 말 탄 기마상 동상과 시계탑, 소련의 건축양식인 문화궁전, 이슬람 사원 에뎀베이모스크 등이다. 시간적인 여유가 있어 잠시 공원을 둘러보았는데 분수가 나지막하게 물을 뿜어 올리고, 나무 그늘에는 주민들이 가족끼리 옹기종기 모여 휴식을 취하는 것을 바라보니 정겹기가 그지없다.

몬테네그로 Montenegro

　몬테네그로는 디나르알프스산맥의 남쪽 끝에 있으며 남서쪽으로는 아드리아해, 북동쪽으로는 세르비아, 남동쪽으로는 알바니아, 북서쪽으로는 보스니아헤르체고비나와 경계를 이룬다. 수도는 포드고리차(옛 이름은 티토그라드)이다. 이 이름은 로브첸산(1,749m)을 가리키는 이탈리아어 몬테네그로('검은 산'이라는 뜻의 베네치아식 발음을 딴 것)이다.

　로브첸산은 튀르크와 수세기에 걸쳐 싸우는 동안 역사적인 요충지이자 거점이었으며, 발칸제국 가운데 유일하게 몬테네그로만이 튀르크에 종속되지 않았다. 남서쪽에 있는 옛 몬테네그로는 주로 불모의 구릉들로 이루어진 카르스트 지대인데 옛 수도인 체티네 주변과 제타강 유역 등에 경작 가능한 지역이 약간 있다. 디나르알프스산맥의 일부인 두르미토르산(2,522m)을 포함하는 동부 지역은 보다 비옥하며 대규모의 삼림지와 풀이 많은 고원을 갖고 있다.

　주요 강들은 서로 반대되는 두 방향으로 흘러 피바강, 타라강, 림강은 북쪽으로, 모라차강과 제타강은 남쪽으로 흐른다. 기후는, 고지대는 혹독하게 춥고, 강 유역은 비교적 온화하다. 연평균 기온은 14°C 정도이다. 고지대에서는 1년 내내 눈을 볼 수 있으며, 일부 깊은 협곡에서는 눈이 전혀 녹지 않는다. 연평균 강우량이 많은 편이며, 체티네의 연 강우량은 3,810mm가 넘는다. 비는 1년 내내 내리지만, 특히 가을철에 집중된다.

인구는 비교적 적은 편이며, 인구의 대부분이 몬테네그로인이다. 하지만 소수민족인 이슬람교도와 알바니아인도 상당수 있다. 세르비아인과 매우 유사한 몬테네그로인은 세르비아인과 마찬가지로 키릴문자로 이루어진 세르보크로아티아어를 사용하며, 종교는 동방정교회이다. 부계 중심의 대가족제를 이루며 가문에 대한 충성을 중요시해 가문들 간 피의 복수와 싸움이 만연했던 전통사회의 잔재가 오늘날까지 지속되고 있다.

몬테네그로 경제는 그다지 잘 발달한 편이 아니어서 1인당 국민소득이 낮다. 예로부터 경제 전반을 곡물재배와 가축사육에 의존해왔으며, 사육되는 가축은 여름과 겨울 방목지대 사이를 이동하는 양과 염소가 대부분이다. 1945년 이후 유고슬라비아(지금의 몬테네그로) 정부는 상당한 재원을 전력 생산 및 비철금속산업에 투자했다. 다른 산업으로는 농산물 가공업이 있으며, 닉시치에서는 보크사이트가 생산된다.

로마제국시대에 몬테네그로는 로마의 속주(屬州) 일리리아의 일부를 이루었다. 7세기에 슬라브족이 정착하면서 몬테네그로는 제타주로 분리되었으며, 12세기 후반에 세르비아제국에 합병되었다.

1389년 코소보폴례에서 세르비아가 튀르크에 패배한 후에도 몬테네그로는 독립을 잃지 않았다. 주민은 1516년부터 민중의회가 선출한 주교들(블라디케)의 다스림을 받았으며 종종 튀르크 및 알바니아와 전쟁을 치르다가 1711년부터 러시아와 동맹을 맺었다.

베를린 회의(1878년) 결과로 몬테네그로 면적은 2배가 되고, 독립은 인정받았지만 알바니아인의 저항 때문에 남쪽 국경에 대한 합의는 1880년에 이루어졌다. 이때 몬테네그로는 포드고리차평야 전체와 안티바리 및 둘치그노 같은 바르와 울치니의 작은 항구들이 있는 해안 40km를 얻었다.

1860~1918년에 지배했던 니콜라 1세는 1910년 스스로를 몬테네그로 왕으로 선언했다. 니콜라가 먼저 시작한 발칸전쟁(1912~1913년) 때 세르비아와 연합하여 튀르크군과 싸웠으며 전쟁의 결과로 북쪽과 동쪽으로 영토가 확장되어 세르비아와 공동의 국경을 갖게 되었다.

제1차 세계대전 동안 몬테네그로는 세르비아를 지지했다. 그러나 1918년 11월 초 오스트리아·헝가리제국의 군대가 철수하게 되었을 때, 그들이 차지하고 있던 곳을 세르비아 군대와 비합법적인 무리들이 장악했다. 이러한 새로운 통제 밑에서 11월 26일 포드고리차에서 소집된 '국민회의'는 니콜라를 폐위시키고 몬테네그로를 세르비아에 흡수시키는 것을 만장일치로 결의했다.

1941년 4월 몬테네그로의 일부 지역을 점령한 이탈리아 군대는 7월에 체티네에서 선거민을 대표한다고 볼 수 없는 '국민회의'를 열게 했다. 국민회의는 몬테네그로의 독립을 선언하고 행정부를 구성하여 이탈리아 왕이 몬테네그로의 왕을 지명해 줄 것을 요청했다. 그러나 같은 달에 반란이 일어나 영국제 무기와 장비를 갖춘 공산주의 유격대가 대부분 지역을 점령하게 된 1944

년 말까지 전투가 그치지 않았다. 몬테네그로 출신의 공산주의자들은 요시프 브로즈 티토가 이끄는 유격대 내에서 강경파에 속했고, 이들 중에서 굳건한 유격대 지도자들이 배출되었다. 신(新) 유고슬라비아 연방 헌법(1946년)에서 몬테네그로에 6개의 공식 연방공화국의 하나를 설치하기로 규정한 것은 전혀 놀라운 일이 아니다. 1991년 유고슬라비아사회주의연방공화국이 해체된 후 몬테네그로는 1992년 4월 27일 세르비아공화국과 함께 축소된 연방을 구성했다.

2003년 몬테네그로의 독립을 요구하는 움직임이 있고 난 후, 세르비아 · 몬테네그로 · 유고슬라비아 의회는 연방을 유지하기로 동의하는 내용의 새 헌법을 승인했다. 또한 국명도 세르비아몬테네그로로 바꾸었다. 세르비아와 연방을 유지하면서 몬테네그로는 상당한 자치권을 얻게 되었지만 독립 요구는 사라지지 않았다.

결국 2006년 5월 21일 실시된 연방분리 독립에 대한 국민투표를 실시한 결과 독립 찬성표가 55.4%가 나와 EU가 정한 독립 가결기준인 55%를 간발의 차로 넘었다. 6월 3일 몬테네그로 의회는 세르비아몬테네그로 연방에서 분리 독립을 결정한 국민투표 결과를 만장일치로 승인하고 독립을 공식 선언했다. 이로써 1918년 제1차 세계대전이 끝난 뒤 세르비아에 의해 강제로 연방에 병합되었던 몬테네그로는 88년 만에 독립을 이루었다.

세르비아, 몬테네그로, 크로아티아, 보스니아헤르체고비나, 마케도니아, 슬로베니아의 6개 공화국으로 구성됐던 옛 유고슬라비아 사회주의연방공화국은 몬테네그로의 독립을 마지막으로 완전히 해체되었다.

코토르 고대 성벽

우리는 일정상 수도 포드고리차를
가지 않고 중세 도시이자 유네스코
세계문화유산이며 동유럽 최고의 피
오르드가 펼쳐진 장면을 볼 수 있는
코토르를 찾아갔다. 시내를 등지고
우뚝 솟은 뒷산에는 성벽이 4.5km
에 달하는데, 성채는 보이지 않고 성
벽만이 보존이 잘돼 있었다. 너무 가
파르고 오르막이라 관광객들은 보이
지 않고 오래된 성벽만이 필자를 기

성 트뤼폰성당

다리고 있어 아무도 없는 성벽을 눈으로만 훑어보고 내려왔다. 코토르에서 최고의 명성을 자랑하는 성 트뤼폰성당 역시 여행객들이 많지 않아 혼자서 조용하게 둘러보았다.

성 루카교회는 지난날 대지진이 이곳을 지나갔는데 성 루카교회만이 그 당시 내진설계가 잘돼 피해 없이 잘 보존되었다고 한다. 그리고 성 니콜라스교회 관람을 마치고 동유럽의 최고라 하는 피오르드는 이동하면서 차창관람으로 대신하기로 했다.

크로아티아공화국 Republic of Croatia

정식 명칭은 크로아티아공화국(Republic of Croatia)으로 아드리아해안에 위치하며, 해안선의 길이는 5,835km이다. 면적은 5만 6,594km², 인구는 410만 명(2020년 현재), 수도는 자그레브(Zagreb)이다.

주민은 크로아티아인 75%, 세르비아인 12% 등이다. 언어는 세르보크로아티아어가 공용어이며, 종교는 가톨릭교이다. 기후는 지중해성 기후이나, 동북부는 대륙성 기후이다. 주요 산업은 금속과 조선, 직물, 식품, 관광 분야이다.

이 나라의 정체는 대통령 중심제 요소가 가미된 공화제의 의원내각제이며, 의회는 임기 4년의 단원제(152석)이다. 주요 정당은 민주연합, 사회민주당, 사회진보당, 농민당 등이다.

크로아티아 역사는 1918년 세르비아, 슬로베니아와 함께 유고슬라비아 왕국을 구성했으나, 1990년 4월 자유총선을 통하여 비공산민주정부가 수립되었고, 1991년 5월 유고연방 탈퇴 여부를 묻는 국민투표 결과 주민의 91%가 연방 탈퇴 및 독립을 지지함으로써 6월 25일 슬로베니아공화국과 함께 독립을 선언했다. 그러나 크로아티아 내의 세르비아인들은 독립을 반대하고 세르비아공화국으로의 편입을 요구함으로써 양 민족 간 무력충돌이 발생, 수습을 명분으로 세르비아를 지원하는 유고연방군이 개입하여 크로아티아 방위군과 교전을 벌이는 등 혼란이 계속되었다.

1990년 12월 헌법이 발효되고, 1991년 공화국 내 세르비아계와 크로아티아 정부군간의 내전이 발발하여 연방군이 내전에 개입하여 내전이 확산되었다. 더욱이 연방군이 같은 해 9월 크로아티아 영내로 진격하여 대통령궁을 공습하는 등 전면전으로 치닫게 되었다.

유럽연합(EU)의 중재로 휴전과 교전이 반복되다가 1992년 들어 유엔평화유지군이 배치되면서 간헐적으로 전투가 계속되었다. 1992년 독립 이후 처음으로 총선을 실시하여 투즈만(Tudjman, F.) 대통령이 이끄는 크로아티아민주연합(CDU)이 압승하였다.

1993년에 들어서 세르비아계와 정부군 전투가 계속되는 가운데 1월 유고연방 측과 관계 정상화협정에 조인하였지만 문제점은 남아있다. 대외적으로는 중도우익의 입장을 취하고 있으며, 1992년 유엔에 가입하였다.

크로아티아의 아드리아해 최남단에 있으며 몬테네그로의 서북쪽으로 가까이에 있는 드브로브니크는 '아드리아해의 진주'로 불리는 아름다운 해안 도시이다.

9세기부터 발칸과 이탈리아의 무역 중심지로 막강한 부를 축적했으며, 11~13세기에는 금·은의 수출항으로 번영했었다. 십자군 전쟁 뒤 베네치아 군주 아래 있다가 헝가리-크로아티아 왕국의 일부가 되었다. 15~16세기에

드브로브니크대성당

무역의 전성기를 맞았고, 엄격한 사회 계습체계를 유지하며 유럽에서 처음으로 노예 매매제를 폐지하는 등 높은 의식을 가진 도시이다.

1667년 큰 지진으로 도시의 많은 부분이 파괴되었다가 나폴레옹 전쟁 때 다시 옛날의 번영을 누리고 살았다. 1994년 구시가지가 국제연합교육과학문화기구(UNESCO)에 의해 세계문화유산에 지정되었다.

1999년부터 도시 복원작업이 시작되어 성채, 왕궁, 수도원, 교회 등 역사적인 기념물 가운데 가장 크게 손상된 건물들이 복원되었고, 옛 명성을 되찾을 만큼 아름다운 해안 도시로 거듭나고 있다.

드브로브니크대성당은 12세기 로마네스크양식의 성당이었다. 1667년 대지진으로 완전히 파괴되어 이탈리아 건축가 안드레아 불파리나와 파올로안

하얀 대리석이 깔린 플라차거리 　　　　　성 블라이세성당

드레오티가 로마 바로크양식으로 1672~1713년 건축을 하였다. 드브로브니크의 성인으로 추앙받는 성 블라이세(St. Blaise) 유품이 전시되어 있으며 유골도 안치되어 있다.

　하얀 대리석이 바닥에 깔린 플라차거리에는 오고가는 여행객들이 제일 많이 눈에 띈다. 필자 역시 그 중의 한 사람이다. 거리가 방바닥 같이 반들반들하게 광이 날 정도로 깨끗하고 주변에 볼거리가 많이 있다.

　성 블라이세성당은 1368년에 처음 건립되었으며, 화재와 지진으로 파괴가 되어 지금은 바로크양식으로 1706~1717년에 완공되었다. 이 성당은 베네치아 건축가 마리노 그로펠리에 의해 지어졌으며, 건물 맨 위의 조각상은 드브로브니크 수호성인인 성 블라이세의 조각상이다.

시계탑은 1444년에 종탑으로 높이 35m로 지어졌으며 종탑 안에 있는 종의 무게가 무려 2톤이나 된다고 한다. 태양을 묘사한 그림처럼 시계 침 12개가 반짝인다. 교황 요한바오로 2세가 다녀간 기념으로 시계를 제작해서 부착했다고 한다.

스톤자궁전과 시계탑

스플릿은 달마티아의 유서 깊은 도시로 볼거리도 많고 먹을거리도 많으며, 기념품 가게도 많다. 북문 쪽으로 나오면 의상디자인이 남다른 동상이 있다. 성서를 최초로 크로아티아어로 번역하여 보급을 시킨 그레고리오 주교의 동상이다. 이곳은 발칸반도에서 로마가 제일 가까워 로마의 한 부분으로 착각이 들 정도로 매력이 있는 도시이다.

플리트비체는 크로아티아 최초로 1949년에 국립공원으로 지정되었다. 독특한 자연환경에 석회석의

그레고리오 주교 동상

플리트비체 국립공원

침전물이 형성되어 물 맑고, 경치 좋고, 빼어나게 수려한 환경을 세계인들이 인정하여 1979년 유네스코 세계자연유산에 등재되었다.

계단으로 이루어진 크고 작은 16개의 호수는 물이 얼마나 맑은지 호수 속에 크고 작은 물고기들이 수족관 속의 물고기가 보이듯 선명하게 보인다. 물고기를 잡기 위해 호수에 떠있는 오리들은 여행객들에게 얼마나 면역이 강해졌는지 손에 잡힐 듯 접근을 해도 놀라 피하지도 않으며 표적물을 확인한 사냥꾼처럼 물고기에 집중하고 있다.

계단식으로 된 호수에 물이 차게 되면 자연스럽게 넘쳐 폭포로 변해서 한층 아래로 떨어져 호수를 이루고, 이것이 반복되어 형성된 100여 개의 환상적인 폭포가 여행객들의 눈길을 사로 잡기에 충분하다. 호숫가에는 조류, 나

비, 박쥐 등 다양한 포유류 동물들이 대화를 할 듯이 가까이에 다가와 수시로 접할 수 있다.

영화 '아바타'의 배경이 되기도 한 플리트비체는 영화 관람을 먼저하고 여행하는 이들에게는 여행의 즐거움과 함께 흥미를 맛볼 수 있는 곳이 될 것 같다.

마지막으로 크로아티아를 여행하게 되면 누구든지 플리트비체 국립공원을 놓치지 말기를 바란다. 요즘에는 호수에 유람선을 띄워 여행에 한층 더 흥미를 느낄 수 있다고 한다.

보스니아 Bosnia

보스니아는 주요 도시 모스타르를 비롯해 남단의 삼각형 모양의 지역을 차지하는 남부, 남서부의 헤르체고비나와 사라예보를 비롯해 넓은 중·북부 지역을 차지하는 보스니아로 이루어져 있다. 헤르체고비나는 역사상 대부분 보스니아에 종속되었다. 수도는 사라예보이다.

보스니아헤르체고비나는 동쪽으로 세르비아, 몬테네그로와 경계를 이루며, 북쪽·서쪽·남쪽 등 3면을 크로아티아가 둘러싸고 있다. 헤르체고비나는 좁은 회랑을 통해 아드리아해의 네레트바해협에 있는 네움에서 바다와 맞닿아 있으며, 이 회랑이 크로아티아 달마치야 해안 가운데 두브로브니크 북서쪽 약 40km 가량의 지역을 크로아티아 본토로부터 갈라놓았다.

이 지역은 오랫동안 지역 지배권을 둘러싸고 경쟁해왔던 강력한 지역 세력의 영향 아래 놓여 있었다. 이러한 영향들은 보스니아헤르체고비나를 유달리 풍부한 인종·문화적 혼합 지역으로 만들었다. 이슬람교와 동방정교, 로마가톨릭교가 공존하고, 이 세 개 신앙들은 세 가지 주요한 인종 그룹인 보스니아 이슬람계, 세르비아계, 크로아티아계에 각각 상응한다. 세르비아와 크로아티아는 역사 · 지리적 위치뿐만 아니라 여러 인종으로 이루어진 국민으로 보스니아헤르체고비나를 오랫동안 민족주의의 영토 확장 열망에 불붙기 쉽게 만들었다.

1918년 새롭게 건국된 보스니아헤르체고비나는 세르비아-크로아티아-슬로베니아 왕국에 통합되었고, 제2차 세계대전 후에는 유고슬라비아 사회주의연방공화국의 일부가 되었다. 1991년 유고슬라비아 사회주의연방공화국 분리 이후에 보스니아헤르체고비나는 독립을 얻었다. 하지만 나라는 바로 더욱 확대된 유고슬라비아전쟁에 휘말리게 되었다.

전쟁 전의 사라예보는 모스크와 시장 그리고 아름다운 전경을 가진 터키식 바자르가 있는 풍부한 역사의 장으로 유럽에서 가장 동양적인 도시였다. 100년 동안 사라예보는 무슬림과 세르비아인, 크로아티아인, 터키인, 유대인 그리고 또 다른 이민족이 평화적으로 공존했지만, 관용의 전통은 세르비아인의 대포에 의해서 파편 속에 부서졌다. 최근의 전쟁동안 10,000명의 사람이 죽었고, 5,000명이 부상당했다. 잔인한 공격에도 불구하고 사라예보는 현재 트램이 움직이고 많은 카페와 호텔들이 다시 문을 열어 여행객들을 맞이하고 있다.

사라예보를 여행하면 시내 한복판에 라틴다리가 있다. 여행자들의 필수코스다. 누구나 한 번씩 들르는 이유와 사연은 제1차 세계대전이 발생하게 된 동기부여가 된 장소이기 때문이다. 그날이 바로 1914년 6월 28일이었다. 오스트리아 · 헝가리제국의 왕위 계승자 프란츠페르디난트(1863~1914년) 대공부부가 사라예보를 방문하면서 발생한 사건이다. 이것은 사라예보 시민들

제1차 세계대전의 도화선이 된 비극의 라틴다리

에게는 반가운 소식이지만 이웃나라 세르비아로서는 불편하기 짝이 없는 일이다. 왜냐하면 보스니아는 세르비아와 국경을 같이하고 있기 때문이다. 세르비아가 슬라브족을 중심으로 보스니아와 합병하고 싶은데 강대국 오스트리아 · 헝가리제국이 보스니아를 합병하여 기분 좋지 않는 행사를 하고 있어 가만히 보고만 있을 수 없었다. 그래서 세르비아의 비밀단체가 조직한 테러리스트들이 사라예보 시내 곳곳에 대공부부가 지나가는 골목마다 무장을 하고 대공부부가 지나가기를 기다리고 있었다. 대공은 방탄차가 아닌 오픈된 차를 타고 지나가서 자신은 모르겠지만 날 죽여라 하고 총구 앞에 목숨을 내민 격이었다. 시청 앞을 지나갈 때 폭탄이 날아와 위기를 모면했지만 뒤따르던 수행원들은 다수가 부상을 입었다. 그리고 수행원들은 곧바로 병원으로 옮겨졌고, 대공부부도 진로를 바꾸어 병원으로 가기 위해 라틴다리를 지나갈 때 두 발의 총알이 명중되어 그 자리에서 대공부부가 사망을 하게 된다. 대공은 가슴을 쥐어짜며 "사랑하는 조피(대공비), 자식들을 위해 살아야 해."라는 유언을 남기고 눈을 감았다고 한다. 이 사건은 수천만 명의 사상자를 낸 제1차 세계대전의 도화선이 된다.

자갈로 덮인 옛 터키인들의 바슈카르지아광장에는 골목골목마다 상권이 형성되어 있다. 필자의 발길이 제일 먼저 가는 곳은 금속공예품과 기념품들이 진열되어 있는 골목이다. 우리나라 공예품과 모양과 색깔이 다른 것은 많은데 꼭 가지고 싶은 물건이 눈에 띄지 않는다. 그래서 그냥 눈요기만 했다.

세실리샘터라는 곳은 1754년에 조성되었다가 1854년 화재로 전소되었다

금속공예품 거리

고 한다. 그후 다시 복원된 것이 지
금의 모습이다. 이곳 샘물을 마시
고 떠나가면 이곳을 다시 찾아온다
는 전설이 있다고 한다. 지금은 사
라예보시내 만남의 장소로 이용되
고 있다. 현재는 물이 없어 전설을
간직한 관광지 역할에만 도움이 되
는 것 같다.

세실리샘터

보스니아는 선거를 통해 세 명
의 대통령을 선출한다. 최근 2018
년 10월 7일에도 대통령을 세 명이
나 선출했다. 왜냐하면 국토는 하
나지만 민족은 크게 세르비아계, 보스니아계, 크로아티아계로 이루어져 있
기 때문이다. 종교를 보면 세르비아계는 정교회, 보스니아계는 이슬람교, 크
로아티아계는 가톨릭을 믿는다. 인구는 보스니아계가 50%, 크로아티아계가
15%, 세르비아계가 35%다. 옛날부터 단일 민족이 아니고 종교가 서로 다르
기 때문에 국가체계가 안정될 날이 없었다. 그래서 지금은 선출된 세 명의 대
통령이 돌아가면서 8개월씩 대통령 직을 4년간 수행하고 있다. 대통령 선거
에 후보로 등록하려면 먼저 민족 소속부터 밝혀야 한다. 각기 민족마다 최다
득표자가 대통령에 당선이 된다. 과거에는 3개 민족들의 세력다툼과 인종과
종교 갈등으로 인해 최근 1992년도 내전으로 10만 명 이상이 목숨을 잃었

다. 그래서 국력 소모 방지와 정치 안정을 위하여 입법을 세운 것이 민족별로 1명씩 돌아가며 대통령 직을 수행하기로 한 것이다. 언제까지 이어질지 모르지만 국민들 각자의 마음에 달렸다고 생각한다. 지금은 치안이 잘 돼 있어 여행하는 데는 아무 이상이 없는 나라다.

슬로베니아 ^{Slovenia}

슬로베니아는 서쪽으로 이탈리아, 북쪽으로 오스트리아, 북동쪽으로 헝가리, 남동쪽으로 크로아티아와 경계를 이루고 있다. 서쪽에 아드리아해로부터 좁게 만입한 해안선이 코페르를 가운데 두고 남북으로 이탈리아의 트리에스테와 크로아티아의 이스트라반도를 이으며 25km 정도 뻗어 있다.

슬로베니아는 1919~1992년 유고슬라비아를 구성하는 공화국이었다. 1991년 6월 25일 유고슬라비아로부터 독립을 선포했고, 1992년 국제적으로 인정을 받았다.

슬로베니아의 정치와 사회에 대해서 알아보면 1991년 채택된 헌법에 따라 대통령의 권한이 크게 강화되었다. 대통령은 직접선거를 통해 선출되며, 임기는 5년이고, 연임이 가능하다. 입법부인 의회는 직접선거를 통해 선출되는데, 경제와 지방의 이익을 대변하기 위해 간접선거로 선출된 국가자문위원회의 자문을 받는다. 대통령이 의회의 지지를 얻어 총리와 각료를 임명한다.

슬로베니아 역사에 대해서 알아보면 슬로베니아인들은 6세기에 지금의 슬로베니아 북쪽으로 들어와 그들보다 먼저 정착한 아바르족의 충성을 받았다.

627년 사모의 지도하에 슬라브 왕국을 건립했는데, 이 왕국은 사바강 유역에서 북쪽으로 라이프치히까지를 영토로 삼았다.

748년 이 지역은 카롤링거 왕조의 프랑크제국에 합병되었으며, 9세기 프랑크제국이 분할될 때 독일 왕국의 영토로 편입되었다. 독일인들은 슬로베니아인들을 농노의 신분으로 격하시키고 드라바강 북쪽에 있는 대부분의 슬로베니아인 정착촌을 게르만화했다. 슬로베니아인들이 수세기에 걸친 독일인의 지배하에서도 주체성을 지켜올 수 있었던 것은 주로 이 지역 출신의 로마가톨릭교 사제들이 실시한 열렬한 교육활동 때문이었다.

슬로베니아 영토에 대한 오스트리아 합스부르크가(家)의 종주권은 13세기 말부터 점차 확립되었다. 15~16세기에는 농민봉기가 산발적으로 일어났다. 농민들의 토지 소유 상황은 18세기 합스부르크 황후 마리아 테레지아 아들 요제프 2세가 포고한 개혁조치로 많이 개선되었다. 프랑스 나폴레옹의 짧은 통치기간(1809~1814년)이 끝난 후 다시 오스트리아의 합스부르크가 지배권을 차지했다. 1848년 슬로베니아 최초의 전국적인 정치제도가 구성되었는데, 그것은 오스트리아제국에 속하는 통합된 슬로베니아주를 설립하기 위한 것이었다.

1870년대에 남슬라브족(슬로베니아인, 세르비아인, 크로아티아인)들로 구성된 정치적인 연맹을 창설하려는 염원이 표면화되기 시작하여 결국 1890년대에 슬로베니아 최초의 정당들이 결성되었다. 1918년 제1차 세계대전이 끝날 무렵 슬로베니아의 정치 지도사들은 세르비아 · 크로아티아 · 슬로베니아 왕국(1929년 유고슬라비아로 개명)을 세우는 데에 협조했다. 그러나 1919년 파리평화회의에서 동맹국들은 슬로베니아인이 많이 거주하고 있는 고리치아(고리차)와 그 인접지역을 이탈리아에 할양했다.

제2차 세계대전 초 슬로베니아는 주변의 열강들에 의해 분할되어 이탈리아가 남서지역을, 독일이 북동지역을, 헝가리는 보다 작은 지역을 각각 차지하게 되었다. 그 와중에 슬로베니아인들의 저항운동이 거세게 일어났는데, 그중 가장 중요한 것은 공산주의자들이 이끈 해방전선이었다.

1945년 연합군이 승리한 후 슬로베니아는 유고슬라비아의 구성 공화국이 되었다. 공산정권하에서 슬로베니아는 정치적으로는 베오그라드에 집중된 유고슬라비아공산주의자연맹에 종속되었지만 경제와 문화 분야에서는 상당한 정도의 독립을 누렸다.

1980년대 말 슬로베니아 공산주의 지도자들은 슬로베니아공화국에 다당제를 수립하기 위한 움직임을 보이기 시작하면서 유고슬라비아의 중앙 공산당과 반목상태에 놓이게 되었다. 1990년 4월 슬로베니아에서 제2차 세계대전 이후로는 처음으로 경합적인 다당제 선거가 실시되었다. 선거는 유고슬라비아를 구속력이 약한 공화국 연방으로 전환해 최종적으로 완전한 독립국가가 될 것을 주장하는 중도우익연합세력의 승리로 끝났다.

1991년 6월 25일 슬로베니아는 유고슬라비아공화국 연방에서 탈퇴했다. 1992년 슬로베니아는 유럽공동체(EC)의 인준으로 경제, 사회 구조를 서유럽체제에 맞춰 재편성하기 시작했다.

포스토이나동굴은 세계에서 두 번째로 긴 동굴로, 수백만 년에 걸쳐 조금씩 이루어진 석회암의 용식으로 인하여 자연적으로 생겨난 희귀한 모양의 종

포스토이나동굴 표지판

유석이 장관을 이루는 곳이다. 약 20km에 달하는 이곳은 그 자체가 기적이라고 할 정도로 아름다움의 극치를 이룬다.

희귀한 모양의 종유석이 장관을 이루는 '대동혈', '콘서트홀', '무도장' 등이 있으며, 꼬마기차를 탑승하고 입장한다. 세계에서 두 번째로 긴 종유석 동굴인 포스토니아동굴은 입구에 오르는 계단 옆에 벽돌로 쌓아서 포스토이나동굴이라는 표시판을 영문으로 안내하고 있다.

이 동굴은 19세기 오스트리아 합스부르크 가문에서 동굴을 오고가는 전동차를 개발함으로써 지구상에 알려지게 되었다. 동굴의 총 길이는 20km이다. 관광객에 대한 개방은 5km 정도를 관람할 수 있게 하고, 입구에서 2km 정도 전동차를 타고 왕래를 한다.

아름다운 종유석과 석순을 관람하기 위해 하루에 1천 명 정도 관람객이 몰려든다고 한다. 높은 곳은 30m나 되며, 동굴 안 연못에는 물고기가 자생하고 있는데, 평생 동안 빛을 보지 못해 물고기들의 눈은 봉사가 되고, 고기의 색깔은 흰색에 가깝다. 동굴 속의 적정한 온도를 유지하기 위해 입장객을 제한하며 내부촬영은 금지되어 있다.

포스토이나동굴

포스토이나동굴 입구

블레드는 '줄리앙의 진주'라 불리는 호반의 휴양지 도시이다. 호수의 평면 100m 높이의 절벽위에 세워져 있는 블레드성과 블레드호수를 즐길 수 있다. 알프스의 서쪽에 위치하고 있는 블레드는 자연의 아름다움과 역사적인 흥미를 모두 가지고 있는 매력적인 도시이다. 블레드의 이미지는 성, 거대한 호수, 호수 가운데의 작은 섬으로 잘 알려져 있으며, 블레드성에서 내려다

블레드섬

보는 도시 전경은 그야말로 장관이다. 이곳은 관광객으로 북적대는 다른 유럽의 도시와는 달리 고요하고 평화로운 분위기를 느낄 수 있는 곳이다.

그래서 우리는 배를 타고 블레드섬에 들어가 섬을 관광하는 일정을 택했다. 블레드섬이 발칸반도 9개국을 여행하는 마지막 여행지라는 생각에 아쉽기도 하다. 길고도 짧은 여행에 발칸반도의 역사와 문화를 많이 듣고 배웠다. 아름다운 블레드호수와 섬을 떠나며 '다음 여행지는 유럽 어디로 갈까?'라고 마음을 앞세우며 배에서 내리니, 서산 중천의 해가 필자를 바라보고 있다.

Part 5.

발트 3국 외

Baltic Countries

에스토니아 Estonia

에스토니아는 북부유럽에 위치한 면적 45,215km², 인구 160만 명의 국가로 스위스, 덴마크보다 조금 더 큰 나라다. 정식 명칭은 에스토니아공화국이며 공용어로 에스토니아어를 사용하고 있다. 에스토니아어는 피노 우그릭 언어로 핀란드어와 헝가리어계의 언어이다. 이외에도 영어, 러시아어, 핀란드어가 통용된다.

동쪽은 러시아연방, 남쪽은 라트비아와 접경하며, 북쪽은 핀란드만, 서쪽은 발트해에 면해 있다. 수도 탈린은 최북단의 핀란드만 연안에 있는 항구이며 중세분위기가 넘치는 도시이다. 1940년 이래 소련에 소속되었다가, 1991년 8월 연방을 탈퇴하여 독립하였다. 신비스런 이야기와 전설이 전해 내려오는 성터, 영주가 살았던 저택 등의 유적지와 동굴, 퇴적암석층, 깎아지른 듯한 절벽 등의 멋진 경관, 자연과 관계된 흥미로운 것들이 가득하다.

지리적으로 라트비아와 리투아니아와 함께 발트해 연안 3국에 속한다. 국토의 대부분이 해발 50m 정도인 저지대가 대부분인 나라로 습지와 야생동물 서식지가 산재해 있다. 가장 아름다운 도시 탈린은 회색 성벽과 탑 그리고 청록색 숲이 어우러져 고풍스럽고 특별한 분위기를 가지고 있다.

에스토니아인들은 소련으로 부터 독립 이후 북유럽과의 활발한 교역활동 등에서 두각을 나타내는 경제활동으로 2004년 5월 1일 유럽연합에 가입했으며, 작지만 내실 있는 나라다. 이 나라는 또 발트 3국 중 유일하게 많은 섬을 가지고 있는 나라인데, 국경은 라트비아, 러시아와 접하고 있으며, 핀란드 헬싱키까지는 수도 탈린에서 바닷길로 70km 정도에 불과하다.

아름다움의 우열을 떠나서 각 도시들은 각각의 고유한 특성을 가지고 있지만, 탈린은 전 세계적으로 특별한 찬사를 받는 곳이다. 짙은 회색의 성벽과 탑들이 초록색 숲들과 어우러져 전반적으로 청록색의 색조를 띠는 탈린은 '덴마크인의 도시'라는 뜻을 가지고 있다고 한다. 리가와 탈린 모두 외국인들이 건설했다. 하지만 덴마크인들이 건설한 탈린은 독일인들이 건설한 리가와는 분위기가 다르다.

유럽의 어떤 도시도 중세풍의 성벽과 건물위로 돌출한 탑, 뾰족한 교회 첨탑, 꼬불꼬불하며 자갈로 포장된 거리 등이 뒤섞인 탈린의 구시가지만큼 14 · 15세기의 분위기를 잘 간직한 곳은 없다. 그럼에도 불구하고 에스토니아의 수도 탈린은 매우 현대화되어 '헬싱키의 교외'라 불린다. 탈린 중심에 있는 툼페아(Toompea)언덕과 19세기 러시아 정교회 알렉산드르넵스키(Alexandr Nevsky)성당이 있으며, 에스토니아 의회 리이키코쿠(Riigikogu)의 집회장소인 툼페아성이 있다(유네스코 지정 세계문화유산인 탈린의 구시가지(Old Town) 내에 위치).

탈린은 러시아, 덴마크, 스웨덴, 폴란드 등 그 당시 4대 열강들의 이권다툼

지였기 때문에 13세기부터 도시 외곽을 성벽으로 방어하기 시작했다. 목조 요새로부터 시작해서 13세기 말에 이르러 돌로 짓기 시작했는데, 현재 남아 있는 성벽은 16세기에 건설된 것으로 건설 당시 도시 전체에는 27개의 성이 있었으나, 현재는 19개만 남아있다. 그 중 대다수는 박물관으로 쓰이고 있는 데, 꼭대기엔 전망대를 조성해 놓은 곳도 있어서 올라가면 발트해와 마주한 탈린 구시가지의 경치를 마음껏 즐길 수 있는 곳도 있다. 전망대에서 탈린의 경치를 볼 때마다 보이는 파란 교회 탑은 올레비스테(Oleviste)교회의 탑으로, 거리가 124m인 탈린에 들어오는 배들의 이정표 같은 역할을 하고 있다.

수도 탈린 시내 구시가지 톰페아언덕에 오르면 어여쁜 러시아 정교회가 한 눈에 들어온다. 에스토니아가 제정러시아의 일부일 때 러시아인들에 의해 설

계, 건축되었기에 러시아 정교회라고 하지만 일명 알렉산드르넵스키 성당이라고도 한다. 1894~1900 년간 7년에 걸쳐 완공한 건물이다. 종탑이 총 11개가 있는데, 그중에서 제일 큰 종은 무게가 15톤이나 되며, 매일 아침 8시에 도착하면 종소리를 들을 수 있다. 내부는 모자이크로 화려하게 장식되어 있어 탈린에서는 최고의 관광명소로 꼽힌다.

에스토니아 러시아 정교회

에스토니아 폼페아성 안의 국회의사당

성당 맞은편에 있는 국회의사당은 제정러시아시절(1920~1922년) 폼페아성 안에 건물을 세웠는데 러시아로부터 1921년 독립하여 1922년부터 국회의사당으로 사용하고 있다.

합살루역은 현재 운행하고 있는 에스토니아의 역 중에는 제일 아름다운 건축물이며 열차운행도 현재 제일 많이 하고 있다. 우리가 보기에 서울역과는 비교도 안 되지만 현지인들은 외국인에게 보여주고 싶어 하는 역사라고 한다.

합살루대주교성은 합살루 대주교가 에스토니아 서남부를 관장하며 다스리던 성이다. 성벽의 길이는 803m이며 성의 전망대에 오르면 주변 경관을 한눈에 볼 수 있다. 그리고 지금의 성벽은 성벽 역할은 할 수 없는 경계에 불과하며, 관광지로 많이 이용되는 것 같다.

합살루역

탈린에서 합살루를 지나 도착한
파르뉴는 발트해 항구도시로 에스
토니아의 여름 수도라고 불린다.
휴양지 도시이며, 대통령의 여름
별장이 있기에 이렇게 불린다. 발
트해는 여러 강물이 흡수되어 염분
이 낮아서 많이 짜지는 않지만 겨
울에는 3~4개월 동안 얼어붙는
다. 해변에는 간이 축구장과 배구
장이 설치되어 있으나, 2014년 10

합살루대주교성

발트해 파르뉴해변

월 5일인데도 인적은 드물고 여행객들과 갈매기들만이 오고가고 있는 바닷

가였다. 모두가 기후 탓일 것이라 생각해 본다.

리투아니아 Lithuania

리투아니아는 발트해 3국 중 가장 큰 나라다. 북유럽이나 독일문화의 영향을 받은 에스토니아, 라트비아와 달리 슬라브문화의 영향을 받았다. 다른 2개국이 해양문화의 성격이 두드러진 반면, 리투아니아의 문화는 내륙적인 경향이 있다. 유서 깊고 활기찬 수도 빌뉴스가 지닌 도시의 즐거움 등 다양한 볼거리를 자랑하고 있다. 빌뉴스의 구시가지는 1994년 유네스코에 의해 세계문화유산으로 지정되었다.

북쪽으로 라트비아, 남동쪽으로 벨라루스, 서쪽으로 발트해와 폴란드를 접하고 있으며, 남서쪽으로는 러시아의 칼리닌그라드 지역 일부에 인접하여 있다. 리투아니아는 평지가 주를 이루는 국가로, 가장 높은 지역인 주아자핀 지역이 해발 294m에 불과하다. 국토의 4분의 1 이상이 숲으로 덮여 있는 리투아니아는 2,800개가 넘는 호수로 이루어져 있다. 리투아니아는 1990~1991년의 독립을 향한 용감하고도 격정적인 운동으로 잘 알려져있듯이 발트 국가 중에서 가장 활기 찬 나라다. 리투아니아는 한때 이웃나라 폴란드와 함께 발트해에서 거의 흑해에 이르는 제국을 건설하여 중부유럽의 문화에 지대한 영향을 받았다.

리투아니아인들은 이웃 에스토니아나 라트비아인들보다 훨씬 외향적이고 덜 조직적이라고 한다. 그리고 대부분의 사람들은 발트 이웃나라와 다르게 여전히 로만가톨릭을 따르고 있다. 리투아니아는 흥미로운 큐로니안 모래톱(Curonian Spit)과 흔치 않은 십자가언덕(Hill of Crosses)과 함께 유서 깊고 활기찬 수도 빌뉴스(Vilnius)가 다양한 볼거리를 자랑하고 있다.

발트 3국 중 근세 역사에 있어 폴란드와 함께 주변 국가로부터 엄청난 박해를 받아온 만큼 리투아니아 민족운동의 역사는 어둡고 길다. 그러나 매우 독립성이 강한 민족이라 발트 국가 중 최초로 소비에트연방에서 탈퇴했다. 1,000년의 역사 속에 빌뉴스 시내에는 셀 수 없는 성당과 성들을 볼 수 있는데 건축물 역시 매우 아름답다. 철저한 가톨릭 국가로서 종교행사가 많은 나라다.

리투아니아의 수도인 빌뉴스는 국가의 남동쪽 벨라루스 접경지대에 위치하고 있다. 시의 중심부는 네리스강의 서부지역이며, 대성당광장이 그 중심이다. 동유럽에서 가장 큰 Old Town은 대성당광장으로부터 남쪽으로 뻗어 있다. 이밖에 빌뉴스대학교, 대통령궁, 세 개의 십자가언덕, 전망대 및 유대인들의 옛 마을과 거주지역이 볼만하다. 신도시는 구도시에서 서쪽으로 2km 떨어진 곳에 있으며, 거의 모든 건물이 19세기에 건설되었다.

빌뉴스에서 서쪽으로 28km 떨어진 곳에 위치한 호수와 섬으로 이루어진 도시 트라카이는 한때 리투아니아의 수도이기도 했으나, 지금은 작고 조용한 마을이다. 마을의 대부분은 통나무집이 드문드문 들어서 있는 반도에 위치해 있는데, 이곳의 집들은 모세의 율법을 신봉하는 바그다드에 기원을 둔 유대교파인 카라이트(Karaites)에 의해 지어졌다. 카라이트들은 1400년경 비타우타스(Vytautas) 대제가 호위대로 부리기 위해 트라카이(Trakai)에 데려왔고, 그들의 후손 약 150명이 비록 그 수가 급격히 줄어들고 있긴 하나 아직 여기에 살고 있다고 한다.

1501년에 세워진 빌뉴스의 성 안나교회는 고딕양식으로 설계된 건축물 중 최고의 수작으로 손꼽힌다. 교회 외관을 장식하는 데만 총 33종류의 희귀한 벽돌이 사용되었다. 전해져 내려오는 말에 의하면 성 안나교회를 본 나폴레옹은 그 아름다움에 매혹되어 "교회를 프랑스로 옮겼으면 좋겠다."는 말을 남겼다고 한다.

샤울레이십자가언덕

리투아니아는 소련이 붕괴되기 직전인 1991년 독립을 했다. 독립하는 과정에 수많은 희생자와 수많은 유가족이 생겼다. 유족들은 처음에는 하나둘씩 모여서 샤울레이언덕에 십자가를 박아놓고 돌아가신 분의 넋을 위로하고 마음을 달래가면서 살았다. 그러다가 너도나도 할 것 없이 희생자의 유족들에게 전달되어 하나가 10이 되고 10이 100이 되어 지금은 수천 수만 개의 십자가들이 샤울레이언덕에 박을 자리가 없어 못 박을 정도로 박혀있다. 그래서 샤울레이십자가언덕이라고 한다. 지금도 가족을 잃은 사람들은 십자가를 가져와서 언덕에 박아놓고 기도하는 장면을 종종 볼 수 있다.

팔랑가는 리투아니아 서부 클라페이다주에 있는 도시이다. 아름다운 백사장과 해변에 바다를 산책할 수 있는 기역자의 다리를 세워 많은 관광객들이

팔랑가 해변

두루스키닌가이 조각공원

찾아오는 곳이다.

발트해는 가는 곳마다 해변이 모두 해발보다 낮기 때문에 요양이나 휴양지로 도시를 개발했다. 유럽의 여러 나라 사람들이 조용하게 쉬었다가 갈 수 있는 곳으로는 최적지라고 생각해서 휴가 때는 많은 사람들이 찾는다고 한다.

두루스키닌가이 조각공원은 노부부가 일생을 바쳐 조각한 것을 적재적소에 진열해 놓았으며 면적이 수만 평에 이른다. 개인이 소유자라는 것을 믿지 못할 정도로 규모가 크고 작품이 수도 없이 많다. 국립공원이라 해도 믿지 않을 사람은 없다. 더욱 놀라운 것은 공원 입구에서 입장권을 팔고 있는 할아버지, 할머니가 조각가이며, 주인이라는 소리에 놀라지 않을 수 없었다. 찾아가서 직접 눈으로 확인하고도 이해가 되지 않아 고개가 자꾸 갸우뚱해진다.

트라카이성

　트라카이성은 갈베(Galvet)호수 위에 원추형 지붕으로 붉은 벽돌을 쌓아서 지은 14세기의 건축물이다. 그 당시 리투아니아를 통치하던 공작이나 후작들의 침략을 막아내고 성주들이 제사를 지내던 곳이라 한다. 기나긴 세월 속에 적들의 침략과 전쟁 속에 많은 부분이 파손되어 기능을 잃고 방치된 것을 1955년에 전면적으로 대대적인 보수공사를 실시하여 현재에 이르렀다고 한다.

　성 외부는 갈베호수로 둘러싸여있어서 적들의 침략을 방어하는 데 요새 중의 요새다. 지금은 관광자원으로 이용하여 성 내부도 관람할 수 있고 호수에 요트를 타고 성을 한 바퀴 돌아보는 코스가 있어 트라카이성의 여행에 즐거움이 배가된다. 필자는 선장과 교대로 운전을 해가면서 1시간 가까이 시원한

트라카이성의 갈베호수

호숫가를 마음껏 즐겼다. 선장은 자신의 모자가 여유가 있다고 하면서 필자에게 모자를 씌워주며 선물하겠다고 한다. 그러나 필자는 요트에서 내리면서 아직도 여행일정이 남아있어 계속 쓰고 다닐 수 없어 사양하겠다며 돌려주었다. 그리고 트라카이성 전망대에 올라가면 유럽풍의 붉은 지붕이 그림같이 펼쳐진 광경을 한눈에 볼 수 있다.

두 명의 선장

리투아니아 대통령궁은 중세시대에 대주교가 거주하던 곳이다. 그리고 제정러시아시절에는 지역사령부로 이용되기도 했으며 프랑스와 러시아 전쟁 당시 이곳을 지나던 나폴레옹이 묵었던 곳이다.

현재 리투아니아 대통령은 2009년 7월에 취임한, '철의 여인'이라고 불리는 달리아 대통령이다. 그녀는 2018년 2월 7일 우리나라를 방문한 적이 있다.

라트비아 Latvia

발트의 라트비아는 산이 없는 평평한 나라로 빙하기에 만들어진 아름다운 호수와 그림 같은 항구도시가 많다. 훼손되지 않은 자연에서부터 한자동맹시절에 세워진 역사적인 건축물에 이르기까지 다양한 볼거리가 가득하다. 1997년 유네스코의 세계문화유산으로 지정된 도시 리가는 고딕, 바로크, 고전주의의 현대적인 건축물이 이처럼 조화를 이루고 있는 도시는 전 세계에서 아마도 몇 안 될 것이다. 세계 최대의 아르누보 건축물들이 잘 보존되어 있는 라트비아는 1201년부터 현재까지의 건축양식을 다양하게 갖고 있고, 전통 양식의 목재 건물들이 현존하고 있다. 국토의 10분의 1이 해수면보다 낮고, 50m까지 낮은 경우도 있으며, 산악지대가 거의 없는 작고 평평한 땅으로 이루어진 라트비아는 발트 이웃 국가 에스토니아와 리투아니아 사이에 끼어 있는 습지가 많은 나라다. 하지만 라트비아에서는 많은 것을 즐길 수 있다. 수도 리가(Riga)는 매력적인 해안도시로 많은 여행자를 끌어들인다. 신생 독립 국가인 라트비아는 국가 건설과 회생에 매우 열성적이기는 하지만, 실제로 라트비아인의 30%는 러시아인이며, 수도 리가는 라트비아민족이 러시아인

보다 수적으로 열세다.

수도 리가는 한가운데 폭 파인 곳에 둥지를 틀듯 자리 잡고 있다. 리가에서 리투아니아 국경까지는 버스로 1시간이면 가능하고 에스토니아 국경까지도 한 시간 반 정도면 도달한다.

전 국토의 40%를 숲이 차지하고 있으며, 기후는 해양성 기후로 리투아니아와 거의 비슷하다. 국경은 리투아니아, 에스토니아, 벨라루스를 접하고 있으며 빙하기에 만들어진 호수가 아름답고, 또 아름다운 항구도시가 많은 나라이다.

리가는 고대부터 중개무역지로 강성한 도시로 '동유럽의 파리', '동유럽의 라스베이거스'라고 불리며, 고딕양식의 건물들이 삐죽삐죽 들어선 구시가지와 네온사인이 환하게 밝혀진 유흥시설이 묘한 분위기로 얽혀 있다. 라트비아 역사를 보면 독일인들이 라트비아에 진출하여 리가를 건설한 것은 1201년으로, 거슬러 올라가 2000년이 리가 정도 800주년을 기념하는 해였다. 리가 구시가지는 그 오랜 역사의 흔적이 잘 남아있는 아담한 곳으로 역시 유네스코에서 세계문화유산으로 지정하였다. 구시가지는 교통수단을 이용할 필요가 전혀 없고, 그냥 발 닿는 곳으로 다니다보면 역사적인 건물이 나온다. 특히 이곳은 대단히 활기찬 대도시의 모습을 지니고 있다. 수세기 전의 게르만양식 건물들이 역사적 구역인 그 옛날 리가 베츠리가(Vecriga) 전역을 덮고 있으며, 성 피터교회의 나선모양 탑을 오르면 주변 경치를 공중에서 볼 수 있다. 1935년 세워진 자유의 기념물(Freedom Monument)은 이 지역의 상징이다. 옛 리가를 둘러싸고 있는 신시가지는 19세기와 20세기 초부터 건설되기 시작했으며 상업지역과 주거지역이 혼재하고 있다. 활기 넘치는 중앙시장은 현대 도시생활의 중심이자 생활수준을 알 수 있는 적절한 기준이 된다.

구시가지가 시작되는 광장 한가운데에 별 세 개를 들고 서있는 파란 여인의 동상이 '라트비아 자유의 여신상'인데 라트비아 역사에 있어서 중요한 장소이다. 1980년대 후반부터 1990년대 초반까지 이 조각상은 국가적으로 정신적인 중심지이며, 독립에 대한 갈망의 상징이었다. 리가시민들은 특별한 날이면 이곳에 모여들었고, 군인들의 행렬이 펼쳐지기도 한다. 1935년에 시민들의 모금으로 지금과 같은 기념물이 세워지게 되었다. 들어 올린 손 안에 들려있는 세 개의 별은 자유와 국가의 통합을 상징하고 있다. 그 동상의 밑부분으로는 라트비아 민족의 대서사시 '라츠플레시스'에 나오는 장면이 조각되어 있다.

1698년에 세워진 스웨덴문은 스웨덴의 도시 점령을 축하하기 위해 세워졌다. 구시가의 왼편에 세워진 건축물로 가장 상징적인 장소이다. 구시가지의 성벽은 13~16세기에 세워진 것으로 당시에 주교의 성과 리보니아 기사단의 성을 지키는 요새였다. 1997년 유네스코 세계문화유산으로 지정되었다. 리가의 대표적인 특징으로는 첫째, 세계 최대의 아르누보 건축물들이 잘 보존되어 있으며, 둘째, 1201년부터 현재까지의 건축양식을 다양하게 갖고 있다는 점, 셋째 시내 중심부에 전통양식의 목재건물들이 현존하고 있다는 점이다.

라트비아 룬달레성은 러시아의 겨울궁전을 건축한 건축가에 의해서 만들어진 성이라고 한다. 1736~1768년에 완공되었다. 겉과 속이 다른 이 성의

룬달레성

내부는 로코코양식으로 마감을 했
으며, 외부는 쿠제에 공작의 여름
궁전으로 바로크양식으로 세워진
건물이다. 이 성을 '작은 베르사유
궁전'이라고도 한다. 이곳엔 방이
138개나 있으며 각 방마다 이름이
붙여져 있다. 황금방, 무도장(하얀
방) 등 이름에 맞추어 특색 있게 방
을 각기 다르게 장식을 해놓았고,
방마다 색깔이 다르게 칠을 해서

룬달레성 정원

색깔별로 이름을 지어주기도 했다.

성 내부는 외부 관람객들에게 개방을 해놓았지만, 정원은 문이 굳게 닫혀 있다. 하필이면 우리가 도착한 날에 이렇게 왜 문을 닫아놓았는지. 보고 싶은 마음이 더욱 간절한 건 누구나 한 번씩 겪어본 일일 것이다. 정원은 베르사유 정원 다음으로 예쁘게 꾸며진 정원이라고 한다. 그 말을 들으니 더욱 더 보고 싶은 마음이 발동을 해서 그냥 지나갈 수가 없었다. 그래서 굳게 닫힌 대문 사이로 카메라를 집어넣어 사진 2장을 억지로 찍고 돌아서야만 했다.

검은머리전당은 길드조합 건물로 1334년에 지어졌다. 그 당시 남미 혹은 아프리카를 왕래하는 미혼 상인들의 숙소 겸 연회장으로 사용하던 건물이다. 검은머리의 이름은 흑인 검은머리 길드의 수호성인 성 모리셔스 얼굴을 따서 불러진 이름이다. 실내로 들어가면 검은머리 얼굴을 한 성 모리셔스가 입장객들을 맞이한다. 세월이 많이 흘러 낡은 건물을 1999년 건축가, 조각가 등 전문가들이 힘을 합쳐 이렇게 어여쁜 건물로 재탄생시켰기 때문에 오늘 필자가 이렇게 볼 수 있다고 한다.

검은머리전당

투라이다성

투라이다성은 리가 대주교의 주거지로 지어진 건물이다. 여러 차례 파괴되어 있었던 건물을 1950년대에 들어와서 다시 복원했다. 라트비아를 대표하는 건축물로서 가장 아름답고 세련되게 보존이 너무나 잘 되어 있다. 그러나 예산이 부족해서인지 주변에 주거시설로 이용하던 건물들은 완전히 파괴되어 흔적만 남아있다. 투라이다성을 마지막으로 발트 3국 여행을 마무리한다.

벨기에 Belgium

제일 먼저 '제2의 베니스'라고 불리는 브뤼헤를 찾아갔다. 2016년 6월 중순인데 긴 소매 옷을 입어야 할 정도로 날씨가 서늘하다. 네덜란드와 바로 국경을 접하고 있어 지반이 낮고 물길이 많아서 50여 개의 다리가 운하에 걸쳐 있는 물의 도시라고 한다. 필자가 서 있는 여기가 어디냐고 물어보니 마르크트광장이라고 한다. 광장 주변에는 고딕양식으로 이름 모를 건물들이 사방을 장식하고 있으며 유명한 종탑, 지방법원, 길드하우스 등 다양한 건물들이 있다.

종탑의 높이가 83m에 이르며 47개의 크고 작은 종이 한 번에 울려 퍼지는 종소리가 매우 아름답다. 종탑 안에는 올라갈 수 있는 나선형 계단이 366개로 이루어져 있

브뤼헤마르크트광장

벨기에의 민족영웅 얀 브레이텔과 피터 데코니크의 동상

오줌싸개 동상

다고 한다. 그리고 광장에 있는 두 개의 동상이 관광객의 눈길을 사로 잡는다. 14세기 프랑스의 억압에 저항한 벨기에의 민족영웅 얀 브레이텔(Jan Breydel)과 피터 데코니크(Peter Deconinck)의 동상이라고 한다.

그리고 이 나라 정치, 경제의 중심지 브뤼셀로 이동했다.

브뤼셀의 마스코트로 우리들의 눈에 익은 오줌싸개 동상이 있다. 오줌싸개 동상 앞에서 바라보는 동상이 생각했던 것보다 크기가 너무도 작다. 높이가 60cm밖에 되지 않는다. 1619년도 제롬 듀케누아가 만든 청동상인데 꼬마 질리앙(Petit Juioen, 프랑스어)으로 불린다. 세계 여러 나라에서 옷을 많이 보내와서 옷을 자주 갈아입는다고 한다. 14세기에 프라방드 제후의 왕자가 적국 부대를 향해 소변

광장에 즐비한 오줌싸개 동상을 파는 가게

을 보면서 적군을 모욕했다는 데서
유래한 작품이다.

　주변의 상가들은 영업활동이 대
단하다. 초콜릿가게가 아니면 오줌
싸개 동상을 모델로 한 인형제품들
로 점포를 꽉 채우고도 넘친다. 손
님들이 밀어닥쳐 발 디딜 틈이 없
을 정도다.

　시내 중심가에 자리 잡은 그랑플
라스광장은 특이하게 정사각형 모

브뤼셀 그랑플라스광장

양을 하고 있다. 사면으로 시청사를 비롯해서 담을 쌓듯이 고딕양식으로 섬세한 조각과 다양한 모양의 색깔로 그림보다 더 아름답다. 세기의 문학가 빅토르 위고가 세계에서 가장 아름다운 광장이라고 극찬을 아끼지 않았다고 한다. 중앙에는 천막 가게들이 형성돼 있는데 생활용품이나 꽃을 파는 가게가 주를 이루고 있다.

룩셈부르크 Luxemburg

레체부르크(작은 성)에서 유래하여 나라 이름도 룩셈부르크라고 지었으며 유럽 북부의 작은 나라로 대공이 다스리는 입헌군주국이다. 대공은 황제가 제후들에게 내리는 작위 중에 제일 높은 작위 공작이다. 수도 이름도 룩셈부르크다. 면적이 2,586km²이며, 현재 인구는 62만 명 정도 된다고 한다.

룩셈부르크는 2013년 세계 경제 지표를 보면 1위를 할 정도로 잘사는 나라다. 대공궁전 앞에 있는 청동기마상은 룩셈부르크가 1830년에 네덜란드로부터 독립하고 1884년에 세워졌다. 네덜란드 왕 기욤 2세가 독립 당시 정부조직 윤허와 자치권을 인정하는 것에 대한 감사의 마음에 국민들이 뜻을 모아 기욤 2세의 광장이라 하고, 기욤 2세

기욤 2세의 청동기마상

노트르담대성당(출처 : 룩셈부르크 엽서)

의 청동기마상을 세웠다고 한다. 그리고 헌법광장 중앙에 우뚝 솟은 황금으로 된 여신상이 있는데 제1차 세계대전에 참전한 병사들을 위해 1923년에 세워진 위령탑이며 양손에 월계관을 들고 있다.

그리고 시내 어디를 가나 노트르담대성당의 세 개의 높은 첨탑을 볼 수 있다. 1613년에서 1621년에 건축된 이 성당에서는 주로 대공 가족들의 결혼식 같은 행사를 비롯하여 국가의 중요한 행사가 열린다고 한다. 헌법광장 맞은편 가까이에 있어 관람하기에도 편리하다.

그리고 룩셈부르크시에는 시내를 양분하는 계곡을 연결하는 다리가 있는데 1900년대에 석조다리로 지구상에서 제일 길었다는(153m) 아돌프다리다. 아치 형식으로 된 이 다리는 룩셈부르크에서 헌법광장 그리고 노트르담

아돌프다리(출처 : 룩셈부르크 엽서)

성당과 함께 3대 중요 관광 명소로 꼽힌다. 그리고 이 작은 나라에서 우리나라 6 · 25때 벨기에군에 배속되어 48명이 참전했지만 애석하게도 2명이 전사했다고 한다. 필자는 '베풀어준 것은 모래위에 기록하고, 은혜와 도움을 받은 것은 대리석에 새기라.'는 말을 명심하며 유럽 소국 혈맹으로 다진 '형제의 나라'를 잊지 않기로 했다.

벨라루스 Belarus

벨라루스, 즉 '하얀 러시아'라는 뜻의 이름에서도 드러나듯이 주민들은 흰색을 좋아하여 흰옷을 즐겨 입고 가옥의 벽도 희게 칠한다.

6세기 무렵 슬라브족이 세운 벨라루스는 3분의 1이 삼림지대로 많은 숲과 호수가 있어 국민들은 '푸른 눈의 벨라루시' 또는 '푸른 호수와 초록의 숲 벨라루시'라고 부르기도 한다. 백러시아라는 이름은 13세기에 몽골 침입 당시 몽골의 지배에 들어갔던 동쪽을 흑러시아, 독립을 유지했던 서쪽을 백러시아로 칭했던 것에서 유래한다. 백러시아(White Russia)라는 명칭은 벨라루스의 인종적 특징인 홍채의 빛깔이 엷은 회색이고, 피부도 희며, 집의 벽도 희고, 민족의상이 흰색인 것에서 유래했다고 보고 있다. 역사적으로 12~13세기경에 조세를 바치지 않는 토지인 '흰토지'에서 살았다는 점도 국가 명칭의 유래가 되기도 했다. 독립 이전에는 '벨라루스소비에트사회주의공화국'이었으나 독립 이후 벨라루스공화국(The Republic of Belarus)으로 바뀌었다. 동구유럽에 속하며, 구소련의 서부지역에 위치해 있다. 북서쪽으로는 리투아니아와 라트비아, 남서쪽으로는 우크라이나와 접하고 있고, 서쪽은 폴란드,

동쪽은 러시아에 둘러싸여 있다. 전체 면적은 20만 7,600km²로 구소련 전체의 0.6%에 해당하고, 한반도보다 약간 작은 크기의 국가이다. 평탄한 땅덩어리로 넓게 펼쳐진 개간되지 않은 자작나무 숲들과 삼림이 우거진 광대한 저습지들, 넘실거리는 녹지 한가운데에 목조가구로 이루어진 마을들과 새까만 벌판들이 벨라루스의 아름다움이다.

벨라루스는 구소련 국가들 중에서 가장 안전한 곳이다. 지정학적인 위치로 숱하게 외침에 시달렸건만 대자연의 축복을 받은 이 땅의 사람들은 여전히 온화하고 순박하다.

2차 세계대전이 한창이던 1941~1944년 수도 민스크를 점령했던 독일군은 이 도시를 돌멩이만 나뒹구는 폐허로 만들었다. 수도 이전을 고려할 정도로 피해가 심각했지만 이후 민스크는 구소련 시절 가장 성공적인 계획도시로 거듭 태어났다.

민스크의 거의 모든 빌딩들은 1944년 소련군이 탈환한 후 세워진 것들로, 이 도시는 아마도 소련의 대규모 계획 중 가장 좋은 예가 될 것이다. 민스크는 노동자의 유토피아건설을 시도했으며, 일률적이며 기념비적인 외관은 넓은 거리와 상쾌한 공원들로 부드러운 분위기를 갖는다. 도시는 이전의 여느 다른 소련 도시들보다 깨끗하고 밝은 느낌을 준다. 민스크의 주요 거리인 프라스페크트 스카이니(Praspekt Skaryny)는 크고 북적대는 산책길이다. 이 거리의 남서쪽 끝에는 500m(1,640ft) 길이의 독립광장과 플로쉬챠 네깔레즈나스트시(Ploshcha Nezalezhnastsi)가 있는데 정부 빌딩들과 매력적인 성 시몬 폴란드가톨릭교회(Polish Catholic Church of St Simon)로 둘러 싸여

독립의 거리

있다. 파크 잔키쿠팔리(Park Janki Kupaly)는 푸른 나무들이 상쾌하게 뻗어 있는 곳으로 구불구불한 스비슬라치강(Svislach River)과 일부 접해 있다. 프라스페크트 스카이니의 서쪽은 구시가지로, 성 듀크호스키 바로크대성당(Baroque Cathedral of St Dukhawski)이 있는 곳이다.

1847년에 지어진 성 메리 메그델라인교회(St Mary Magdeline Church)에는 뾰족한 8각형의 종탑과 웅장한 돔이 있다.

브레스트의 옛 이름은 브레스트리토프스크(Brest Litovsk : ~1921년)이다. 부크강 서부에 있는 하항(河港)이며, 모스크바와 바르샤바를 잇는 철도, 도로교통의 요지이다. 이곳은 예로부터 요새로서 알려졌으며 1017년 폴란드와 리투아니아의 국경도시가 되었다. 11세기에는 키예프공국과 폴란드 사이에 소속 다툼이 일어나, 1044년 키예프가 차지하였고, 1319년 리투아니아가 이를 빼앗았다. 그 후 1569년 루블린 동맹으로 리투아니아 영토가 되었다가 1795년 러시아 영토로 바뀌었으며, 1830년대에 러시아 서쪽 국경을 지키는 대요새가 구축되었다. 1919년에 폴란드 영토가 되었다가 1939년 소련에 양도되었다. 1940년 독일군에 포위되어 요새는 혈투 끝에 함락되었으나, 1945년 얄타회담에서 백러시아 영토로 할양되었다. 1991년 백러시아의 국명을 벨라루스로 바꾸었다. 산업은 전기 기계와 직물, 가구, 식품 등의 경공업 위주로 산업화되어 있다.

승리의 거리

벨라루스에서 제일 큰 민스크의 독립광장은 길이가 0.5km나 된다. 그리고 지하에는 쇼핑센터, 카페, 부티크, 영화관, 볼링센터 등이 있으며 독립의 거리, 승리의 거리 등으로 시내 곳곳으로 연결된다.

미르성은 민스크에서 90km 떨어져 있으며, 고딕양식과 르네상스양식, 바로크양식을 종합해서 16세기에 만들어진 건축물이다. 마치 동화 속에나 있을 법한 느낌을 주며 정부에서 정밀검사와 진단을 거쳐 최고의 전문가들이 복구에 참여하여 유네스코 세계문화유산에 등재되어 있다. 갈색과 흰색의 조화로 보기만 해도 멋지고 아름답다. 현지가이드에게 요청해서 기념사진을 한 장 남겼다.

2002년 개관한 브레스트철도박물관은 기관차와 56대의 열차가 전시되어 있으며 열차들이 세월을 이기지 못해 흉물에 가까운 것을 페인트칠을 해서 산뜻하게 여행자들을

미르성

맞이하고 있다. 옛 역사터 철길과 마주하고 있어 관광객이면 한 번 정도는 내려서 철도박물관을 관람하고 가는 것도 유익한 여행이라 생각된다.

중세시대의 네스비쥬궁전은 르네상스와 바로크양식으로 건축된 건물이며, 성 안에는 그 당시 사용하던 책상이나 의자 등 생활에 필수적으로 사용하던 가재도구들이 아주

브레스트철도박물관

네스비쥬궁전 내부

잘 보관된 상태로 전시되어 있다. 그리고 성 안에는 코두푸스교회가 있다. 세계에서 가장 오래된 교회 중의 하나로 그 당시 영화로웠던 삶의 흔적을 고스란히 간직하고 있다.

브레스트 요새는 벨라루스 브레스트에 위치하고 있다. 러시아 제국의 지배를 받고 있던 1836년 6월 1일부터 1842년 4월 26일까지 건설되었다. 요새 안에는 전체 면적이 4km²에 달하는 성채 세 개가 들어서 있으며, 전체 길이는 6.4km에 달한다. 제2차 세계대전 당시에 소련군이 독일 국방군의 침공 (바르바로사 작전)에 저항했던 브레스트 요새 방어전의 무대였던 이 요새는 1965년 소련에 존재했던 12개의 영웅 도시와 동등한 칭호인 '영웅 요새' 칭호를 받았다.

우크라이나 Ukraine

'러시아의 역사는 우크라이나에서 시작된다.'라는 말처럼 9세기 우크라이나 수도 키예프를 중심으로 세워진 루시가 러시아의 시작이라고 할 수 있다. 비옥한 농목지에 둘러싸인 우크라이나는 유럽의 곡창지대라고 불릴 만큼 풍요한 나라다.

오랜 역사와 고유의 언어, 종교와 같은 독자적인 문화를 가져 민족의식도 높다. 구소련에서는 가장 오래된 역사를 가지고 있는 도시인 키예프는 역사에 걸맞은 훌륭한 문화명소를 가지고 있고, 흑해의 진주 오데사와 얄타회담이 열린 크림반도의 역사적인 도시 얄타가 있다. 동유럽과 러시아 경계에 위치한 우크라이나는 흑해와 인접해 있으며 아름답게 보존되어 있는 자연환경과 풍부한 천연자원을 보유하고 있다.

오랜 세월동안 유럽의 여러 나라들로부터 지배를 받았고 70년이 넘게 구소련의 지배하에 있었지만, 결국은 독립하여 지금의 우크라이나가 되었다. 우크라이나공화국은 1991년 8월 24일 독립을 선언하면서 현재의 국명을 가졌고, 이전 명칭은 우크라이나소비에트사회주의공화국이다. 우크라이나는 러시아어로 '변경의 땅'이란 뜻을 가지고 있다. 국토의 총면적은 603,700km²로 남북한 전체 면적보다 약 3배 정도 크고, 구소련 전체의 2.7% 정도로 구소련 독립국들 중에서 러시아와 카자흐스탄 다음으로 넓은 영토를 갖고 있다.

인접한 국가로는 서쪽 및 남서쪽으로는 폴란드, 슬로바키아, 헝가리 및 루마니아와 접하고 있고, 북쪽으로는 벨라루스, 동쪽 및 남동쪽으로는 러시아, 남서쪽으로는 몰도바, 남쪽으로는 흑해 및 아조프해와 국경을 이루고 있다.

키예프는 슬라브 민족에게 있어서 특별한 도시이고, 모든 슬라브인들의 마음의 고향이다. 러시아는 처음부터 모스크바(Moscow)나 상트페테르부르크에서 시작한 것이 아니고 바로 키예프에서 출발했으며, 처음의 이름도 키예프루스로 불렀다고 한다.

인구 100만이 넘는 대도시 키예프를 가로지르는 드네르프강은 모든 슬라브인들의 마음의 젖줄이다. 블라디미르언덕에서 키예프 시가를 바라보는 경치는 한 폭의 그림으로, 유유히 흐르는 드네프르강과 신시가지, 울창한 공원들을 한눈에 내려다볼 수 있다. 키예프에는 10세기 말부터 11세기 중엽까지 키예프공국 전성기 때에 만들어진 크고 아름다운 건축물들이 많다.

동로마제국의 수도였던 콘스탄티노플(현 터키 이스탄불)과 비견될 정도로 강성한 세력을 자랑하던 곳이 바로 키예프인데 몽골군의 침입으로 많은 사람이 죽고, 수많은 건축물과 미술품이 파괴되면서 키예프공국은 완전히 초토화되었다. 그리고 이로 인해 러시아 문화와 예술은 장기간 정체되었다.

키예프에는 두 개의 명소가 있다. 그 중 하나는 약 900여 년의 역사를 가진 동굴사원으로 모든 정교 사원이 그러하듯이 웅장하고 돔 지붕형이 황금색이다. 로마가톨릭 지붕은 첨탑형식인데 비해 정교는 돔 지붕형이 특징이다. 지하 수도원에서 기도를 한다든지, 수도 승관에 입을 맞춘다든지 하는 모습은 우리들이 교회 또는 절에서 미래를 위해서 기도를 드리는 것과 별반 차이가 없어 보인다.

다른 하나는 11세기에 지어진 키예프에서 가장 오래된 성 소피아성당으로 모자이크와 프레스코화가 잘 보전되어 있다. 유네스코 지정 세계문화유산 성 소피아성당은 대략 11세기에 지어진 것으로 야로슬라브 공이 동쪽의 라이벌 부족인 페체네그(Pecheneg)에 대한 승리의 기념으로 지었으며 비잔틴시대의 새로운 종교적인 권위와 정치적인 상징성을 나타낸다. 이곳 역시 금으로 도금된 둥근 돔형의 지붕에 초록색과 백색의 색깔이 조화를 이루어 규모가 웅장하고 아름다운 성당으로 키예프의 명소 중에서도 핵심이다.

리비브의 정치적 역할은 다양한 문화와 종교적 전통을 가진 다수의 민족 집단을 끌어들였다. 이들은 도시 안에 분리되어 자리를 잡았지만 상호 의존적인 공동체였으며, 그들의 모습은 현대의 도시 풍경에서도 여전히 볼 수 있다. 리비브는 도시의 구조와 건축양식에 이탈리아와 독일, 동유럽의 문화·예술적 전통을 융합한 탁월한 본보기이다.

5세기 중반에 정착지는 자모브카(Zamovka)언덕 아래에 있는 폴타바(Poltava)강의 제방에 자리 잡았다. 발트해, 중부 유럽, 지중해 그리고 아시아를 잇는 중요한 교역로들이 교차하는 지점인 이곳은 13세기에 이르러 점차 발전하여 조직적이며 요새화가 잘된 도시 리비브라고 알려졌다. 키예프 왕국의 속국이었을 때, 이곳은 부크강, 시안강, 드니스테르(Dnister)강 유역에 살던 동부 슬라브인의 지역(할리치나 / 갈리치아 지방) 중심 도시였다. 이곳은 키예프 왕국의 속국이었던 10세기에 정치의 주체로 역사에 등장했다. 이 국가는 키예프 왕국이 붕괴된 후에도 지속되었다. 리비브는 1272년에 통일 왕국의 수도가 되었으며, 1340년에 카시미르 3세(Casimir III) 대왕에 의해 폴란드에 합병되면서 왕국이 사라질 때까지 수도로서 기능을 다했다. 하지만 이 도시는 서부 우크라이나에서 주권을 유지했다. 전략적이고 상업적인 중요성은 동부의 교역에 독점권을 보증하는 많은 특권을 가져다주었다.

1412년에는 로마가톨릭의 대교구 지역으로 편성되었다. 도시는 다양한 소수 민족을 끌어들였고, 그들은 서로 다른 공동체를 이루어 살아갔다. 우크라이나, 아르메니아 그리고 유대인 공동체는 독일, 폴란드, 이탈리아, 헝가리의 가톨릭 공동체와는 달리 자치적이었다. 그들 공동체 사이의 치열한 경쟁의식은 수많은 건축과 예술의 걸작들을 창조하는 성과를 낳았다. 리비브는 빈번한 전염병, 화재 또는 전쟁으로 인한 물질적인 피해를 입지 않고 번영했지만, 1672년에 오스만제국에 포위되어 심한 공격을 받았으며, 1704년에 스웨덴의 카를 12세(Charles XII)에 의해 약탈당했다.

1772년 폴란드에서 최초로 분리되면서 리비브는 새로운 오스트리아주의 수도가 되었다. 오스트리아의 지배를 받는 동안 방어시설은 제거되고 많은 종교 기관이 폐쇄되면서 건물들은 세속적인 목적으로 사용되었다. 중세 건물들의 재건축도 다수 이루어졌다. 혁명이 일어난 1848년에는 군사작전으로 인해 시의 중심부가 심각하게 훼손되었다. 1918년에 리비브는 새로 독립된 폴란드공화국의 일부가 되었지만, 제2차 세계대전 이후 우크라이나에게 반환되었다.

오데사는 러시아 사회주의 혁명의 관점에서 역사적으로 아주 중요한 곳이다. 영화 '전함 포템킨호'의 배경이면서 1905년에 혁명이 일어난 곳이기도 하다. 흑해에서 오래된 선박기지이자 우크라이나 남부의 중심 도시로 1905년의 혁명 당시 반체제 노동자들을 지원한 포템킨호 반란의 중요한 역할을 한 도시로도 유명하다. 오데사는 바둑판 모양처럼 잘 정리된 계획도시로 중심부는 해안에서 불과 몇 백 미터 거리에 있는데 아름다운 건물, 가로수가 이어진 길, 오페라와 발레극장, 박물관으로 이루어져 있다. 흑해는 푸른색의 여느 바다 빛깔과 동일하다. 흑해가 'Black Sea'로 불리게 된 것은 안개나 폭풍이 자주 발생해 선박의 항해에 어려움을 초래하는 일이 많아서 오스만튀르크 제국시대부터 그렇게 부르게 되었다고 한다. 흑해는 지형적으로나 전략적으로도 중요하여 오랜 기간 이곳을 차지하려고 많은 국가 간의 치열한 쟁탈전이 있었고 17세기에 러시아의 표트르 대제가 터키와의 전쟁을 치러 러시아가 흑해 연안의 지배권을 차지하기에 이르렀다.

흑해는 구소련의 몇 안 되는 부동항으로, 과거에는 물론 현재까지도 중요한 무역항과 군사 항구로서의 역할이 크며, 터키, 루마니아, 불가리아와 해상 국경을 이루고 있다. 여러 민족이 자신들의 이익을 위해서 이곳을 교두보로 삼았기에 많은 역사적인 희생이 따른 곳이 바로 이 흑해인 것이다.

포템킨 193계단은 영화 '전함 포템킨호'로 유명해진 계단이다. 이 계단은 아래쪽의 것은 너비가 22m인데 비해서 위로 갈수록 좁아져서 맨 위의 것은

제2차 세계대전 전쟁박물관

너비가 12.5m밖에 안 된다

제2차 세계대전 전쟁박물관은 수많은 유명한 과학자, 건축가, 조각가들이
참여해서 거대하고 방대한 프로젝트에 의해 만들어졌으며 1981년도에 문을
열었다. 1층에는 그 당시 전쟁생활상을 보여주기 위해 공원처럼 꾸며져 있으
며, 지하에는 우크라이나 병사들이 전쟁에 참여했던 각종 유물들을 전시하고
있다. 1층에는 방공호를 비롯하여 소련제 탱크, 박격포 등 무기들을 요소요
소에 배치해 놓았으며 우크라이나 병사들이 전쟁에 참여한 역할을 조각상으
로 전시하고 있다.

그중에서도 제일 눈에 띄는 것은 기념관 관람의 백미라고 할 수 있는 '조국
의 어머니상'이다. 크롬으로 도금을 해서 만든 이 작품은 높이가 120m, 동상

조국의 어머니상

우산을 들고 있는 아가씨

받침대가 36m, 오른손에는 칼을 들고 왼손에는 방패를 들었다. 칼의 길이가 16m이고, 무게가 9톤이며, 방패의 면적이 104m²(31.5평)이며, 무게가 13톤이나 된다. 그래서 어머니상의 총 무게는 450톤이다.

지리적으로 독일과 구소련 사이에 있는 우크라이나는 제2차 세계대전으로 많은 희생과 상처가 남아 있어 전쟁 당시를 영원히 잊지 못할 것 같다. 오늘날 전 국민들이 타고 다니는 지하철도 세계에서 깊이가 제일 깊다고 한다.

그리고 낭만과 예술의 거리로 가기 위해 시내 중심으로 이동하던 중 비가 오지 않아도 우산을 들고 있는 아가씨 동상이 있는데 사람인지, 동상인지 구별이 쉽지 않다. 얼굴과 손을 모두 동상과 같이 화장을 해서 정말 가늠하기 어려웠다.

성 소피아대성당

그래서 곁에 가서 슬쩍 인사를 건네고 난 후 자기는 사람이라고 한다. 왜 이렇게 분장을 했느냐고 물으니 소정의 팁을 받고 사진 촬영에 협조를 하고 있다고 한다. 그래서 그냥 지나갈 수는 없고 소정의 팁을 주고 어깨를 나란히 해서 기념촬영을 했다. 헤어지는 인사도 부동자세로 눈동자만 깜빡거리며 감사의 인사를 대신한다.

성 안드리교회

성 소피아대성당은 우크라이나 키예프에 있는 동방정교회대성당이다. 일 정에 내부관람이 없어서 정면에 가서 기념사진만 촬영하고 다음 장소인 성 안드리교회를 거쳐 '전함 포템킨' 영화의 무대현장을 찾았다. 많은 사람들이 알고 있는 이 영화는 1925년 세르게이 예이젠시테인 감독의 연출로 만든 소 련의 무성영화다.

실제로 그날의 참상을 살펴보면 1905년 6월 27일 훈련을 하기 위해 포템 킨에서 출항 직전에 식사시간이 다가오자 식사당번들이 음식을 하기 위해 보 급된 소고기를 내리는 과정에서 소고기에 구더기가 득실거리는 것을 발견해 동료 수병들에게 연락이 닿고, 수병들은 이 고기는 먹지 못하니 폐기시키고 다른 고기들을 달라고 요구하게 되었다. 그 당시 함장은 예브게니골리프 대 령이었다. 지휘 계통을 거쳐 함장에게까지 보고가 되고, 함장은 육지로 보내 서 수병들이 먹어도 되는지를 감식해서 요리를 하든지, 반품하든지, 폐기시 키든지 결정하라고 지시를 하달한다. 그런데 전함 내 최고참 군의관 스미르 노프 대위가 나타나서 이 고기를 식초로 세척해서 먹으면 별탈이 없다고 요 리를 해서 배식하라고 지시한다. 그러나 수병들은 삶은 고기와 국물은 먹지 않고 빵과 물만 먹고 식사를 마친다. 이를 지켜보던 부함장 길리아 롭스키 중 령은 이것을 항명으로 간주하고 소고기 식사를 거부한 주동자 7명을 세워놓 고 방사포로 총살시키겠다고 엄포를 놓는다.

사건이 어느 정도 수그러들다시피 하던 분위기가 분노로 변하여 전함 내 수병들 전체가 "이 썩은 고기를 지휘관들 너희들이나 처먹지, 우리들을 개 와 돼지로 취급하느냐?"며 반기를 든다. 수병들은 선내 무기고를 열어서 무장단체로 변하여 병사들과 지휘관들의 격렬한 싸움이 벌어졌다. 이를 통제할 의무를 가진 부사관들도 병사들에게 합류한다. 이 현장에서 주모자 병사가 부함장의 총에 맞아 그 자리에서 쓰러진다. 잠시 후 주모자 중 다른 병사가 부함장 머리에 총알을 명중시켜 부함장도 그 자리에서 쓰러진다. 부함장 옆에서 그를 보좌하던 사관후보생도 그 자리에서 병사의 총에 맞아 즉사하고 만다.

삽시간에 전함은 700여 명의 해군 병사와 장교들 간의 전쟁터로 변하고 만다. 지휘계통이 무너져 수적으로 열세한 장교들은 계급장을 무시하고 달려드는 병사들에게 싸움의 대상이 되지 못했다. 많은 지휘관들이 바다에 뛰어내려 헤엄을 쳐서 도주하다가 바다에서 사살되어 물고기 밥이 되고, 선내에서

전함 포템킨이 정박한 항구 그리고 포템킨 계단

저항하던 지휘관 간부들은 사살되어 바다에 던져지고 만다. 이 과정에서 반란을 일으킨 병사들도 숫자적으로 지휘관 못지않게 희생되었다. 이래서 결과는 반란군 병사들의 승리로 끝이 난다.

후세 사람들은 러일전쟁으로 피폐해진 러시아가 국방 예산이 부족한 탓에 식사 대접이 너무나 허술해서 병사들의 고통과 불만이 곪아터져서 이번 사건의 계기가 되지 않았나 생각을 한다.

함장도 사망하고 부하지휘관도 대부분 사망한 상태에서 병사들과 백기를 든 일부 지휘관들은 결사항전을 하다가 루마니아까지 가서 모두가 자수를 하고, 전함은 정규 해군에 인도된다. 그리고 모두가 본국에 송환되어 재판을 받는다. 61명 중 주동자 7명은 교수형에 처해지고, 19명은 시베리아 유배형에 처해진다. 남은 35명은 징역 20년형을 받았다. 시베리아에서 유일하게 탈출하여 살아남은 펠트만 수병은 러시아 혁명 후 소련으로 돌아와 '전함 포템킨' 영화에 직접 출연하여 영화배우가 되었다

몰도바 Moldova

유럽 동부의 우크라이나와 루마니아 사이에 있는 내륙국가로 정식명칭은
몰도바공화국이다.

몰도바는 원래 흑해와 접하고 있으나, 흑해 연안을 소련에 빼앗기게 됨으
로써 내륙국이 되었다. 과거 루마니아의 일부였다가, 그 다음에는 소련의 공
화국이었다.

몰도바는 육지로 둘러싸여 있고, 구소련 공화국 중 가장 작으면서 인구가
가장 밀집된 국가이다. 1990년 독립된 이후, 루마니아와 재통일하고자 하는
몰도바의 소망과 슬라브족에 대한 차별은 1992년 6개월에 걸친 쓰라린 전쟁
을 불러일으켰다. 그러나 몰도바는 오래되고 세계적인 매력을 가진 그림과도
같은 곳으로, 기복을 이룬 푸른 언덕들, 회반죽으로 칠해진 마을들, 잔잔한
호수들, 해바라기 벌판들이 있다. 또한 유럽 최고의 포도농장이 있다.

몰도바의 주민 구성은 루마니아인 계통의 몰도바인이 64%이며, 우크라이
나인 14%, 러시아인 13%로 구성되어 있다. 그 외에 불가리아인이나 유대인
등의 소수 민족이 거주하고 있다. 몰도바의 공용어는 러시아어였으나, 1989

년부터 루마니아어로 바뀌었다. 1940년 이래로 몰도바에서는 루마니아어가 키릴문자로 표현되었는데, 키릴문자로 표기되는 루마니아어는 몰도바어로 불린다.

소련은 루마니아풍의 문화유산을 몰도바에서 몰아내고자 힘쓰면서 러시아화 촉진정책을 시행하였다. 첫 번째, 몰도바에서 루마니아로 통하는 국경을 폐쇄하였고, 두 번째, 몰도바 주민의 루마니어를 라틴알파벳이 아닌 키릴문자로 표기하도록 강요했으며, 세 번째, 몰도바 내부에서 몰도바와 루마니아를 통합하려는 민족주의 루마니아인 수천 명을 중앙아시아로 추방하고 러시아인 및 우크라이나인을 몰도바로 이주시켰다. 그러나 이러한 노력에도 불구하고 몰도바의 민족주의적인 노선을 말살할 수는 없었고, 오히려 저항에 부딪쳐 몰도바의 공용어가 원래 러시아어이던 것이 1989년부터 루마니아어로 바뀌었다.

주민의 대부분은 그리스도교도이다. 몰도바에 거주하는 가가우즈인들은 원래 터키계의 사람들이지만, 그들의 종교는 그리스도교이다. 몰도바의 문화는 루마니아 문화와 거의 같다. 루마니아 문화는 기원후 2세기까지 로마문화의 영향을 받았고, 이후 로마가 철수한 AD 271년 이후에는 비잔틴문화, 슬라브문화 그리고 마자르인들의 영향을 받았으며, 오스만튀르크의 영향도 받았다. 그리고 19세기에 들어서 프랑스의 영향을 많이 받으면서, 몰도바 문화는 혼합문화로 형성되었다. 14세기까지 몰도바인들은 그들의 문화가 곧 루마니아 계통이라고 믿었다.

몰도바의 수도인 치시나우(키시네프)는 공원과 호수로 둘러싸인 아름다운 도시로 한 나라의 수도라기보다는 예쁜 시골마을 같은 느낌이 드는 곳이다. 제2차 세계대전 후 도시 대부분의 건물들이 파괴되었지만 지금은 많은 것이 복구되어 옛 모습을 재현하고 있는 상태이다.

치시나우에는 구소련의 영향으로 위엄 있어 보이는 옛 건물과 러시아식의 둥근 지붕의 성당들이 도시 곳곳에 늘어서 있으며, 스탈린주의자 시대 때의 잿빛 상자 같은 건물들이 있다. 이런 고풍스럽고 동유럽 특유의 분위기가 물씬 풍기는 곳곳에 펑키 스타일의 바와 카페 등 자본주의 분위기가 어우러져 멋스럽다는 생각이 든다.

치시나우에서 유배생활을 보낸 알렉산더 푸쉬킨과 미하이 에미네스쿠의 동상을 제외하고는 도시 안의 대부분의 조각품과 기념비들은 전쟁 기념비라고 한다. 치시나우 관광의 중심지 스테판 셸 마레대로의 한쪽에 위치한 스테판 셸 말레공원에는 몰도바의 영웅적인 존재 스테판 셸 마레의 동상이 서 있는데, 중세의 전사였던 그는 아직까지도 많은 몰도바인에게 존경을 받고 있다고 한다.

영원한 중세 때 전사였던 왕자는 아직도 몰도바에서 영웅 같은 존재이다. 치시나우는 방향적으로 설계된, 엄격한 바둑판무늬체계의 곧은길들을 만든 재봉사이다. 치시나우의 주요 거리는 스테판 셸 마레대로가 남동쪽에서 북서쪽으로 도시를 가로지르고 있다. 북쪽 끝에는 주요 대성당들과 몰도바 아크드 트라이옴피(Moldova's Arc de Triomphe) 같은 엄청난 건물들이 우뚝 솟아있는 중앙광장이 있다. 레스토랑과 호텔들이 시 중심지 전역에 퍼져 있다. 비록 거리들이 곧게 뻗는 방식으로 놓여있지만, 거리 이름들은 그렇지 않다.

어떤 거리는 몰도바 이름을 가지고 있고, 어떤 거리는 아직도 러시아 이름을 쓰며, 어떤 곳은 옛것과 새것 둘 다 가지고 있다.

몰도바의 자존심으로 세계에서 가장 긴 와인 저장고이며 질 좋은 와인생산지로 유명한 소도시 밀레스티 미치에는 고풍스런 와이너리와 기네스북에 등재된 지하 와인 저장고가 있다. 세계에서 가장 긴 지하 와인 저장고로서, 도시 건설에 쓰이는 석회암 채굴 후 터널을 저장고로 이용하고 있다. 기네스북 기록에 의하면 1천 5백만 병의 포도주가 55km 길이의 지하 저장고에 저장되어 있다고 한다. 이곳에선 와인이 나오는 아름답고 특이한 분수도 볼 수 있다.

제2차 세계대전 승전기념탑

제2차 세계대전 승전기념탑은 1942년 승리한 그날을 잊지 않고 기념하기 위해 1975년 5월 9일 세워진 탑이다. 토지 이용가치가 아주 좋은 넓고 넓은 땅 중앙에다 이렇게 탑을 세워놓은 것은 승리의 기쁨이 얼마나 크게 작용했는지 미루어 짐작할 수 있다. 토지보상이나 비용 등에 대해서는 생각지도 않고 온 국민이 오고가면서 자주 볼 수 있게 색깔도 붉은 단일 색으로 작품의 가치를 높여 제작된 것 같다. 머나먼 타국 땅에 사는 외국

오헤이수도원

인 관광객이지만 이 나라 국민들의 마음에 조금 더 가까이 접근하기 위해 사진에 담아 보았다.

오헤이(Orhei)수도원은 마을 뒷산에 공룡(恐龍)의 능선같이 생긴 정상에 자리를 잡고 있다. 원래 풍수지리에서는 주택이나, 건물이나, 묘지나 사람이 이용할 수 있는 구조물은 산봉우리나 정상의 터를 이용하면 화를 면치 못한다. 풍수 두 글자를 해석하면 '바람을 잠재우고 물을 얻는다.'는 뜻이다.

정상에는 어느 곳이나 바람 잘 날이 없다. 그런데도 이곳 수도원은 지금도 운영이 되고 있다는 것이 전문가 입장에서 머리가 복잡하다.

수도원을 세운지가 얼마 되지 않거나, 이용자들이 장기간 체류하지 않고 반복적으로 자주 이용을 하거나, 영업과는 전혀 관련이 없거나, 유독 이 터에

열이 올라와서 혈 자리를 구성하고 있다든지 다양한 문제들이 머리를 스쳐간다. 알기 쉽게 설명하면 우리나라 천년고찰들은 모두가 산속에 있다. 평탄한 주거지에 있는 절들은 모두 100년을 못 버티고 사라지곤 한다. 절을 튼튼하게 지어서 천년고찰이 되는 것이 아니고 터가 명당이라서 신도들이 많아 천년고찰이 된다. '풍수의 기본은 좌청룡 우백호 남주작 북현무'다.

북쪽에는 산이 있어 바람을 막아주고, 좌측과 우측이 서로 겹으로 쌓아 바람을 막아주고, 남쪽은 물이 가로로 흘러가고, 들판이 펼쳐지는 형태를 의미한다. 정상 수도원이 이렇게 필자의 마음을 정리하고 지나간다.

몰도바는 소련연방 시절 와인 창고 역할을 한 국가다. 남쪽에 있는 흑해의 영향을 받아 이웃 국가에 비해서 고온다습하고 온난해서 포도를 재배하기에 기후가 유럽 어느 나라보다 적합하다고 볼 수 있다. 그래서 기원전 3,000년 전부터 포도재배 농사와 와인 양조 산업이 시작되었다고 역사는 기록하고 있다.

밀레스티미치 와이너리

필자는 수많은 와이너리 중에서 세계에서 와인을 가장 많이 보관하고 세계에서 가장 긴 와인셀러로 2005년 기네스북에 오른 밀레스티미치(Milesti mici) 와이너리를 방문했다. 원래 석회암 채굴로 지하터널이 자연스럽게 이루어져 있어 필

와인보관장소

몰도바 대표와인인 크리코바

자가 보기에 와인을 보관하기 위해 설계를 거쳐 건축을 해도 이보다 더 좋은 와이너리 시설을 갖추기는 어려울 것으로 보인다. 지하터널의 총길이는 200km나 된다. 그 중 와인 양조 보관시설은 55km를 사용하고 있다. 그러므로 내부관람은 걸어서 하기에는 불가능하다. 그래서 골프장에서 이동수단으로 쓰는 전동차를 이용하고 있다. 처음 입장하면 와인 생산과정을 동영상으로 보여주고 다음에는 와인을 종류별로 시음을 시켜준다. 그리고 고객이 원하면 즉석에서 판매가 이루어진다.

보관된 와인이 몇 병 정도 되느냐고 물어보니 약 1,500~2,000만 병 정도 될 것이라고 하며, 들어오고 나가는 와인이 있어 정확한 숫자는 1년을 파악해도 답이 나오지 않는다고 한다. 세계 유명인사나 각국 정상들이 방문해서 시음을 해보고 구입해서 보관을 시키고, 몰도바에 직접 찾아오거나 배달을 시켜 마시는 경우도 있다. 그리고 2시간 가까이 터널 구석구석을 돌아가며 보관방법과 숙성과정, 와인종류를 관람하였다.

1969년에 국영기업으로 설립한 이곳은 지금도 국가에서 운영하고 있다. 몰도바의 대표적인 와인은 크리코바(Cricova), 푸카리(Purcari) 등이 있다고 한다.

Part 6.

유럽 섬나라

Island Countries

아이슬란드 ^{Iceland}

아이슬란드는 북위 63°15'~66°30'(북극권)에 걸친 남북 길이가 약 350km이며, 서경 13°45'~24°15'에 걸친 동서 길이가 약 540km이다.

아이슬란드에서 가장 가까운 유럽 국가는 남동쪽으로 800km쯤 떨어진 영국의 스코틀랜드이다.

4,800km 이상 되는 울퉁불퉁한 해안선은 북쪽으로 그린란드해와 북극권, 동쪽으로 노르웨이해, 남쪽과 서쪽으로 대서양, 북서쪽으로 덴마크해협(320km 정도 되는 이 해협에 의하여 이 섬나라는 그린란드와 분리되어 있다)과 접한다.

아이슬란드 국민은 매우 동질적인 집단이다. 그들의 정확한 기원과 민족적인 구성에 대해서는 역사가들마다 주장이 다르지만 60~80%가 원래 북방혈통으로 대부분 노르웨이에서 왔다는 데는 의견이 일치한다. 스코틀랜드와 아일랜드에서 온 나머지 사람들은 대부분 켈트족 혈통이다. 사람들이 정주하던 9~10세기의 지배적인 언어는 고대 노르웨이어였는데, 이것이 지금 통용되는 현대 아이슬란드어로 점차 발달했다.

16세기 중엽 이래 루터교가 지배적인 종교여서 오늘날 거의 모든 국민이 국교인 복음주의 루터교회에 속해 있는 아이슬란드는 다른 서구의 선진국들과 비슷하게 비교적 낮은 자연 인구증가율을 보이고 있다. 20세기 말의 평균수명은 남자 75세, 여자 80세로 세계에서 가장 높은 수준에 속한다. 농촌으로부터 도시로의 이주가 많이 발생하고 있으며, 전체 인구 중 도시인구는 1900년의 약 10분의 1에서 오늘날 10분의 9로 증가했다. 인구의 반 이상이 수도 레이캬비크와 그 주변지역에 살고 있고, 섬 중앙부에는 사람이 살지 않는다. 특히 중요한 어업을 비롯하여 산업 국유화가 점차 늘고 있기는 하나 자유시장경제가 우세하다.

국민총생산(GNP)은 인구증가율보다 빠른 속도로 증가하고 있고, 1인당 국민소득은 유럽 평균보다 높다. 농경지는 많은 비료를 필요로 한다. 육류와 유제품을 자급하며 모직물공업이 발달했다. 어업은 GNP의 약 5분의 1을 차지하며 노동력의 약 6분의 1이 이 부문에 종사한다. 수출품의 대부분이 어류제품이며, 대구와 별빙어가 전체 어획고의 4분의 3 이상을 차지한다.

거의 모든 전력은 수력발전으로 얻고 있으며, 대략 1만 4,500ha에 달하는 많은 온실들을 지열로 난방을 한다. 정부는 외국으로 하여금 자국의 에너지 자원을 개발하게 함으로써 공업성장을 촉진하고 있는데, 노르웨이와 스위스가 이 섬에 에너지 집약적인 가공공장들을 세웠다. 제조업과 공업은 GNP의 약 8분의 1을 차지하며 노동력의 약 4분의 1을 고용하고 있다.

주요 생산품으로는 알루미늄, 페로실리콘(규소철), 섬유제품 등이 있다. 통신, 무역, 서비스 부문은 노동력의 2분의 1 정도를 수용하고 있으며 GNP의

2분의 1 이상을 차지한다. 노동력의 대부분은 노동조합이나 고용인조합에 속해 있으며 실직률은 매우 낮다. 생산성은 높은 임금 증가율을 따르지 못하고 있으며, 그로 인한 인플레이션 때문에 해외에서의 경쟁력 있는 어류 가격을 유지하기 위해 통화의 평가절하를 거듭할 수밖에 없었다. 중앙정부는 수입·판매세와 같은 간접세로부터 정부 수입의 주요 부분을 충당하고 있는 반면, 지방정부들은 수입의 대부분을 법인세와 개인소득세에서 얻는다. 지출은 사회보장제도와 교육, 보건 등을 포함하여 주로 사회복지 분야에 쓰인다. 해산물이 수출의 대부분을 차지하며, 수입품에는 기계류, 운송장비, 광물연료, 건축재료 등이 있다. 주요 수입국은 독일과 덴마크, 영국이며, 주요 수출국은 영국과 미국, 독일이다. 무역수지는 일반적으로 양호한 편이지만 어류제품 수출의 감소 때문에 1980년대 중반에는 어려움을 겪었다. 아이슬란드에는 철도가 없으며 주요 간선도로 대부분이 해안선을 따라 나 있다. 한정된 도로체계를 보완한다는 점에서 아이슬란드항공사와 지방 항공사들이 중요한 역할을 한다. 무거운 화물은 선박을 통해 운송한다.

고대에 지중해 여행자들이 아이슬란드를 발견했을 가능성이 있으나, 초기 정착민들은 아일랜드의 은둔자였던 것으로 보인다. 이들 은둔자들은 9세기 말에 이교도 노르웨이인들이 도착하자 섬을 떠난 것으로 전해진다.

초기 아이슬란드 기록에 따르면, 최초의 영구적인 노르웨이인 정착지는 874년 지금의 레이캬비크 자리에 자영농장을 세웠던 인골푸르 아르나르손과 그의 아내에 의해서 이루어졌다. 새 정착민의 수는 9세기 말이 되면서 증가했고, 그들은 대부분 노르웨이 태생이었다. 930년경에 이르러 알싱과 함께 아이슬란드연방이 형성되었다.

10세기에 그리스도교가 전파되었으며 알싱은 선교사업을 지원했던 것으로 알려진다. 1000년에 이르러서는 나라 전체가 그리스도교화되었다. 10세기부터 노르웨이는 아이슬란드를 정복하려 했는데, 13세기에 내분으로 인해 아이슬란드 내전이 일어나자 아이슬란드 귀족들은 노르웨이의 통치(1262~1264년)를 받아들였다.

1380년 덴마크와 노르웨이의 통합으로 아이슬란드 지배권이 덴마크로 이양되었다. 종교 개혁이 있기까지 아이슬란드는 정치적으로 비교적 독립해 있었으나 17세기 중엽부터 덴마크 왕실이 통제권을 강화했다. 또한 이때부터 아이슬란드의 경제가 쇠퇴했고, 독점권을 얻으려는 격렬한 투쟁 때문에 무역이 크게 줄어들었으며, 기근과 역병으로 인구가 감소하는 한편, 기후변화 때문에 겨울은 점차 더 매서워졌다.

19세기에 시귀르드손의 노력을 통해 독립운동이 일어났다. 알싱이 다시 수립되었고 부분적으로 현대화가 이루어졌다. 1874년 덴마크 왕 크리스티안 9세는 아이슬란드에 자체의 헌법을 허용했으나, 긴장이 계속되다가 1904년이 되어서야 아이슬란드는 레이캬비크에 자체 국민의 정부를 갖게 되었다. 이어서 1918년 연합법에 따라 군주제와 공동의 외교정책에서만 덴마크와 연합하는 완전한 독립국가가 되었다.

1940년대에 독일이 덴마크를 점령한 동안 영국, 그 다음에는 미국 군대가 아이슬란드를 점령하여 전략적인 공군기지로 이용했다. 1944년 알싱은 덴마크와의 모든 공식적인 관계를 끊고 공화국을 수립했으며, 이는 국민투표에서 승인되었다. 아이슬란드의 전후 문제는 주로 아이슬란드 해역에서의 어업권에 관한 것이었다. 특히 영국을 비롯한 이웃 국가들과의 잦은 충돌 후 마침내 320km 어업전관수역이 설정되었다.

1980년 아이슬란드에서는 여성이 대통령으로 선출되었는데, 이는 선거로 선출된 세계 최초의 여성 국가수반(총리와는 구별되는 대통령)이다.

씽벨리어 국립공원은 두 개의 대륙이 만나는 곳에 있다. 북아메리카판과 유라시아판이 만나는 곳이다. 지금도 매년 조금씩 벌어지고 있다. 처음에는 인도로 사람들이 왕래하기가 좋았었는데, 시간이 지남에 따라 점점 더 벌어져서 인공적으로 도로를 개설해야 했고 앞으로 세월이 흘러 그 폭이 더 넓어지면 강이 될 수 있겠다는 생각을 해 본다.

아이슬란드가 북극은 아니지만 북극권에 거의 접하고 있다(북위 63°15'~66°30'). 북위 66°333' 이상을 우리는 북극이라고 한다. 99% 근접한 편이다. 땅이 갈라진 부분에서 북쪽을 바라보고 있으면 좌측 땅은 북아메리카판이고, 우측 땅은 유라시아판이 된다. 북극에 가까우니 여행도 여름 한철에만 할 수 있다.

오늘이 2018년 7월 11일이다.

씽벨리어 국립공원

사진에서처럼 동복을 입어야 한다. 그래서 숲이 우거진 곳을 제대로 찾아볼 수가 없고 대부분의 육지는 초지로 조성해서 여름에 소나 말, 양 등이 풀을 뜯어먹고 살 수 있는 정도다.

2시간 가까이 산책을 하면서 공원을 둘러보고 이동한 곳이 간헐천(Geyser)이다. 간헐천은 주로 온천물이 일정한 시간을 두고 주기적으로 쉬었다가 솟아오르고를 반복적으로 하는 것을 말한다. 지구에서 이곳 간헐천이 하나뿐인 것은 아니지만 좀처럼 보기 어려운 곳이고 드문 현상이다. 이곳에는 한 곳만 있는 것이 아니고 이곳저곳 크고 작은 것이 여러 개가 있다. 관광객이 가장 많이 모여드는 곳은 높이가 20m 정도까지 솟아오른다. 동영상으로 보거나 현장을 직접 보아야 감탄사와 함께 실감이 날 것 같다. 아이슬란드 여행은

간헐천

굴포스폭포

굴포스폭포 최초 발견자 원주민

폭포 또는 온천여행이라고 할 정도
로 그 숫자가 너무나 많다. 아이슬
란드에서 제일 큰 굴포스폭포도 여
기서 가까이에 있다.

굴포스(Gullfoss)의 의미는 아이
슬란드 언어로 Gull은 황금, foss는
폭포다. '황금폭포'라는 뜻이다. 필
자는 지구상에 있는 4대 폭포, 5대
폭포 등 폭포라는 곳은 다 가보았는
데 굴포스폭포는 물의 양과 폭포의

굴포스폭포의 무지개

폭은 이름에 걸맞다고 인정하겠는데 물이 떨어지는 낙차의 높이는 기대에 비해 실망에 가까울 정도다. 필자가 현장에 도착한 순간 비는 조금씩 내리고 있는데 무지개가 아주 선명하게 손에 잡힐 것처럼 날 찍어달라고 하듯 굴포스폭포를 치장하고 있다. 그리고 폭포 입구에는 폭포 최초 발견자 원주민(정착민)의 흉상 표석을 세워 놓았다.

두 번째 폭포는 물의 양은 적지만 떨어지는 낙차가 커서 굴포스폭포에서 실망한 심정을 덜어주었다. 폭포의 이름은 셀야란드포스폭포라고 한다.

세 번째 폭포는 바이킹들의 보물이 숨겨져 있다는 전설을 가지고 있는 스코카포스폭포이다. 아름답고 웅장하여 '과연 내가 이것을 보러 아이슬란드에 왔구나.' 하는 생각이 들 정도이다. 역시 관광객들이 제일 많이 눈에 띈다. 폭포 위로 올라가는 계단이 있어 호기심에 만사를 제쳐놓고 올라가서 냇물처럼 흘러와서 떨어지는 낙차를 확인하고, 사진을 찍고 내려와 뒤를 돌아보아도 필자의 눈에는 너무나 멋지게 보인다.

그리고 이동하는 길에 여기저기 보이는 수많은 자색 꽃은 전 국토의 꽃 90%를 차지하는 아마꽃이라고 한다. 보는 것도 중요하지만 추억을 남기기 위해 사진에 담아보았다.

검은 모래해변은 온통 바닷가가 검은색으로 뒤덮여 바닷물도 검게 보인다. 이유는 검은 색의 현무암이 풍화작용에 의해 풍마우세(바람에 갈리어지고 비에 씻겨서)로 검은 모래해변이 되었다고 한다. 그리고 주상절리는 우리나라를 비롯해서 세계 곳곳에 많이 있지만 범위가 넓고 크기에 따라서 관광자원으로 이용가치가 얼마나 있고 없고를 판단할 수 있다. 이곳의 주상절리는 세

아마꽃

떨어지는 스코카포스폭포

셀야란드포스폭포

스코카포스폭포

검은 모래 해변   주상절리

계 어디에 내놓아도 손색이 없을 것 같다.

스카프타펠(Skaftafell) 국립공원을 방문해서 빙하 트래킹을 2시간에 걸쳐 즐기고 난 후 아이슬란드 여행의 백미라 할 수 있는 요쿨살롱으로 이동했다.

아이슬란드는 우리나라 제주도 같은 지형지물을 이루고 있다. 중앙은 고산 지대이고, 해변을 따라가며 주민들이 모여 산다. 그래서 중부지방에는 사람 들이 살지 못한다. 중부지방은 고산지대라서 눈비가 내려 빙하를 만들고, 그 빙하가 녹아내려 호수를 이루고 있는 곳이 요쿨살롱이다. 요쿨살롱에는 상당 히 많은 양의 빙하가 호수 위를 떠다닌다. 수많은 빙하를 보기 위해서는 육지 나 바다에서 이용 가능한 수륙양용 보트자동차를 타야 제대로 구경할 수 있 다. 이곳을 다녀가는 세계 각국의 여행자들이 빼놓을 수 없는 일정이 보트자

요쿨살롱 빙하

동차를 타고 빙하를 체험하는 관광이다. 요쿨살롱
에 와서 빙하관광을 하지 않는 사람은 단 한 명도
없다고 생각하면 된다.

그리고 더티포스폭포. 글자 그대로 더러운 흙탕
물의 폭포다. 하천의 상류가 산악지역이 아닌 농
경지역으로, 강바닥이 흙으로 조성된 토양을 거쳐
서 흘러 흙탕물이 되지 않았나 생각한다.

흐베리르 화산지대는 활화산지대이다. 화산샘
터에 흙이나 돌을 덮어 놓아도 수증기가 그침 없
이 계속 올라온다. 그리고 머드팩 같은 진흙이 온

더티포스폭포

흐베리르 화산 활동지대

천수와 합쳐서 자글자글 끓는다. '행여나 폭발해서 뒤집어쓰지 않을까.' 하는 생각에 조심스럽다. 한두 군데가 아니고 이 주변 일대가 모양과 크기와 색깔이 각기 다르게 화산활동을 하고 있다. 출입 통제를 하지 않는 걸로 보아서 폭발하고 터지지는 않는 모양이다. 그래도 오래 머물 생각은 전혀 없다.

다음으로 이동한 곳은 역시 검은 모래해변 지역이다. 앞에서 설명했지만 검은 현무암이 풍화작용에 의해 검은 모래와 자갈로 변한 곳이다. 여기도 또 두 개의 대륙이 만나는 곳으로 육지가 조금씩 벌어져 평지와 계곡을 만들어낸다. 덴마크의 그린란드와 노르웨이 사이에 끼어 있는 섬나라 아이슬란드는 폭포도 많고, 화산도 많고, 빙하도 많다. 그리고 검은 모래 해변과 두 개의 대륙판이 만나 조금씩 서서히 갈라지는 이 나라의 모습이 영원히 기억에 남을 것 같다.

냉전종식 화이트하우스는 1986년 미국의 레이건 대통령과 소련의 고르바초프 공산당서기장이 냉전종식을 위해 회담을 한 장소이며 호프디하우스라고도 한다. 이 회담의 결과로 미국과 소련은 냉전시대를 종식시켰다.

레이카비크콘서트홀 하르파는 아이슬란드를 대표하는 건축물로 외장이 사진에서와 같이 70~80%가 유리로 마감되어 있으며 층층 칸칸이 모양과 크기, 색상이 모두가 다르기 때문에 사진으로 설명을 대신했으면 한다.

화이트하우스

할그림스카르카교회는 교회 디자인도 고상하지만 높이가 예사롭지 않다. 레이카비크에서는 이 교회보다 더 높은 건물은 짓지 못한다고 한다. 전면에 사용한 소재는 현무암으로 34년에 걸쳐 완공

콘서트홀 하르파

하르파 사진전 _ 오로라

할그림스카르카교회

하르파 사진전 _ 화산폭발

했다.

그리고 실내 파이프오르간의 모양
이 너무나 세련되어 혼자 보기가 아
까워 사진에 담아왔다. 교회 옆에는
유럽인으로서 아메리카대륙에 처음
으로 발을 내려놓은 레이뷔르 엘릭
손 동상이 있다. 아이슬란드 의회 알
싱 100주년을 기념하기 위해 미국
에서 선물한 것이다.

그리고 세계에서 제일 좋다는 노

파이프오르간

레이뷔르 엘릭손 동상

블루라군 노천온천

천온천 불루라군(Blue Lagoon)에서 입장료 104,000원을 지불하고 온천욕을 즐기며 아이슬란드 여행을 마감했다.

몰타 Malta

지중해의 중앙부인 시칠리아섬 남쪽에 위치한 남유럽의 섬나라 몰타. 정식 명칭은 몰타공화국, 수도는 발레타(Valletta), 공용어는 몰타어와 영어. 알파벳으로는 'Malta'이기 때문에 영어를 제외한 수많은 유럽 언어에서 a를 그대로 발음하는 규칙대로 '말타'라고도 읽히는데, 몰타어로도 말타다. '몰타의, 몰타인'을 뜻하는 영어 형용사 단어는 Maltese다.

6개의 섬으로 구성되었다. 크게는 남부의 몰타섬과 북쪽의 고조(Gozo, 몰타어로는 Ghawdex)섬으로 이루어져 있으며, 코미노(Comino, Kemmuna)섬이 몰타섬과 고조섬 사이에 있다. 그 외에 섬이 몇 개 더 있는데 모두 무인도다. 사람은 세 개 섬에 살지만 인구의 90%가 남쪽의 몰타섬에 살고, 나머지 10%는 북쪽의 고조섬에 산다. 코미노섬도 인구가 없는 것과 같은 정도다.

수도인 발레타의 인구는 7천명으로 작은 도시 같지만 실질적으로는 상당히 규모 있는 도시이다. 위성사진이나 지도에도 보이듯 몰타 동부 지역에 모여 있는 주요 도시들이 거의 다 연결되어 있어 사실상 하나의 도시나 다름없다. 행정구역상으로는 발레타, 실레마, 마르사, 비르키르카라 같은 작은 도시들이 모여 있지만 시가지가 모두 이어져 있다.

기원전 4,000년 전 지중해에서 가장 오래된 석조 사원인 타르신 신전이 지어졌다. 그 뒤 몰타섬은 카르타고, 로마제국, 시칠리아 왕국, 에스파냐 왕국 등의 지배를 받았다.

1530년부터는 성 요한 기사단의 지배를 받았다. 1530년에 스페인의 황제가 1년에 몰타산 매 두 마리를 임대료로 예루살렘의 성 요한 기사단(Knights of the Order of St John of Jerusalem)에게 이 섬을 주었다. 성 요한 기사단은 오스만제국 3만 군사의 몰타 공격을 700명의 기사들과 8,000명의 몰타인들이 막아내면서 여러 교회, 궁전 등을 건설했다. 1798년 나폴레옹 보나파르트가 이끄는 프랑스군에 점령되고, 1800년 영국령이 되어(영국은 1814년 파리 조약에서 몰타 영유를 인정받았다) 1964년 9월 21일 영국으로부터 독립을 했다. 1974년에 군주제를 폐하고 공화제로 변경했으며 현재는 유럽연합, 영국연방에 속해 있다.

지중해 한가운데 있는 섬이지만 모래사장이 있는 해변은 많지 않다. 해안선 상당 부분이 절벽으로 이루어져 있기 때문이다. 이런 자연 환경과 지중해상의 위치가 과거 몰타가 요새로 기능을 할 수 있게 했다. 유럽과 아시아 및 아프리카를 연결하는 길목으로 접근이 가능한(침략이 가능한) 해변이 극도로 제한되어 있어 요충지였던 셈이다.

기후는 지중해 지역이 대개 그렇듯 여름은 고온 건조하며, 겨울은 온난 습윤하다.

딩글리 절벽(Dingli Cliff)이나 산나트(Sannat) 등의 지역에는 독특한 바퀴 자국 같은 무늬가 있는 지형이 있다. 이 지역은 마치 복잡한 철도역의 레일을 연상시킨다고 해서 영국인들이 클래펌 정션역이라는 별명을 붙이기도 했다.

몰타어와 영어가 공용어이며, 특히 몰타어는 이 나라의 모국어이다. 몰타의 공용어가 몰타어와 영어로 바뀐 1934년 전까지는 이탈리아어도 공용어로 사용되었다. 이탈리아어는 오늘날에도 이 나라와 깊은 연관을 가지며 대다수의 국민들에 의해 제3언어로 사용되고 있다. 이탈리아의 Mediaset, RAI 등과 같은 이탈리아어 방송은 몰타에서도 시청 가능하며 인기를 누리고 있다.

유로바로미터(Eurobarometer)의 통계에 의하면 국민 중 100%가 몰타어를 구사하며, 그 중 88%는 영어를, 66%는 이탈리아어를, 그리고 17%는 프랑스어를 구사할 수 있다. 따라서 몰타는 유럽연합에서 여러 가지 언어를 가장 능숙하게 구사하는 나라 중 하나이지만, 각 언어에 대한 국민들의 선호도는 이와 달라서 86%가 몰타어를 선호하며, 그 다음으로 영어 12%, 이탈리아어 2%의 순이다.

이 나라에 거주하는 외국인들 중에는 이탈리아어, 아랍어, 힌디어, 그리스어, 프랑스어 등을 사용하는 사람도 있다.

많은 언어학자들은 몰타어의 어원을 페니키아인이 이 섬들을 점유했을 때로 추정하고 있다. 몰타어는 셈어(Semitic Language)로 시칠리아어, 이태리어, 스페인어, 프랑스어와 영어의 흔적을 가지고 있기는 하나, 수백 년간 로망스어(Romance)의 영향에서 살아남아 왔다.

몰타에서 가장 유명한 작가들 중에는 프랜시스 에베저(Francis Ebejer)와 조지프 아타르트(Joseph Attard)가 있지만, 아이러니하게도 몰타는 대시엘 함메트(Dashiell Hammett)의 《몰타의 매(The Maltese Falcon)》란 책으로 세상에 잘 알려져 있다. 이 책의 제목은 미스테리한 기원을 가진 작은 조상을 나타낸다.

몰타는 훌륭한 공예품으로 유명하다, 특히 수공예 레이스, 손으로 짠 직물들, 입으로 불어 만든 유리 제품과 은 세공품이 그것이다. 민속음악의 전통이 매우 강한 몰타는 매년 민속음악 경연대회를 연다.

몰타 요리는 스페인, 마그레브 및 프로방스 요리의 영향뿐만 아니라 시칠리아 및 영국의 영향을 보여준다. 특히 고조와 관련하여 지역별로 다양하며, 계절별로 농산물 및 기독교 절기(예 : 사순절, 부활절 및 성탄절)의 계절별 사용 가능성과 관련된 계절적인 변화도 있다. 전통적으로 펜카타(즉, 스튜 또는 토끼고기 튀김을 먹는 것) 같은 민족적 정체성의 발전에 음식은 역사적으로 중요하다. 음식 소비량은 하루 3,600칼로리로 세계에서 7번째로 음식소비량이 높은 나라이고, 평균 키는 남자 169cm, 여자 159cm이다.

북아프리카의 마지막 여행지인 튀니지 수도 튀니스에서 지중해 연안의 조그마한 섬나라 몰타의 수도 발레타까지 비행기로 한 시간 거리를 이동했다. 발레타는 몰타의 수도이며, 인구는 7,048명(2019년 통계), 몰타섬 동부 연안에 위치한다. 옛날에는 코스피큐아라고 불렀다. 지중해 중앙부 몰타섬의 북안(北岸), 발레타해협에 돌출한 스케베라스산에 위치한다. 동서쪽에 그랜드항(港)과 마르삼세트항이 있고, 영국 지중해 함대의 근거지이기도 하다.

중심가는 스케베라스산에 면한 킹스웨이이며, 시내에는 16세기의 대성당,

18세기의 왕립(王立)대학, 영주의 저택 등의 사적이 있다. 많은 권력자들이 다투어 지배하려 했으나, 1530년에 요한기사단(몰타기사단)의 지배하에 들어가 안정되었다. 도시 이름은 1565년 9월 8일(국경일)에 튀르크를 격퇴한 기사단의 우두머리 장 파리소 드 발레테(Jean Parisot de Valette)에서 유래하였다. 1814년에 영국의 영토가 되었으며, 기지화(基地化)가 진척되었다. 1964년에 독립한 후에도 영국의 영향력이 강하다. 제2차 세계대전 중에 많은 역사적인 건물이 이탈리아 공군의 폭격으로 파괴되었으나, 남아있는 옛 건물들과 온화한 기후 때문에 많은 관광객이 찾아드는 도시이다.

도착하자마자 성 바울성당과 지하무덤으로 향했다. 그런데 성당 문이 굳게 잠겨있다. 그래서 동쪽 먼 나라에서 왔다고 사정을 하여 지하에 있는 무덤만

성 바울성당 지하무덤

관람하기로 했다. 내부를 살펴보니 그 옛날 지하 동굴 무덤 터에 기초를 하여 성당을 세운 것 같다. 희미한 조명 아래 동상과 성 바울과 관련이 있는 자료들을 요소요소에 전시, 보관하고 있다. 그리고 발레타 시내 골목골목을 돌아가며 건축물, 도로환경, 가로수, 재래시장 등을 둘러보았다.

보행자들의 생김새나 옷차림을 볼 때 대다수가 관광객이다. 그러다가 시내 투어를 하는 전동차가 지나가기에 세워서 전동차를 타고 더 많은 시내 관광을 할 수 있어 심적으로 즐거웠다.

그리고 적들의 방어와 공격을 목적으로 해자(垓字)를 조성해 성을 쌓은 발레타성으로 갔다. 지중해 조그마한 섬나라 몰타는 그 옛날부터 강대국들이 물건처럼 먼저 보고 점유하는 나라가 임자였다. 해자를 유심히 바라볼 때 이 땅을 다시는 어떠한 이방인에게도 내어줄 수 없다는 심정으로 작심하고 해자를 파고 성을 쌓은 것 같다. 그리고 주간티아사원을 들러서 내부를 관람하고, 바다와 절벽이 맞닿은 딩굴리 절벽에서 지중해 바람과 맑은 공기를 마시고, 지는 해를 보며 약속처럼 숙소로 향했다.

다음날은 일찍 고조섬을 가기 위해 항구에서 소형 여객선에 올랐다. 고조섬은 지중해에 있는 몰타령 섬 중에서 두 번째로 큰 섬으로 몰타제도(Maltese Islands)에 속한다. 몰타어로는 와데스(Ghawdex)라고 한다. 홍콩섬과 비슷한 크기의 타원형 모양의 섬은 몰타의 중심으로부터 약 6km 북서쪽에 위치하며 길이가 14km, 최대 폭이 7.25km다. 중심 도시는 빅토리아(Victoria)로 약 6,414명이 거주한다. 그 외에 산로렌스(San Lawrenz)와 제키야(Xewkija), 므가르(Mgarr) 등의 마을이 있다.

BC 5000년경부터 사람이 살기 시작한 섬은 16세기 중엽 오스만제국(Ot-toman)과 바르바리(Barbary) 해적의 침입으로 모두 파괴되고, 주민은 현재 리비아(Libya) 땅에 노예로 강제 이주되었다. 고조(Gozo)섬의 역사는 몰타 의 역사와 밀접하게 연결되어 있는데 나폴레옹(Napoleon)이 몰타를 정복 한 시기를 제외하고는 몰타에 의해서 통치되고 있다.

섬은 칼립소동굴(Calypso Cave)과 신석기시대에 세워진 그잔티아사원 (Ggantija Temple), 신석기시대의 지하사원 사라스톤서클(Xaghra Stone Circle), 그리고 붉은 오렌지 빛 모 래와 청록색의 맑고 깨끗한 바다로 인해 유럽에서 가장 훌륭한 해변 중 의 하나로 알려진 람라만(Ramla Bay), 산블라스(San Blas) 해변 등 으로 유명하다. 이 조그마한 섬에 유 네스코에 등재된 세계문화유산 소형 박물관이 있다. 박물관 소장품을 차 례차례로 둘러보면 소장품이 많아서 가 아니고 모두가 손으로 들어서 움 직일 정도로 조각품의 크기가 아주 작다. 그러나 조각들의 모양이나 생 김새가 특이하고 역사가 아주 오래 된 느낌이 든다. 그리고 BC 3600년

박물관 소장품

돌사원

염전

전의 돌사원은 지금 한창 보수와 복원 중에 있지만 그 당시 사람들의 생활과 삶의 질을 엿볼 수 있었다.

그리고 예나 지금이나 소금이 사람에게 참 중요한 모양이다. 바닷가에 염전을 조성해 놓았다. 필자는 우리나라 바닷가 염전에 직접 가보지는 못했지만 TV에서 간혹 본 우리나라 염전과 비교하면 시설 면에서는 이곳이 우세해 보인다. 지금도 일부는 운영을 하면서 수확까지 해서 자급자족하고 있다고 한다.

염전 관람을 마치고 고조섬의 전망 좋은 식당을 찾아가 싱싱한 해조류로 점심식사를 해서 세상에 부러울 것이 없는 것 같다. 필자가 몰타 고조섬에 오기 전에는 수많은 바닷가를 해변으로 장식하고 은빛 모래밭, 푸른 바닷가에 오가는 갈매기 떼, 흰 구름과 뭉게구름이 떠다니는 지상낙원이라 상상했는데 생각보다는 많이 다르다. 바닷가 모래밭 해수욕장을 찾기는 좀처럼 힘들다. 유럽 각지에서 많은 사람들이 찾아오는 이유는 지중해 조그마한 섬나라로 조용하고 1년 내내 살기 좋은 날씨 때문이라고 생각하며 발레타로 돌아가기 위해 여객선이 있는 선착장으로 향했다.

오늘은 발레타 시내 관광을 하는 날이다. 제일 먼저 접한 곳이 성 요한 기사단장 잔드발레테(Jandevallette)의 동상이다.

잔드발레테는 그 당시 유럽의 최대강국인 오스만제국과의 전쟁에서 싸워 이긴 성 요한 기사단의 프랑스 출신 기사단장이다. 그는 전쟁이 끝난 후 이 나라 정부에 통보를 한다. 내용인즉슨 다시는 이 땅에 세계 어느 나라도 침범할 수 없게 자신의 이름을 딴 설계도를 제시하며 난공불락의 도시를 건설하라고 했다. 그래서 수도 발레타는 그로부터 지금까지 발레타로 불리고 있다.

동상 오른손에 잡고 있는 것은 설계도면이며 설계도면 주는 장면을 묘사해 세워진 동상이라고 한다. 그리고 정부 청사인 수상 집무실과 대통령 집무실이 있는데 수상 집무실이 위치도 좋고 건물도 비교

설계도면을 잡은 잔드발레테의 동상

역마차

빅토리아 요새

빅토리아 요새 전망

성 요한교회

가 안될 만큼 웅장하다. 물어보나마
나 정부형태가 내각 책임제인 것 같
다. 그리고 잠시 눈을 돌리니 바로
옆으로 역마차가 지나간다. 역마차
를 타고 시내를 한 바퀴 돌아서 빅
토리아 요새에 도착했다. 빅토리아
요새는 전망도 좋고 위치도 좋다.
또 하나 방어하기에도 좋고 공격하
기에는 더욱 좋은 것 같다. 오스만
대제국을 물리친 것도 지형지물이

성 요한교회 대리석 바닥

성 요한교회 본당

너무나 훌륭한 빅토리아 요새 덕분이 아닌가 싶다.

누구나 몰타를 여행하게 되면 성 요한교회는 꼭 한 번 가볼 것을 권한다. 교회 바닥은 대리석으로 건물보다 더 아름답게 장식되어 있다. 이 모두가 무덤이며 깨알 같은 글씨로 주인공에 대한 연혁을 기록하고 있다. 그리고 성당 본당의 좌우 벽과 천장을 보는 순간, 그 누구도 눈이 휘둥그레지고 입이 벌어지는 탄성이 나오지 않을 수 없다. 필자도 이렇게 화려한 성당은 처음 보는 것 같다. 그래서 성당 내부 사진을 무려 30회나 찍었다. 그리고 마지막으로 그 유명한 17세기 이탈리아 바로크미술을 대표하는 화가 까라바조의 그림 2점도 사진에 담아 보았다.

성 요한교회(1572~1577년)는 성 요한 구호기사단 본부 성당으로 사용하기 위해 지은 건물이라고 한다. 돈과 권력은 총구에서 나온다더니 그 당시 국가 정세를 미루어 짐작하고도 남는다.

사이프러스 ^{Cyprus}

사이프러스공화국은 지중해 동부에 있는 섬나라로, 북쪽으로는 터키, 동쪽으로는 시리아와 레바논 그리고 이스라엘, 서쪽으로는 그리스, 남쪽으로는 이집트와 접한다.

사이프러스는 지중해에서 세 번째로 큰 섬이며, 해마다 240만여 명의 관광객이 찾는 인기 관광지이기도 하다. 제1차 세계대전 중에 영국의 식민지가 되었으며, 1960년에 독립하여 1961년 영국연방에 가입하였다. 사이프러스공화국은 이 지역에서 매우 선진적인 경제 수준을 보이며, 2004년 5월 1일 유럽연합에 가입을 했다.

1974년 그리스 군사정권의 지원을 받은 에노시스 운동파가 사이프러스섬을 그리스에 병합하고자 쿠데타를 일으켰다. 이에 터키는 사이프러스를 침공하여 섬의 약 36%를 점령하였다. 터키는 사이프러스에 군사 개입을 하면서 미국과 북대서양조약기구의 비밀 지원을 받았다. 이 사건으로 인해 수천 명의 난민이 발생했으며, 사이프러스섬 북부에 북사이프러스 정부가 수립되어 남북이 분단되었다.

사이프러스는 현재 남북으로 대립 중인 분단국가이다. 사이프러스공화국은 민주공화국이며, 충분한 인프라를 갖추고 있다. 또한 유엔과 유럽연합 등 여러 국제기구의 회원국이며, 사이프러스섬의 유일한 합법 정부로 간주되고 있다. 사이프러스공화국이 실효 지배하지 못하고 있는 북사이프러스는 상대적으로 미승인 국가의 처지에 놓여 있어 경제적으로 터키의 지원에 크게 의존하고 있는 상황이다.

사이프러스 분쟁을 해결하기 위한 가장 최근의 노력이었던 아난 계획은 터키계의 지지를 받았지만, 그리스계가 거부했다.

2006년 7월 사이프러스는 이스라엘과 헤즈볼라 사이의 분쟁으로 피신한 레바논 사람들의 피난처가 되었다.

2008년 3월 니코시아 중심부의 레드라거리(Ledra Street) 한가운데를 가로막아 32년간 사이프러스 분단의 상징으로 여겨져 왔던 장벽이 철거되었다. 레드라거리는 2008년 4월 3일에 그리스계와 터키계 공무원이 각각 주재하는 가운데 개방되었다.

사이프러스섬은 시칠리아섬, 사르데냐섬 다음으로 지중해에서 세 번째로 큰 섬이며, 세계에서 81번째로 큰 섬이다. 터키 아나톨리아의 남쪽에 위치한 사이프러스섬은 지리상으로는 서아시아로 분류된다. 서아시아, 남부 유럽, 북아프리카가 만나는 지점에 자리 잡은 사이프러스섬은 오랫동안 그리스의 지배를 받았으며, 이후 비잔티움제국과 오스만제국, 영국의 지배를 받았다. 사이프러스는 유럽으로 분류되기도 하는데, 사이프러스공화국이 2004년 5월 1일 유럽연합에 가입을 해서 유럽으로 분류하기도 한다.

사이프러스섬은 동서 240km, 남북 100km에 이르며, 터키로부터 남쪽으로 75km 정도 떨어져 있다. 동쪽에 위치한 시리아와는 105km, 레바논과는 108km 정도 떨어져 있으며, 남동쪽에 위치한 이스라엘과는 200km, 남쪽에 위치한 이집트와는 남쪽으로 380km 떨어져 있다. 서쪽에 위치한 그리스 로도스섬과는 400km, 그리스 본토와는 800km 정도 떨어져 있다.

이 섬의 생물 환경은 산지의 영향을 크게 받으며, 중앙 평원인 메사오리아로산맥이 지나간다. 트로도스산맥이 섬 남부와 서부 지역을 지나가며, 이 지역의 거의 절반에 해당한다. 좁은 키레니아 협곡은 북부 해안선을 따라 뻗어 트로도스산맥보다는 훨씬 좁은 지역을 차지하며, 고도도 낮다. 사이프러스의 이 두 산맥은 터키 본토의 타우루스산맥과 보통 평행을 이루고 있는데, 타우루스산맥은 사이프러스 북부에서도 그 능선이 보인다. 섬 주변으로는 폭이 들쭉날쭉한 해안 저지가 둘러싸고 있다.

큰 하천이 없어 물이 부족한 편이나 최근 터키와 북사이프러스를 잇는 해저 수도관이 건설되었다. 터키 측은 사이프러스와 북사이프러스 간의 협상이 진행되면 사이프러스공화국에도 이 수도관을 통해 물을 공급할 수 있다고 밝힌 바 있다.

국제적으로 승인된 사이프러스섬 유일의 합법 정부인 사이프러스(사이프러스공화국)는 법적으로 영국에 할당된 군사기지 지역인 아크로티리 데켈리아를 제외한 사이프러스섬 전체 및 모든 해역에 대한 주권을 갖고 있으나, 사실상 사이프러스섬 북부의 북사이프러스(북사이프러스튀르크공화국)와 분단된 상태에 있다. 사이프러스섬은 현재 4개 지역으로 나뉜다.

재래식 무기

  면적별로 살펴보면 사이프러스(사이프러스공화국)의 실효 지배 지역은 5,296km²(사이프러스섬 전체 면적의 59.74%를 차지함)이며, 북사이프러스(북사이프러스튀르크공화국)의 실효 지배 지역은 3,355km²(사이프러스섬 전체 면적의 34.85%를 차지함)이다.

  유엔의 사이프러스 완충 지대는 346km²(사이프러스섬 전체 면적의 2.67%를 차지함)이며, 영국의 아크로티리 데켈리아 군사 기지 지역은 254km²(사이프러스섬 전체 면적의 2.74%를 차지함)이다.

  라마솔 시내 성당에는 이른 아침이라 성당의 문만 열려있을 뿐이지 관계자나 신자들 그리고 예배 보는 사람은 아무도 없다. 텅빈 성당 내부를 사진에 담아 중세성의 고고학 유적지로 이동을 했다. 건물 내부는 벽돌과 대리석으로 마감을 해서 견고하고 완벽한 성채 역할을 하지 않았나 하는 생각이 든다. 그리고 전쟁박물관처럼 그 당시 전쟁에서 쓰다 남은 재래식 무기, 병사들의 의복, 모자, 소총탄알 그리고 창과 칼을 요소요소에 진열해 놓았다.

엄마바위와 형제바위

라마솔 해변에서 가장 아름답다는 페트라 토 로미우(Petra tou Romiou)는 바다 속에 엄마바위와 형제바위가 나란히 일렬로 서서 육지를 바라보며 조화를 이루고 있어 아름다움을 더하고 있다. 그리고 파포스 왕들의 지하무덤은 입구부터 예사롭지 않다. 거대한 바위에 구멍을 파고 무덤을 조성한 곳도 있고, 바위 자체에 지하를 파서 지하무덤을 조성한 곳 그리고 지하에서 건축을 하고 건축물로 지하무덤을 조성한 다양한 왕들의 지하무덤이 형성되어 있다. 무덤군이 그

왕들의 지하무덤

관리실 모자이크

세례 요한이 묶였던 바위

리 많지는 않아서 순서대로 이곳저곳을 옮겨가며 관람할 수 있다. 지하로 내려가고 지상으로 올라가는 계단은 근래에 와서 관광객들을 위하여 보수를 한 것으로 보인다.

그리고 디오니소스의 집(The House of Dionysos)을 방문했는데 보통 가정집이라고 볼 수 없다. 권력과 재력을 동시에 가진 부잣집 냄새가 물씬 풍긴다. 바닥과 입구 관리실 등 가는 곳마다 모자이크로 집 단장을 해놓았다. 그리고 보존 상태도 아주 양호하다. 필자는 부잣집이라는 것만 염두에 두고 집안 구석구석을 살펴보았는데, 그 당시 여기는 거실, 큰방, 사랑채, 화원, 곳간, 화장실, 주방 등으로 사용했던 자리로 짐작할 수 있게 기초가 뚜렷하게 구분되어 있었다. 그리고 지중해 항구도시 파포스 마을에서 바닷가의 맑은 공기와 해산물이 가

득한 점심식사로 하루의 피로를 풀
었다.

그리고 로마유적지 입구에는 세
례 요한이 이곳을 지나가다가 이교
도들에 붙잡혀서 밧줄로 묶여 고생
한 바윗돌이 지금까지 남아있으며,
앞에는 팻말까지 붙어 있다. 유적
지에는 로마시대 건축물에 사용한
대리석 기둥이 2,000년의 세월이
무색하게 이리저리 넘어진 채로 방

바닥의 대리석 모자이크

치되어 있다. 안쪽에는 조그마한 주민들의 교회가 있다.

유스토리우스(Eustolious)라는
집을 방문했다. 이 집도 보통사람
의 집이 아니다. 바닥을 모두 대리
석 모자이크로 장식해 놓았다. 이
집 역시 역사적인 기록이 없어서
당시 공작이나 후작 등의 귀족이
아니면 지방 영주를 지낸 사람이겠
지 하고 짐작을 해 본다. 그리고 지
중해를 바라보며 파도가 넘실거리
고 갈매기 떼가 오고가는 것을 한

로마시대의 원형극장

아지오니콜라스티스스테키스교회

눈에 감상할 수 있는 로마시대의 원형극장이 보존 상태가 좋아 지금도 사용하고 있는 것 같다. 의자로 이용되는 계단석의 색깔이 똑같지 않은 것을 봐서 근래 보수공사를 한 것으로 보인다.

카코페트리아 마을 외곽 아지오니콜라스티스스테키스(Agios Nikolaos Tisstegis)교회가 세계문화유산에 등재되어 있다는 이야기를 듣고 장시간에 걸쳐 미로와 같은 골짜기를 헤매면서 찾아갔다. 보통 가정집 크기의 산골짜기에 세계문화유산으로 등재할 만큼 가치 있는 유물이 있을까 하는 생각이었는데 내부관람을 시작하기도 전에 사진 촬영이 금지되어 있으니 꼭 지켜달라고 당부한다. 성서에 대한 벽화가 몇 점 있었는데 관련 사진이나 기록을 하지 못해 이동차량에 오르자마자 모두 다 잊어버렸다.

중세부터 도시가 형성된 오모도스 마을로 이동하여 현지식으로 점심식사를 하고, 성당과 재래시장 기념품 가게 등을 들러보는 자유시간을 가졌다. 이후 북사이프러스의 국경선 가까이에 있는 세인트존 성당을 관람하고 그린라인(Green Line, 우리나라 판문점, 38선 비무장지대와 동일)으로 걸음을 옮겼다.

북사이프러스로 가는 국경선(그린라인) 입구

북사이프러스 Northern Cyprus

필자는 그린라인을 통과해서 북사이프러스에 입국을 하고, 그곳에서 일정을 마무리한 다음, 다시 그린라인을 통해 사이프러스로 넘어와서 이스탄불로 가는 일정에 필요한 모든 서류를 가지고 있었다. 그렇지 않으면 북사이프러스에 갈 수가 없다고 한다. 그래서인지 본인의 여권만 확인하고 통과시킨다. 상당히 기분이 고무된다. 사실 필자는 사이프러스로 다시 넘어오지 않고 북사이프러스에서 바로 이스탄불로 가는 비행기티켓을 가지고 있었지만 이렇게 하지 않으면 대책이 없다.

바로 국경을 넘어서 그린라인을 통과하는 시간은 채 10분도 걸리지 않는다. 니코시아는 이 나라 수도다. 수도를 반으로 분리해서 국경선을 정해 놓았다. 그린라인 지역에는 그 옛날 건축물들이 그대로 보존되어 있다. 그러나 주택이나 점포 등은 모두 문이 닫혀있고 빈집이다.

그린라인 경계를 벗어나자마자 바로 상가주택들은 동대문시장이나 남대문시장처럼 복잡하기 그지없다. 그런데 남쪽에는 절대 다수가 그리스 사람들이고, 북쪽에는 절대 다수가 터키 사람들임을 알 수 있었다. 종교를 보면 남쪽은 그리스정교회이고, 북쪽은 이슬람교를 믿는다. "이산가족이 많을진대 어떻게 분리를 했느냐?"고 물어보니 정부에서 얼마간의 시간을 주고 남쪽에서 살고 싶은 사람은 남으로 가고, 북쪽에서 살고 싶은 사람은 북쪽으로 가도록

했다고 한다. 지금도 정부 허락 하에 남북으로 왕래가 가능하며, 이산가족은 언제든지 만날 수 있다고 한다. 우리나라는 단일민족이지만 꿈에도 생각 못할 일이다.

북사이프러스에는 하늘에 국기 두 개가 펄럭인다. 하나는 북사이프러스 국기, 또 하나는 터키 국기이다. 외교와 국방을 터키에 의존하고 살아가는 것을 확인한 셈이다.

하늘에 펄럭이는 양국 국기

사방으로 된 여관 건물

　처음 도착한 곳은 사진처럼 사방이 건물 전체로 둘러싸인 2층 캐러밴서라
이 건물이다. 전국 각지에서 몰려드는 상인들과 말 그리고 나귀들이 먹고 자
는 여관으로 이용하던 건물이다. 오스만제국 시절 1572년에 세운 건물이고,
그 당시에는 전국에서 제일 큰 여관 건물이었다. 1, 2층 방이 68개나 된다.
지금은 1층, 2층 대부분이 생활용품 액세서리 기념품 가게 등으로 영업을 하
고 있다. 1층, 2층 모두 가게마다 돌아가며 들어가 보아도 필자가 구입하고
싶은 물건은 눈에 띄지 않는다. 가운데 조그마한 건물은 미니 회교사원이라
고 한다.

　그리고 소피아성당은 바닥에 붉은 카펫을 깔고 건물 내부 전체를 흰색으로
마감해서 신축 성당 같은 느낌이 들었다.

소피아성당

성당을 나오자마자 재래시장이 있는 골목으로 발길을 돌렸다. 좌우로 가게가 수도 없이 많다. 이곳저곳 무엇을 팔고 있는가 구경만 하고 다니던 중 한 가게 앞에서 걸음을 멈추었다. 주인에게 혹시 히비스커스가 있느냐고 물어보니 있다고 한다. 주인장께서 가지고 와서 보여주는 제품이 필자가 찾는 히비스커스이다. 히비스커스는 말레이시아 국화다. 이 꽃은 신장에 좋아 약으로 이용된다. 얼마나 보유하고 있느냐고 물으니 가게 안에 있는 것을 모두 다 가지고 온다. 혼자 차로 우려서 마시면 3년은 먹을 정도의 양이다. 흥정을 하고 모두 다 구입하긴 했지만 집에까지 가지고 오는 동안 고생을 많이 했다. 지금도 하루에 몇 잔씩 마시고 있으며 몸에서 신장이 좋아졌다는 신호가 느껴진다.

힐라리온성은 성채와 성곽으로 연결돼 있는데 성곽은 산 능선에서 정상으

힐라리온성

로 이어졌고, 성채는 주차장에서 20여 분 거리에 있다. 워낙 가파르기 때문에 필자는 성채 관람으로 만족하기로 했다. 성채에 올라가도 얼마나 지대가 높은지 니코시아 시내가 한눈에 다 들어온다. 성은 허물어져 빈터만 있는 곳도 있고 그런대로 보존이 잘돼 건물 자체가 그대로 남아있는 것도 볼 수 있었다. 정상에 올라가지 않는 대신 규모가 큰 성채 이곳저곳 구석구석을 다 돌아보고 혼자서 마지막으로 내려오는 일정으로 남북사이프러스 여행을 마무리 지었다.

한눈에 보이는 니코시아 시내

코소보 ^{Kosovo}

코소보는 남유럽에 위치한 영토 분쟁 지역이자 부분적인 승인 국가이다. 2008년 코소보 독립선언 이후 세르비아에서 독립해 코소보공화국(알바니아어 : Republika e Kosoves(레푸블리카 에 코소버스), 세르비아어 : Република Косово / Republika Kosovo(레푸블리카 코소보))이라는 국명을 채택했다.

코소보는 발칸반도의 내륙국이다. 발칸반도 내에서 전략적인 지점에 있었기 때문에 이 지역은 아드리아해, 흑해와 중앙 및 남부 유럽을 연결하는 요충지 역할을 했다. 코소보의 가장 큰 도시이자 수도는 프리슈티나다. 다른 주요 도시로는 프리즈렌, 페야(페치), 자코바(자코비차) 등이 있다. 코소보는 남서쪽으로는 알바니아와 국경을 접하고 있으며, 남동쪽으로는 북쪽 마케도니아 공화국과 국경을 맞대고 있다. 국경 서쪽에는 몬테네그로가 있으며, 북쪽과 동쪽에는 세르비아의 자치 지역 및 행정 지역이 있다. 러시아는 코소보 정부가 다스리는 영토 내 행정 지역은 인정하고 있지만, 세르비아는 코소보 메토히야 자치주라는 명칭 하에 코소보를 자기 영토라 주장하고 있다.

코소보의 역사는 구석기시대까지 거슬러 올라가며 빈차문화, 스트라체보 문화, 바덴문화로 대표된다. 고전에 따르면 고대에는 일리리아인과 다르다니아인, 켈트인이 이 지역에서 거주했다. 기원전 168년 이 지역은 로마제국에 병합되었다. 중세시대에는 불가리아 제1제국, 비잔티움제국, 오스만제국이 이 지역을 다스렸다. 1389년 코소보 전투는 세르비아 중세 시기의 중요한 시기로 보기도 한다. 세르비아인들에게 코소보는 세르비아가 오스만제국에 맞서 항전한 성지로 여겨졌다. 국가 전체가 세르비아 중세 국가들의 핵심 지역이었고, 14세기에는 세르비아정교회가 자리 잡기도 했다.

코소보는 15세기부터 20세기 초까지 오스만제국의 영토였다. 19세기 말 코소보는 알바니아 민족자각운동의 중심지가 되었다. 제1차 발칸전쟁에서 오스만제국이 패배한 이후 1913년 런던 조약에서 오스만제국은 코소보를 세르비아와 몬테네그로에 할양했다. 세르비아와 몬테네그로 두 국가 모두 제1차 세계대전 이후 유고슬라비아 왕국에 참여했고, 유고슬라비아 통일주의 하에 제2차 세계대전 이후 유고슬라비아사회주의연방공화국의 헌법 하에 코소보 메토히야 자치주가 탄생했다.

코소보 내 알바니아인과 세르비아인 공동체 간의 갈등은 20세기에 심화되고 있었다. 코소보는 원래 1971년부터 알바니아인들에게 자치가 허용된 지역이었다. 1992년에는 공산주의 체제의 붕괴로 민족주의가 대두되어 각지에서 독립을 외치자 세르비아 정부가 자치권을 박탈하였다. 1990년대에 코소보에 거주하고 있던 소수의 세르비아인들은 코소보 인구의 대다수를 차지하고 있던 알바니아인들을 문화 탄압, 일자리 박탈, 인종 정화라는 이름으로 학

살, 탄압했다.

1998년부터 1999년까지 일어난 코소보전쟁에서 북대서양조약기구가 개입하면서 코소보는 유엔의 통치를 받는 자치 지역이 되었다. 2008년 2월 17일 코소보는 세르비아로부터 독립을 선언했고, 2019년 11월 22일 기준으로 112개의 유엔 회원국과 타이완, 쿡제도, 니우에로부터 독립을 승인받았다. 러시아는 코소보를 국가로 승인하진 않았지만, 2013년 브뤼셀 협정에서 입법기구의 적법성만 승인했다.

코소보는 미개발된 지역이 많으며 공업적으로 낙후된 농업국이다. 또한 풍부한 광물자원을 보유한 자원국이라 할 수 있다. 코소보는 다른 유럽 지역에 비하여 여러 가지가 많이 부족하다. 특히 공업화와 산업화가 미진한 것이 문제점이다. 코소보는 산업화가 이루어진 전체적인 유럽의 조류에서 벗어난 국가이다. 코소보가 가지고 있는 경제적 특징은 다양하고 풍부한 광물과 동력자원이다. 코소보의 광물자원과 산업은 역사적으로도 기록이 남아있을 정도로 유명하다. 고대 로마제국 시절의 역사적 기록에서 그 흔적이 남아있다. 코소보의 자원은 로마제국에서도 인정을 하여 많은 개발을 하였다고 한다. 로마시대를 지나 중세시대에도 코소보의 광물자원은 주목을 받았다. 바로 노보브르도 지역의 화폐 주조 산업이 바로 그것이다. 이 화폐 주조 산업은 코소보의 광물자원을 기반으로 한 것이다. 때문에 주변국들은 이 이득을 독점하기 위해 국가적인 분쟁을 일으켰다. 코소보의 산업적인 특징을 지리적으로 구분한다면 동부의 천연 광물자원과 서부의 농업이다. 서부에는 양질의 토지가 존재하여 농업을 하는 데 어려움이 없다.

공용어는 알바니아어와 세르비아어이다. 이 중 알바니아어를 모어(母語)로 사용하는 주민이 전체 인구의 94.5%를 차지해 압도적으로 많다. 그 밖에 보스니아어 사용자가 1.7%, 세르비아어 사용자가 1.6%, 터키어 사용자가 1.1%, 롬어(집시어) 사용자가 0.9%를 점한다. 공용어는 알바니아어와 세르비아어이다.

유럽에 속한 국가들은 모두 여행을 다녀왔지만 유일하게 코소보를 가보지 못했다. 코소보는 발칸반도의 중서부에 있는, 유엔에 가입하지 않은 독립국가다.

2019년 현재 우리나라를 비롯해서 유엔 가입국 중 112개국이 승인한 나라다. 그래서 2019년 12월 북아프리카 여행을 마치고 같이 여행을 한 일행들은 모두다 이스탄불에서 귀국을 하고, 필자를 포함하여 세 명에서 2박 3일 일정으로 코소보 자유여행을 하기로 했다.

지구상에서 어느 누구에게도 뒤지지 않을 만큼 전 세계 수많은 지역을 여행하면서 항공비, 호텔 숙박비, 식사 등 모든 비용을 직접 지불하고 여행하는 것은 이번이 처음이다. 다른 것은 모두 일정대로 선택을 하면 되지만 식사가 문제였다. 그래서 아침식사는 호텔에서 해결하기로 하고, 점심은 편의점에서 간단하게 식사를 대신 하기로 했다. 저녁에는 구미에 맞는 식당을 찾아가서 맛있는 걸로 사먹기로 세 명이 합의를 보았다. 첫날은 시내 가까운 곳을 도보로 찾아다니며 여행을 하기로 하고, 둘째 날은 택시도 타보고, 버스도 타보고, 조건이 되면 자전거도 타보는 걸로 가닥을 잡았다.

제일 먼저 여행을 시작한 곳은 테레사수녀성당이다. 성당 외관은 어느 곳

에서나 볼 수 있는 평범한 성당으
로 보이는데 성당에 들어서자마자
이름 그대로 테레사 수녀의 성당
이름값을 하고 있다. 성당이라는
구조를 제외한 나머지는 모두가 테
레사 수녀와 관련된 것으로, 기념
관으로 착각할 정도다.

　같은 민족이라서 이렇게 한 것인
지, 조국이 이웃이라서 이렇게 한
것인지 모르겠지만 혼자서 머릿속
에 그림을 그린다. 그리고 미국의

테레사수녀성당

테레사수녀성당 내부

클린턴 미국 대통령 동상　　　　초대 대통령인 아브라함 루고바 동상

제42대 대통령인 클린턴의 동상이 프리슈티나거리에 세워져 있었다. 길 가
는 행인에게 물어보니 재임시절에 코소보에 각별한 관심을 가지고 도움을 아
끼지 않아서 감사의 뜻을 기리기 위해 세워진 동상이라고 한다. 그리고 이
나라 초대 대통령 아브라함 루고바 동상도 있다. 루고바는 2006년 1월 21
일 지병인 폐암으로 사망했다. 이 나라 국민들이 존경하는 대통령으로 기
억하고 있다고 한다. '그는 인생을 참 잘 살았구나.'라고 생각을 해 본다.

다음은 테레사 수녀의 동상으로 설명을 굳이 하지 않아도 희생과 청빈한
삶으로 지구상의 모든 이에게 귀감이 되는 성녀. '코소보 국민들에게도 애정
어린 사랑과 존경을 한 몸에 받고 있구나.'라는 느낌이 든다.

테레사 수녀 동상

필자가 찾아본 마지막 동상은 스칸데르베그(Skanderbeg) 동상이다. 그는 당시 유럽의 최강국 오스만제국 시절 오스만튀르크와의 독립전쟁에서 승리로 알바니아 민족을 통합시킨 알바니아 민족의 영웅으로 추앙받는 사람이다. 스칸데르베그 사후 힘이 없는 알바니아는 다시 오스만의 지배를 받게 된다.

저녁이 되자 크리스마스이브라고 시내에는 남녀노소가 인산인해

프리슈티나에서의 크리스마스이브

를 이루고 있다. 일행과 필자도 그들과 한 무리가 되어 복잡한 주점에서 주민들 사이에 끼어서 맥주와 와인을 교대로 마셨다. 세 명이서 생전 처음으로 이 국땅에서 크리스마스이브의 밤을 즐겼다.

이튿날 아침 택시를 타고 프리슈티나 외곽에 있는 유네스코 세계문화유산에 등재되어 있는 그라차니차(Gracanica)수도원으로 갔다. 수도원 문은 열려 있는데 관광객은 아무도 없고 경비원 1명만이 자리를 지키고 있었다. 역사적인 내용을 알고 싶어도 방법이 없었다. 그래서 수도원 내외를 눈으로만 둘러보는 관람을 하고, 역시 택시를 타고 갔던 길을 되돌아왔다.

그리고 어제 약속대로 시내버스를 탔다. 종점까지 가기로 했다. 종점이 외곽에 있는 프리슈티나 기차역이었다. 역사에는 부속 건물과 함께 면적은 그런대로 넓은 편이었다. 한쪽에는 철도박물관처럼 오랜 세월에 사용불가한 열

세계문화유산 그라차니차수도원

프리슈티나 기차역

코소보 민족 토속신앙 신

차를 집결시켜 놓아 지나가는 길손들이 사진 촬영을 하고 있다. 가끔 이용하
는 기차역이라 열차를 이용하지 않으면서 아까운 시간을 지체할 수 없어 버
스 종점에서 왔던 길을 돌아가는 버스를 타고 원점으로 돌아왔다.

　그리고 국립박물관으로 자리를 옮겼다. 말이 국립박물관이지 규모는 개인
박물관이라는 표현이 맞을 것 같다. 그래서 입장료도 없다. 사진으로 몇 점을
담아왔다. 사람 모양의 이 작품은 고대 주민들이 토속신앙을 믿을 때 모시던
신들이라고 한다. 그리고 2층 계단을 내려오는 계단 정면에는 테레사 수녀의
얼굴을 스테플러로 찍어 작품을 만들어 전시를 해놓았는데 보는 이들로 하여
금 이목을 집중시킬 정도로 독특한 작품이었다.

　코소보는 유엔 가입국 중 112개국이 승인한 나라다. 승인한 국가들의 112

테레사 수녀를 스테플러로 찍어 만든 작품

개 국기를 나열해서 게양해 놓았
다. '우리나라 국기도 있겠지?' 하
는 마음으로 국기를 하나하나 뒤
져 보았더니 대한민국 국기가 필
자 눈에 들어온다. 머나먼 이국땅
에서 감격스러운 마음에 현지 박
물관 직원에게 카메라를 손에 쥐
어주고 우리나라 태극기를 손에
잡은 채 기념촬영에 임했다. 감격
스러운 순간이었다.

코소보에서 태극기를 손에 잡은 필자

이것으로 코소보 여행 일정을 마무리하는 동시에 전 유럽 유엔 가입국 44개국과 미승인 국가 바티칸과 코소보까지 여행을 마쳤다. 이곳에서 필자는 유럽 여행을 완주하는, 감회가 깊고 가슴 벅찬 감동의 순간을 맞이했다.